激光定向能量沉积 Nb-Si 基自生复合材料

李云龙 著

扫描二维码
查看本书彩图

北 京
冶 金 工 业 出 版 社
2025

内 容 提 要

本书共6章，详细地介绍了 Nb-Si 基自生复合材料的制备技术、合金化元素对 Nb-Si 基合金微观组织、抗氧化性能和室温力学性能的影响等，主要内容包括 Nb-Si 基自生复合材料的概述、激光定向能量沉积 Nb-Si 基自生复合材料的研究方案和实验方法、激光定向能量沉积 Nb-Si 基合金的组织特征、激光定向能量沉积 Nb-Si 基自生复合材料的高温抗氧化性能、定向能量沉积 Nb-Si 基合金室温力学性能等。

本书适合从事金属增材制造、材料加工、金属凝固等领域的科研和技术人员参考和阅读。

图书在版编目（CIP）数据

激光定向能量沉积 Nb-Si 基自生复合材料 / 李云龙著.
北京 ：冶金工业出版社，2025. 5. -- ISBN 978-7-5240-0168-3

Ⅰ. TG665；TB331

中国国家版本馆 CIP 数据核字第 2025B10Y91 号

激光定向能量沉积 Nb-Si 基自生复合材料

出版发行	冶金工业出版社	**电　　话**	(010)64027926
地　　址	北京市东城区嵩祝院北巷 39 号	**邮　　编**	100009
网　　址	www. mip1953. com	**电子信箱**	service@ mip1953. com

责任编辑　王　双　美术编辑　彭子赫　版式设计　郑小利
责任校对　石　静　责任印制　禹　蕊
北京建宏印刷有限公司印刷
2025 年 5 月第 1 版，2025 年 5 月第 1 次印刷
710mm×1000mm　1/16；11 印张；215 千字；168 页
定价 82. 00 元

投稿电话　(010)64027932　投稿信箱　tougao@cnmip. com. cn
营销中心电话　(010)64044283
冶金工业出版社天猫旗舰店　yjgycbs. tmall. com
(本书如有印装质量问题，本社营销中心负责退换)

前　言

随着航空工业的快速发展，先进航空发动机对其热端部件材料性能等方面提出了极为苛刻的要求，包括高熔点、低密度、能够兼顾室温韧性、高温强度和高温抗氧化性等。难熔金属硅化物 Nb_5Si_3 和 Nb 基固溶体（Nbss）形成 Nb-Si 基原位自生复合材料，具有高熔点、较低的密度和优异的高温强度，其中 Nbss 作为韧性相，可以提供室温塑性，而 Nb_5Si_3 可以保证合金的高温强度，两者所构成的 Nb-Si 原位自生复合材料在保证其高温强度的同时改善了其室温韧性，成为新一代高推重比航空发动机热端部件最有潜力的候选材料。

然而，Nb-Si 基合金所面临的高温抗氧化性能差和断裂韧性低的性能瓶颈，严重制约了其在航空发动机领域的应用。为改善 Nb-Si 基合金室温力学性能和高温抗氧化性能，对其进行合金化是行之有效的方法之一。近年来，随着金属增材制造技术的快速发展，元素混合法激光立体成形技术因其能够在进行原位合金化的同时实现复杂构件的高性能直接成形，已逐渐成为了 Nb-Si 基合金一种重要的材料-设计-制造一体化的高通量研发和制备手段。但是激光立体成形的工艺特性和组织特征与 Nb-Si 基合金传统制备方法差别很大，关于合金化对激光立体成形 Nb-Si 基合金组织和性能调控方面缺乏系统研究。因此，作者参阅了国内外有关 Nb-Si 基自生复合材料的相关文献，并结合作者本人的实践经验和科研成果，以期开发适用于增材制造的 Nb-Si 基自生复合材料。

本书在编写过程中，感谢西北工业大学林鑫教授的指导，并参阅了国内外有关专家、学者的文献资料和数据等，在此表示衷心的感谢。

由于作者的知识水平所限，书中不足之处，敬请广大读者批评指正。

作 者

2024年11月

目　　录

1 绪　　论

1.1 概　　述

自 20 世纪 50 年代以来，镍基高温合金一直是航空和航天等领域高温金属材料的首选，尤其是镍基单晶合金的发展，使得航空发动机的工作温度和推重比得到显著的提升[1-2]。但是，随着航空工业的快速发展，对航空发动机提出了更高的服役需求——如推重比达到 15 以上[3]，这使得下一代航空发动机涡轮叶片材料的承温能力必须要达到 1200 ℃以上，然而，现有最先进的镍基高温合金单晶（第五代 Ni 基合金单晶[2]）的使用温度上限约为 1150 ℃（其熔点温度的 85%），很难满足未来新一代航空发动机的工作温度要求。因此，亟须寻找和开发可替代现有镍基高温合金的新型超高温结构材料，以进一步提升航空发动机的工作效率和效能。

基于航空发动机的苛刻服役环境和要求，未来航空发动机热端材料需要具备高熔点、低密度、能够兼顾室温韧性、高温强度和高温蠕变等性能。难熔金属硅化物（W_5Si_3、Nb_5Si_3、Mo_5Si_3、Ta_5Si_3 等）因具有良好的高温抗蠕变性和抗氧化性，以及比强度高等特点，而受到研究者的广泛关注[4]，特别是与陶瓷材料相比较，其具有更好的韧性、可加工性和导热性。然而，难熔金属硅化物的室温本征脆性限制了其在实际工程中的应用。不过相关研究发现，Nb_5Si_3 相可以和 Nb 基固溶体（Nbss）形成 Nb-Si 基原位自生复合材料[5-6]，其中 Nbss 作为韧性相，可以提供室温塑性，而 Nb_5Si_3 可以保证合金的高温强度，两者所构成的 Nb-Si 原位自生复合材料在保证其高温强度的同时改善了其室温韧性，即兼顾了高低温力学性能，有望成为替代现有镍基高温合金的超高温材料之一[7-10]。据文献报道[8,11]，使用 Nb-Si 基合金替代镍基高温合金制造高压涡轮叶片和低压涡轮叶片，可分别减重达约 20% 和 21%，这对于提升航空发动机的效率和性能意义重大。

但随着研究的深入，研究者发现制约 Nb-Si 基合金应用的关键主要集中在其较低的室温韧性和较差中高温抗氧化性能。大量的研究表明，适当进行合金化可以有效提高 Nb-Si 基合金综合性能，同时通过优化合金的制备技术和工艺对其微观组织进行适当调控，也可实现其性能的进一步改善。近年来，随着增材制造技术的快速发展，由于激光立体成形增材制造可以实现高性能复杂金属零件的自由实体成形[12-14]，这使得激光立体成形制备 Nb-Si 基合金越来越受到关注。特别是，元素混合法激光立体成形技术还可以采用元素或者中间合金粉末，在熔覆沉积过程直接进行熔池原位合金化，以实现合金的快速设计与制备，为进行 Nb-Si 基合金及其零件的高通量设计和制备提供了一条高效快捷的新路径。本章首先综述了当前 Nb-Si 基合金合金化研究的现状，分析了合金化元素对其组织及性能的影响，在此基础上，进一步讲述了当前 Nb-Si 基合金的传统制备技术和增材制造研究进展。

1.2 Nb-Si 二元合金

图 1-1 所示为 Nb-Si 二元合金富铌一侧的相图[11]。富铌端是目前被研究者关注的 Nb-Si 合金成分，同时也是 Nb-Si 基合金设计的基础。由图 1-1 可知，在平衡凝固下，该成分范围的 Nb-Si 二元合金可以通过包晶反应（L+β-Nb_5Si_3 →Nb_3Si，1980 ℃）、共晶反应（L →Nbss+Nb_3Si，1880 ℃）和共析反应（Nb_3Si →Nbss+α-Nb_5Si_3，1670 ℃），最终得到由 Nbss 相和 α-Nb_5Si_3 相组成的原位自生复合材料，且这种微观组织能够在很宽的温度范围（0~1670 ℃）和成分范围（原子数分数 0~37.5%）内稳定存在。其中，Nb 固溶体（Nbss）相的室温塑性较好，可以增加 Nb-Si 合金的韧性和可加工性，而金属间化合物 Nb_5Si_3 相的抗蠕变性和抗氧化性较好，能够使 Nb-Si 合金的高温性能得到提升。这样，通过 Nbss 和 Nb_5Si_3 的两相自生复合，可使 Nb-Si 合金兼具室温和高温性能，且因其密度（6.6~7.2 g/cm³）低，使其成为极具潜力的航空发动机材料之一。

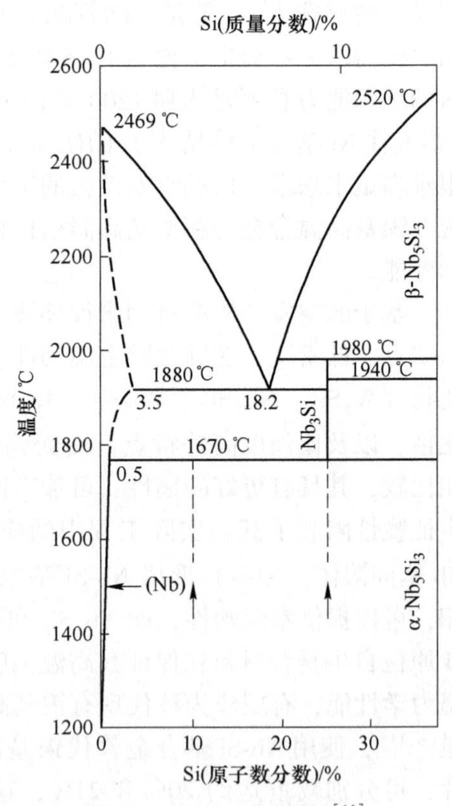

图 1-1 Nb-Si 二元相图[11]

然而，中高温下 Nb 易与氧气反应生成 Nb_2O_5 氧化物，由于 Nb_2O_5 形成时会引起较大的体积膨胀，氧化膜疏松多孔，易出现裂纹甚至脱落，不能有效地阻碍氧气进入基体。此外，金属硅化物的室温断裂韧性较差，同时，硅化物还会限制

Nbss 相的塑性变形。因此，Nb-Si 二元合金存在中高温抗氧化性能较差和室温断裂韧性较低等缺点，限制了 Nb-Si 二元合金在航空航天等领域的应用。近几十年来，研究者们发现适当的合金化可以改善 Nb-Si 基合金的综合性能（抗氧化性能、室温断裂韧性，以及高温强度等），使得对 Nb-Si 基合金进行多元合金化越来越受到关注。

1.3　合金化对 Nb-Si 基合金的影响

在 Nb-Si 基合金中，常见相的晶体结构有：Nbss（bcc，$a=b=c=0.331$ nm，A2 型）、Nb_3Si（A15，$a=b=1.021$ nm，$c=0.519$ nm，$\alpha=\beta=\gamma=90°$）、α-Nb_5Si_3（$D8_1$，$a=b=0.656$ nm，$c=1.187$ nm，$\alpha=\beta=\gamma=90°$；Cr_5Si_3 型）[15]、β-Nb_5Si_3（$D8_m$；$a=1.000$ nm，$c=0.507$ nm，$\alpha=\beta=\gamma=90°$；W_5Si_3 型）[15] 和 γ-Nb_5Si_3（$D8_8$，$a=b=7.536$ nm，$c=5.248$ nm，$\alpha=\beta=90°$，$\gamma=120°$；Mn_5Si_3 型），其中 Nb_3Si 和 β-Nb_5Si_3 为高温稳定相，两者都可发生固态相变从而生成 α-Nb_5Si_3；α-Nb_5Si_3 为室温稳定相，至于 γ-Nb_5Si_3 相，其通常是在 Ti 元素或 Hf 元素的大量存在时形成的。图 1-2 所示为 Nb-Si 基合金中主要组成相的晶体结构模型。

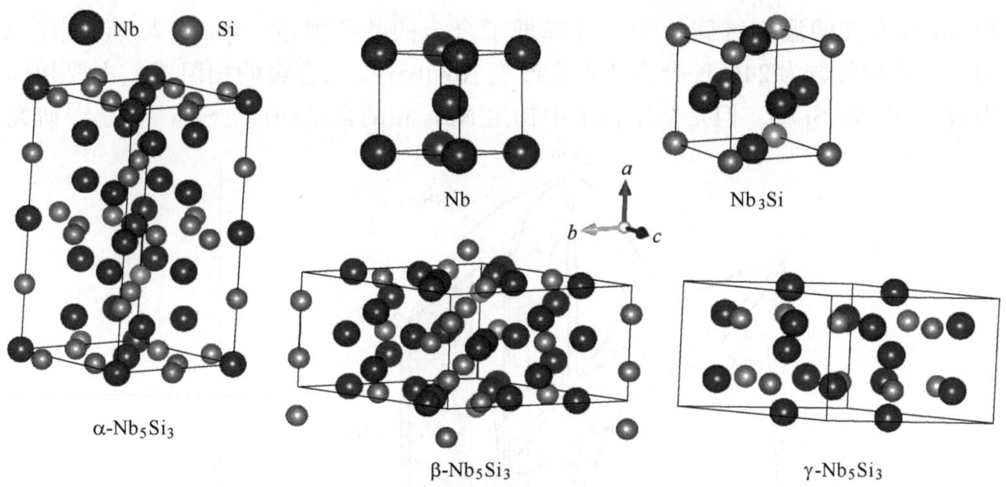

图 1-2　Nb-Si 基合金中主要组成相的晶体结构模型[16]

合金化会影响 Nb-Si 基合金的相组成、相结构、晶体类型及初生相形成次序、相关枝晶、共晶形貌及其尺寸、含量，进而对合金的室温断裂韧性和高温抗氧化性能等产生影响。本节着重评述目前常用的 B、Sc、Ti、V、Cr、Y、Zr、Mo、Hf、和 W 等元素合金化对 Nb-Si 基温合金的微观组织、抗氧化性能及力学性能的影响。

1.3.1 合金化元素对 Nb-Si 基合金微观组织的影响

采用 B 元素合金化时，Candioto 等人[17]研究发现，B 元素容易取代 α-Nb_5Si_3 晶体点阵中 Si 亚点阵位置的部分 Si 原子，从而促进具有 α-Nb_5Si_3 结构的 T_2($Nb_5Si_2B_1$) 相生成，并减小了 α-Nb_5Si_3 相的各向异性。Thandorn 等人[18]研究表明，B 合金化使得 Nb-24Ti-18Si-(8B) 合金中大部分的 Nbss+Nb_3Si 共晶组织被 Nbss+α-Nb_5Si_3 共晶组织所替代，说明 B 含量的增加促进 α-Nb_5Si_3 相的生成并抑制 Nb_3Si 相的形成，且 B 元素在 α-Nb_5Si_3 相中的固溶度要比 Nb_3Si 相的固溶度要高。Ma 等人[19]研究指出，在 Nb-16Si-10Mo-15W-xB 合金中，当 B 含量（原子数）小于 1%时，合金凝固时发生的共晶反应为 L →Nbss+β-Nb_5Si_3，而当 B 含量（原子数分数）大于 1%时，共晶反应转变为 L →Nbss+α-Nb_5Si_3，这同样说明 B 合金化有利于 α-Nb_5Si_3 相的稳定存在。Sun 等人[20]研究表明，原子数分数为 4.5%B 合金化可以使得 Nb-Si 合金组织由初生 Nbss 和 Nbss+Nb_3Si 共晶组织组成的亚共晶组织转变为初生 Nbss 相和 Nbss+T_2 共晶组成的另一种亚共晶组织。

Ti 是 Nb-Si 基合金中最常见且重要的合金化元素，60%以上的 Nb-Si 基合金都添加了 Ti 元素[21]。图 1-3 所示为 Nb-Ti-Si 三元相图。可知 Ti 合金化使得亚稳相 Nb_3Si 存在的温度区间扩大，且降低了合金的共晶温度。Qu 等人[22]研究表明，原子数分数为 24%Ti 合金化不会改变 Nb-16Si 二元合金的相组成，主要相仍为 Nbss 和 Nb_3Si 相，但是会使合金中初生 Nbss 相的含量增加。Sala 等人[23]研究

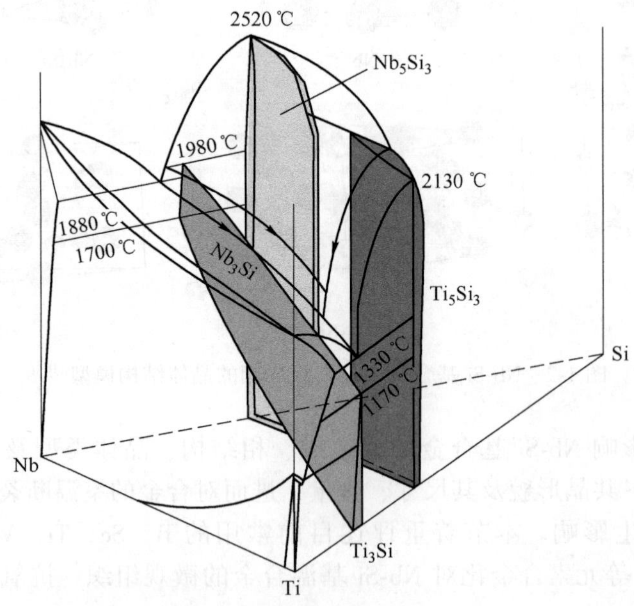

图 1-3 Nb-Ti-Si 三元相图[25]

发现，原子数分数为 20%Ti 合金化使得 Nb-19Si-5Mo 合金的 Nbss 相中形成了 β-Tiss，且组织发生了一定程度的粗化。Fang 等人[24]研究了定向凝固 Nb-xTi-15Si-5Cr-1.5Hf-1.5Zr（x=0，10，20 和 25，x 为原子数分数，单位为%）多元合金，表明随着 Ti 含量的增加，初生相逐渐由 α-Nb_5Si_3 相转变为 γ-Nb_5Si_3 相，且出现了 Nbss+γ-Nb_5Si_3 共晶组织，这说明高含量的 Ti 合金化促进 γ-Nb_5Si_3 相的形成。

当采用 V 作为合金化元素时，Kim 等人[26]研究发现，V 合金化能够促进电弧熔炼态 Nb-Si 二元合金中 α-Nb_5Si_3 相的形成，且 V 主要固溶在 Nbss 相中；但是 Ma 等人[27]研究表明，一定量的 V 合金化对电弧熔炼态 Nb-23Ti-14Si-5Cr-5Mo-4Zr-3Al-2Hf-xV（x=0，3，5 和 10）多元合金的相组成没有影响，合金仍然主要由 Nbss 和 γ-Nb_5Si_3 相组成，V 合金化只是改变了 Nb-Si 基合金微观组织的分布形态。

Cr 也是 Nb-Si 基合金中一种重要的合金化元素。Maji 等人[28]研究发现电弧熔炼 Nb-16Si-9Cr 合金的微观组织由初生 Nbss，Nbss+Nb_5Si_3 共晶和 β-Nb_5Si_3+Nbss+Cr_2Nb 共晶组成，其凝固路径通常为 L→Nbss，L→β-Nb_5Si_3+L，L→Nbss+Cr_2Nb 和 L→Nbss+β-Nb_5Si_3+Cr_2Nb，这说明原子数分数 9% Cr 合金化能够促进 Nbss+β-Nb_5Si_3+Cr_2Nb 三元共晶组织的形成。Yang 等人[29]计算了 Nb-Ti-Si-xCr 合金系统在 1350 ℃时的等温截面，如图 1-4 所示，发现随着 Cr 含量的增加，C14-Cr_2Nb 相变得更加稳定，而 Nbss+Nb_5Si_3 和 Nbss+Nb_3Si 的稳定区域在减少，当 Cr 含量（原子数分数）为 10%时，Nbss+Nb_5Si_3 和 Nbss+Nb_3Si 的稳定区域消失。

Tang 等人[30]研究了 Cr 合金化对电弧熔炼态 Nb-20Ti-16Si-xCr（x=0~20）合金微观组织的影响，表明当 Cr 含量（原子数分数）低于 7%时，合金中的硅化物相为 Nb_3Si 相；当 Cr 含量（原子数分数）高于 7%时，硅化物相由 Nb_3Si 转变为 α-Nb_5Si_3 相，且在 Cr 含量（原子数分数）大于 5%时合金中形成了 C14-Cr_2Nb 相，这说明 Cr 合金化能够抑制 Nb_3Si 相形成，促进形成 α-Nb_5Si_3 和 Cr_2Nb 相。Wang 等人[31]研究表明原子数分数为 8% Cr 合金化能够抑制电弧熔炼 Nb-16Si-22Ti 合金的中 Nbss+Nb_3Si 共晶的形成，转而促进 Nbss+Nb_5Si_3 共晶的形成，但是并无 Cr_2Nb 相的形成。Sha 等人[32]研究了 Cr 合金化对电弧熔炼 Nb-8Si-20Ti-6Hf-(6,10,14)Cr 合金微观组织的影响。发现当 Cr 含量（原子数分数）为 6%~10%时，合金的组织由 Nbss、Nb_5Si_3 和 Nb_3Si 相组成，当 Cr 含量（原子数分数）达 14%时，合金中形成了 Cr_2Nb 相。Zhang 等人[33]研究了 Cr 合金化对电弧熔炼 Nb-15Si-22Ti-2Al-2Hf-2V（原子数分数,%）合金微观组织的影响，表明原子数分数为 2% Cr 合金化后，合金组织由初生 Nbss 枝晶和 Nbss+α-Nb_5Si_3 共晶组成，随着 Cr 含量的增加，合金中出现了 C15-Cr_2Nb 相，并分布在 Nbss+α-Nb_5Si_3 共晶胞的

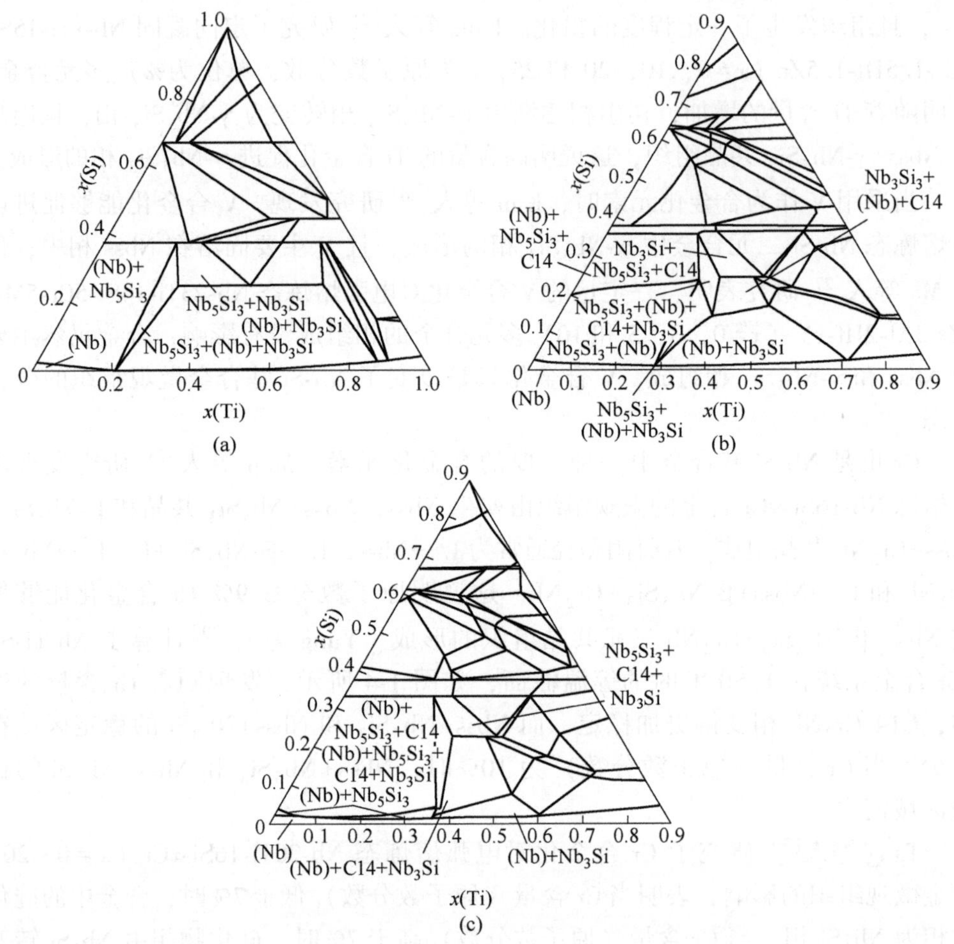

图 1-4 Nb-Ti-Si-xCr（x=0，5，10，原子数分数/%）合金系统在 1350 ℃时的等温截面[29]

（a）x=0；（b）x=5；（c）x=10

间隙中；Cr 元素主要固溶于在 Nbss 相中，在原子数分数为 14% Cr 合金化 Nb-Si 基合金中，Nbss 相中的 Cr 含量（原子数分数）为 9.8%～11.7%，其余的 Cr 元素用于形成 C15-Cr_2Nb 相。Zhang 等人[34]研究了原子数分数为 5%Cr 合金化对电弧熔炼 Nb-22Ti-16Si-3Al、Nb-22Ti-16Si-3Al-4Hf 和 Nb-22Ti-16Si-3Al-4Hf-2B 合金微观组织的影响，表明 Cr 合金化不会改变 Nb-Si 基合金中硅化物的晶体类型，但是能够促进过共晶组织的形成。此外，值得注意的是，当合金中存在 Hf 或者 B 元素时，原子数分数为 5% Cr 合金化使得合金中出现了 Cr_2Nb 相，此时 Cr_2Nb 相是通过 L →Nbss+γ-Nb_5Si_3+Cr_2Nb 三相共晶反应形成。

Zr 是 Nb-Si 基合金中另一种重要的合金化元素。Sankar 等人[35]在研究 Zr 合金化对电弧熔炼态 Nb-16Si-xZr（x=0~4，原子数分数/%）合金的显微组织的影响时发现，随着 Zr 含量的增加，组织中 Nb_3Si 相的体积分数减少，当 Zr 含量（原子数分数）为 2%时，合金中出现了 Nbss+γ-Nb_5Si_3 层片状的共晶组织，当 Zr 含量（原子数分数）高于 4%时，Nb_3Si 相已经全部消失，除了形成 Nbss+γ-Nb_5Si_3 层片状共晶组织外，还出现了大量的 Nbss+α-Nb_5Si_3 层片状的共析组织，如图 1-5（c）和（d）所示。他们认为，Nbss+γ-Nb_5Si_3 层片状共晶组织的形成原因是凝固后期 Zr 元素在残余液相中富集引起的，而 Nbss+α-Nb_5Si_3 层片状共析组织的形成原因是：（1）Zr 元素偏聚在 Nbss 和 Nb_3Si 相界面处，使界面不稳定；

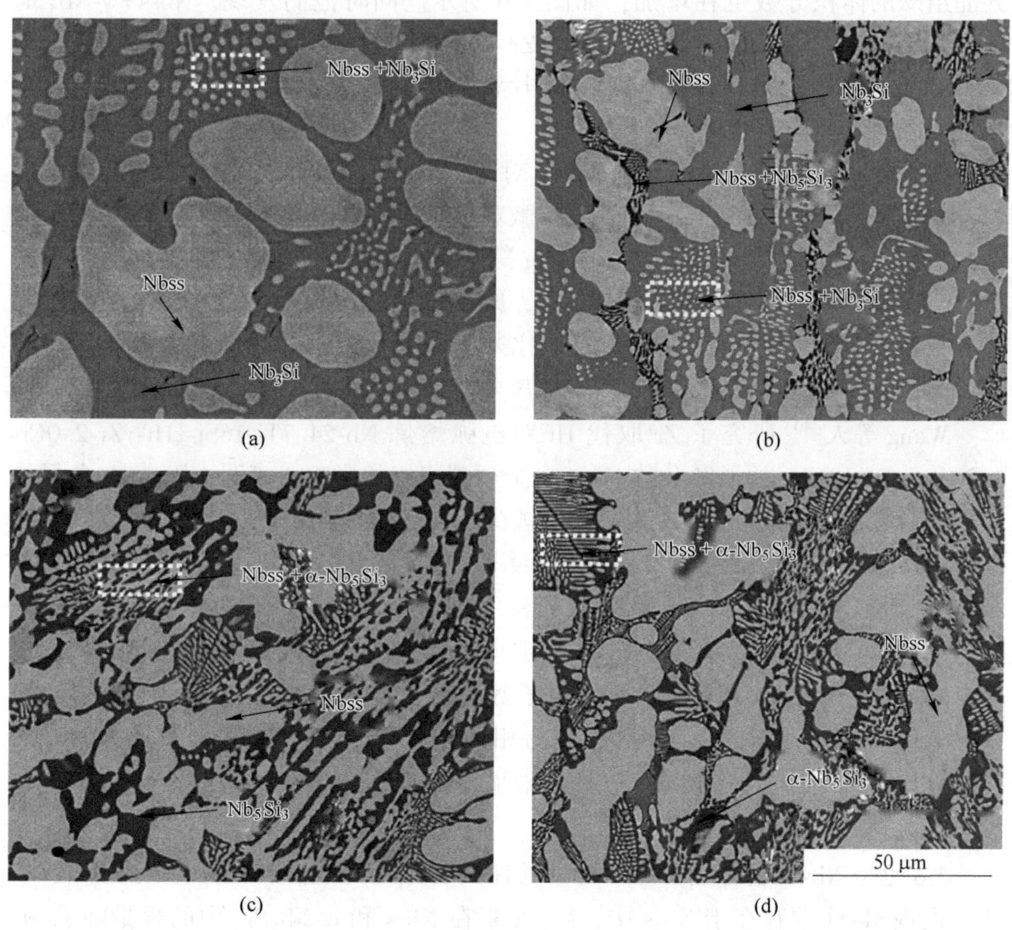

图 1-5 电弧熔炼 Nb-16Si-xZr（原子数分数/%）合金微观组织的 BSE 图像[35]

（a）x=0；（b）x=2；（c）x=4；（d）x=6

(2) Zr 原子替换了 Nb_3Si 相中一部分 Nb 原子，使 Nb_3Si 相不稳定，从而加速了 Nb_3Si 相的共析分解动力学过程，导致 Nb_3Si 相快速分解。此外，他们还发现共析组织中的 α-Nb_5Si_3 和 Nbss 两相之间存在一定的晶体学取向关系：$(011)_{\alpha}//(011)_{Nb}$，$(100)_{\alpha}//(111)_{Nb}$。另外，Miura 等人[36]研究表明 Zr 合金化可能改变了 α-Nb_5Si_3 和 Nbss 之间的界面能，从而使得 Nb_3Si 相共析分解的驱动力增加，进而提高了 Nb-Si 基合金中 Nb_3Si 相的共析分解速率。

Tian 等人[37]研究了 Zr 合金化对电弧熔炼 Nb-22Ti-16Si-xZr（x=0~4，原子数分数/%）合金微观组织的影响。研究表明，随着 Zr 含量的增加，合金中初生 Nbss 枝晶发生逐渐粗化；在枝晶间出现了 Nbss+γ-Nb_5Si_3 层片状共晶组织，且该共晶组织的体积分数也在增加，如图 1-6 所示。同时他们发现，Nbss+γ-Nb_5Si_3 共晶组织富含大量的 Ti 和 Zr 元素，Zr 元素主要固溶于硅化物中，尤其是 γ-Nb_5Si_3 相中，并推测 Nbss+γ-Nb_5Si_3 层片状组织的形成是由于在凝固后期 Ti 和 Zr 元素在固液界面前沿富集而导致的。

Qiao 等人[38]研究发现 Zr 合金化对电弧熔炼 Nb-23Ti-14Si-5Cr-3Hf-3Al-xZr（x=0~8,原子数分数/%）多元合金的微观组织无明显影响，这可能是由于 Hf 的存在对 Zr 合金化的影响不显著。Zhang 等人[39]通过研究 Zr 合金化对定向凝固 Nb-15Si-24Ti-4Cr-2Al-2Hf-xZr（x=0~8，原子数分数/%）多元合金微观组织的影响，也发现了类似的结果，即 Zr 合金化并未改变合金中的相组成，但是在一定程度上细化了 Nbss+γ-Nb_5Si_3 共晶胞的尺寸。

Wang 等人[40]研究了 Zr 取代 Hf 对电弧熔炼 Nb-24.7Ti-16Si-xHf-yZr-2.0Cr-1.9Al（x+y=8.2，原子数分数/%）合金微观组织的影响。表明，随着 Zr 含量的增加，合金中 Nbss+Nb_3Si 共晶的含量减少，而 Nbss+γ-Nb_5Si_3 共晶的含量增加。此外，Zr 含量的增加使得合金的微观组织由过共晶组织逐渐转变为近共晶组织，且 Nbss 相的体积分数增加，而大块的初生 γ-Nb_5Si_3 相的体积分数减小。Sun 等人[41]研究了 Zr 和 Y 复合合金化对定向凝固 Nb-16Si-23Ti-4Cr-2Al-2Hf-xZr-yY（x=3，5；y=0.3，0.6；x 和 y 为原子数分数，单位为%）合金微观组织的影响，表明 Zr 合金化使得合金中硅化物相由原来的 α-Nb_5Si_3 相转变为 γ-Nb_5Si_3 相。Ma 等人[42]也发现随着 Zr 含量的增加会抑制 α-Nb_5Si_3 相形成，转而促进 γ-Nb_5Si_3 相的形成。

Mo 也是 Nb-Si 基合金中一种受到关注的合金化元素。Chattopadhyay 等人[43]研究发现 Mo 主要存在于 Nbss 中，Mo 元素在 Nbss 和 α-Nb_5Si_3 中的含量随着 Mo 含量的增加而增加，但是 Si 元素含量基本保持不变。同时发现初生相 Nbss 或者 α-Nb_5Si_3 在电弧熔炼态合金中都呈现较粗大的枝晶或块状形态。在 Nb-Si-Mo 合金中，共晶凝固在一个温度区间内发生，较粗大的共晶发生在较高温度，而细小

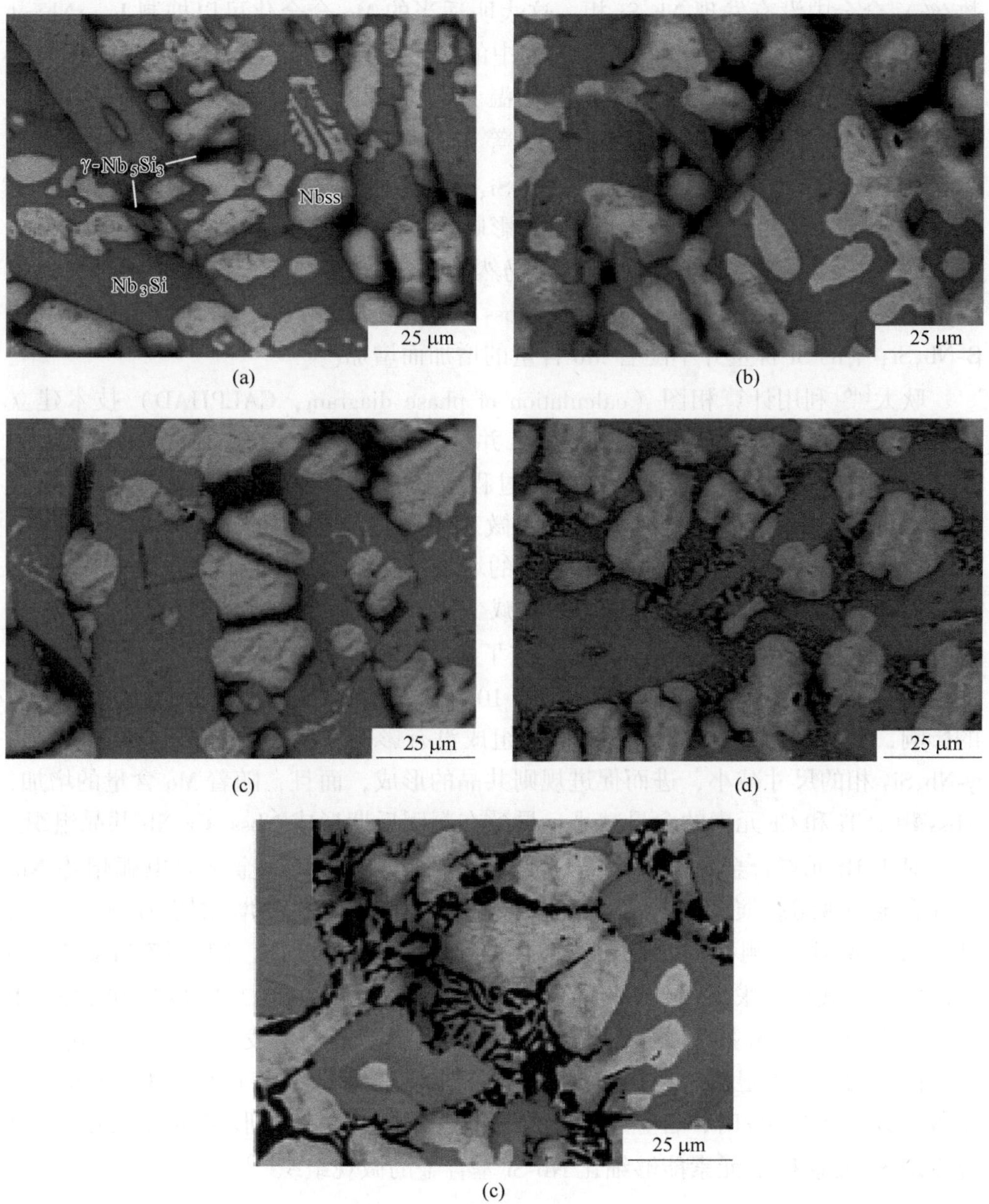

图 1-6 电弧熔炼 Nb-22Ti-16Si-xZr（原子数分数/%）合金组织的 BSE 图像[37]

（a）$x=1$；（b）$x=2$；（c）$x=3$；（d）$x=4$；（e）$x=5$

的共晶发生在凝固后期温度相对较低时。高含量的 Mo 可能会促进凝固过程中初生相 Nbss 的形核和生长，导致亚共晶合金中 Nbss 相的尺寸随着 Mo 含量的增加而增大。在 Nb-12.8Si-4.1Mo（原子数分数/%）和 Nb-12.3Si-14.8Mo（原子数分数/%）合金中没有发现 Nb_3Si 相，这表明适当的 Mo 合金化可以抑制 L →Nbss+Nb_3Si 共晶转变的发生，改变转变过程中的热力学行为或者影响了 Nb_3Si 在凝固过程中的动力学行为，导致 Nb_3Si 在高温下无法形成，并使得残余液相可以通过共晶反应直接形成 Nbss 和 Nb_5Si_3。Li 等人[44]研究也发现 Mo 合金化能够抑制 Nbss+Nb_3Si 共晶反应而促进 Nbss+Nb_5Si_3 共晶反应发生。Wang 等人[45]研究了 Mo 合金化对 Nb-20Si 合金微观组织的影响，发现 Mo 合金化时 Nb-20Si-(2，4，6，原子数分数/%) Mo 合金的初生相仍然是 β-Nb_5Si_3，Mo 合金化并未对初生相的形态产生影响，同时，Mo 元素在 Nbss 和 β-Nb_5Si_3 两相中均匀分布，初生相 β-Nb_5Si_3 中的 Si 含量并不随着 Mo 含量的增加而增加。

耿太[46]利用计算相图（calculation of phase diagram，CALPHAD）技术建立了 Nb-Si-Mo-Ti 四元系热力学数据库，并通过对 Nb-18Si-22Ti-xMo（$x=0$，10，20，原子数分数/%）合金在平衡凝固过程中的相组成和相含量进行计算，发现 Mo 合金化使 Nb_3Si 变得不稳定，凝固微观组织主要由初生 Nbss 相和 Nbss+α-Nb_5Si_3 共晶组织构成，且随着 Mo 含量的增加，初生相 Nbss 体积分数也在增加，而共晶组织 Nbss+α-Nb_5Si_3 体积分数在减少，但是 Nbss+α-Nb_5Si_3 双相区随着 Mo 含量的增大逐渐增大。Ma 等人[47]研究了 Mo 合金化对电弧熔炼态 Nb-23Ti-14Si-5Cr-3Al-3V-2Hf-2Zr-xMo（$x=0$，2，5，10，原子数分数/%）多元合金微观组织的影响，表明 Mo 合金化对合金中的相组成没有影响，但是使得合金中初生块状 γ-Nb_5Si_3 相的尺寸减小，进而促进规则共晶的形成，而且，随着 Mo 含量的增加，Nbss 相中 Ti 和 Cr 元素的含量减小，导致在凝固后期形成 Nbss+Cr_2Nb 共晶组织。

对于 Hf 元素合金化的影响，Tian 等人[48]研究了 Hf 合金化对电弧熔炼 Nb-16Si 合金微观组织演变的影响，结果表明，随着 Hf 含量的增加使 Nb-Si 合金的共晶点向富 Nb 一侧移动，并导致初生 Nbss 相的含量增加，同时使 Nbss/Nb_3Si 共晶胞尺寸减小；张松[49]在研究 Hf 合金化对电弧熔炼 Nb-23Ti-14Si-2B-3Cr-xHf（$x=0\sim8$，原子数分数/%）多元合金的微观组织的影响中发现，Hf 合金化对合金共晶点的影响不显著，但能够促进 γ-Nb_5Si_3 相的形成，特别是当 Hf 含量（原子数分数）超过 4%时，合金中的硅化物都以六方 γ-Nb_5Si_3 形式存在。此外，研究发现 Sc 元素和 Y 元素能够细化 Nb-Si 基合金的微观组织[50-52]。

1.3.2 合金化元素对 Nb-Si 基合金抗氧化性的影响

纯 Nb 在高温下的氧化产物主要为 Nb_2O_5，一方面 Nb_2O_5 与 Nb 相比体积膨胀较大（约 15%），因此会在其氧化膜中形成较大的内应力，另一方面 Nb_2O_5 氧化层呈现疏松多孔的形态，而且与基体的黏附性比较差，易导致氧化膜脱落，这使纯 Nb 的高温抗氧化性能较差[53]。

Cheng 等人[54]研究表明，在 Nb-Si-B 三元合金中，随着 B 含量的增加合金中的 T_2 相增加，进而使合金的抗氧化性能增强。张松[49]研究指出 B 合金化能够提高电弧熔炼态 Nb-22Ti-16Si-3Al 合金的抗氧化性，这是由于 B 合金化增加了合金中硅化物的含量以及改善了氧化膜的致密性。Su 等人[55]研究了 B 合金化对电弧熔炼态 Nb-23Ti-14Si-13Cr-2Al-2Hf 多元合金的抗氧性能的影响，表明 B 合金化使 Nb-Si 基多元合金的氧化动力学由线性规律变为抛物线规律，B 合金化后在合金的氧化膜中形成了均匀的保护性氧化物且在冷却过程无脱落现象，其氧化膜分为两层：外层为连续致密的 SiO_2、$CrNbO_4$与 $TiNb_2O_7$的混合物；而内层为疏松多孔的 Nb_2O_5 和 TiO_2。这主要是因为 B 合金化能够提高 SiO_2 在高温氧化过程中的生长速率，并且能够增加 SiO_2 的流动性，使其更好地愈合孔洞和裂纹，从而得到连续致密的外氧化层。此外，B 的氧化物 B_2O_3 能够提高 SiO_2 热膨胀系数，使 SiO_2 能够与基体更好的匹配，这也会减少氧化层的脱落及裂纹的产生。Wang 等人[56]研究证实了 B 合金化会提高 Nb-Si 基合金的抗氧化性。Thomas 等人[57]研究 Nb-Cr-Mo-Si-B 合金抗氧化性时，发现合金中 B 含量越高合金的抗氧化性越好，而且也越容易形成致密的 SiO_2 和 $CrNbO_4$氧化层。

Felten 等人[58]研究了 Nb-25%Ti 合金（质量分数）高温氧化行为，发现在氧化外层中形成了较为致密的 $TiNb_2O_7$层，Ti 合金化显著提高了 Nb 的抗氧化性能。Sala 等人[59]研究了 Ti 合金化对电弧熔炼态 Nb-12Si-5Mo 合金抗氧化性能的影响，表明 Ti 合金化后氧化产物中形成了 $TiNb_2O_7$ 和 $Ti_2Nb_{10}O_{29}$ 等，消耗了大量的 Nb_2O_5，从而使得氧化膜的体积膨胀和内应力降低。Vazquez 等人[60]研究表明，高含量的 Hf 能够明显改善 Nb-20Si-20Cr 合金的抗氧化性，但是张松[49]研究指出，采用 Hf 合金化对电弧熔炼 Nb-23Ti-14Si-2B-3Cr-xHf（x=0~8，原子数分数/%）多元合金的抗氧化性能不利。Ma 等人[61]研究表明，随着 V 含量的增加，电弧熔炼态 Nb-23Ti-14Si-5Cr-5Mo-4Zr-3Al-2Hf-xV（x=0，3，5 和 10，原子数分数/%）多元合金的高温抗氧化性能下降，但是 V 合金化提高了氧化膜与基体的黏附性，并指出这是由于 V_2O_5 的熔点低，在高温下为液相，但这也导致氧化层中形成大量的孔洞，对抗氧化性能不利。

Jiang 等人[62]研究表明，Nb-Si 合金的抗氧化性能随着 Cr 含量的增加而提高，但是发现在 Nb-6Si 合金中添加大于 30%含量（原子数分数）的 Cr 元素时，外氧化层才能形成连续的 $CrNbO_4$层，从而有效地防止氧的内扩散，此外还发现增加 Nb-Si 基合金中 Cr_2Nb 相的长径比也有助于形成连续的 $CrNbO_4$层。Su 等人[63]研究表明，高含量的 Cr 能够促进 Nb-Si 基合金在氧化过程中生成大量致密的 $CrNbO_4$，从而提高合金的抗氧化性。张松[49]研究发现增加 Cr 含量使 Nb-Si 基合金中硅化物的含量增加，从而提高了 Nb-Si 基合金氧化膜的致密性，另外，适当含量的 Cr 合金化能够使 Nbss 相中 Ti 元素被选择性氧化，从而增加 TiO_2 的含量，合金抗氧化性增加[64]。

Qiao 等人[38]研究表明，Zr 合金化促进了电弧熔炼态 Nb-Si 基多元合金氧化过程中 Ti 元素的外扩散，从而有助于形成致密的 TiO_2、ZrO_2 及 $TiNb_2O_7$氧化膜，能够阻止氧的内扩散，从而提高 Nb-Si 基合金的抗氧化性能。Zhang 等人[39]发现 Zr 合金化显著提高了定向凝固 Nb-Si 基多元合金的抗氧化性能：一方面，Zr 合金化抑制了 Nb-Si 基合金的氧化动力学曲线由抛物线型向直线型转变，即改变了合金的氧化动力学机制；另一方面，Zr 合金化使定向凝固 Nb-Si 基多元合金的微观组织得到细化，进而使得氧化初始阶段的氧化物尺寸减小，这有助于缓解氧化膜体积膨胀和塑性变形产生的生长应力，使氧化皮不容易脱落，从而有效阻碍氧气扩散进入基体合金。

Ma 等人[47]研究发现 2%Mo（原子数分数）合金化能够提高 Nb-Si 基合金的抗氧化性，这是由于高温下 MoO_3 的蒸发可以有效释放氧化膜中的应力，从而提高了氧化膜和基体之间的黏附性，使 Nb-Si 基合金的抗氧化性能提高；但是随着 Mo 含量的继续增加，此时由于 MoO_3 的大量挥发，氧化膜中出现大量的孔洞，不能够有效阻碍氧气扩散进入基体，从而降低了 Nb-Si 基合金的抗氧化性能。此外，Mo 和 Zr 的复合合金化能够提高硅化物的抗氧化性，形成致密且黏附性好的内氧化层，提升合金的抗氧化性能[42]。

1.3.3 合金化元素对 Nb-Si 基合金力学性能的影响

Sun 等人[20]研究表明，原子数分数为 4.5% B 合金化可以使 Nb-18Ti-14Si 合金的断裂韧性由 7.85 MPa · $m^{1/2}$增加到 11.98 MPa · $m^{1/2}$，并指出这是由于 B 合金化增加了 Nbss 相的连续性，从而较大提升了合金的断裂韧性。但是张松[49]研究发现 B 合金化使 Nb-22Ti-16Si-5Cr-4Hf-3Al 多元合金中硅化物的含量增加，从而降低了 Nb-Si 基合金的断裂韧性，这可能与多元合金体系中元素间的相互作用有关。

Chan 等人[65-66]研究表明，Ti 合金化可以降低 Nbss 相中位错开动所需的 P-N 势垒，从而促进位错的增殖与滑移，进而提高 Nb-Si 基合金的室温断裂韧性。此外，Shi 等人[67]通过第一性原理计算表明，适量（原子数分数低于 12.5%）的 Ti 元素合金化还可以提高 α-Nb_5Si_3 相的韧性，当 Ti 原子替换 α-Nb_5Si_3 点阵中第一类 Nb 原子，使 α-Nb_5Si_3 相的理想解理能和解理强度提高。

Sha 等人[32]研究表明，随着 Cr 含量的增加，电弧熔炼 Nb-20Ti-8Si-6Hf-(6,10,14)Cr 合金的断裂韧性从 17.868 MPa · $m^{1/2}$下降到 13.873 MPa · $m^{1/2}$；此外，还发现从室温到 1150 ℃ 合金的压缩强度随着 Cr 含量的增加而增加，但是当温度超过 1150 ℃时，合金的压缩强度随着 Cr 含量的增加而下降。说明 Cr 元素的强化行为或者弱化行为取决于 Cr 元素的含量和使用温度。通常，Cr 合金化作用体现在两个方面：（1）固溶于 Nbss 相降低熔点；（2）当 Cr 含量超过在 Nbss 相的固溶度后会形成低熔点 Laves 相（Cr_2Nb）。当温度低于 1150 ℃时，Cr 元素的固溶强化作用和 Cr_2Nb 作为硬脆性强化基体为主导，此时强度随着 Cr 含量的增加而增加；当温度高于 1150 ℃时，此时逐渐接近 Nbss 和 Cr_2Nb 的熔点，其强化效果消失，即由于 Cr 合金化引起的 Nbss 和 Cr_2Nb 相的软化所带来的不利因素占据主导，因此强度随 Cr 含量的增加而下降。Zhang 等人[33]研究发现，Cr 元素合金化不仅降低了电弧熔炼 Nb-Si 基多元合金的断裂韧性，还使 Nb-Si 基合金的高温（大于 1250 ℃）压缩强度减小。断裂韧性的降低主要是因为大量的 Cr 固溶于 Nbss 相中使其韧脆转变温度升高，且微观组织中 Cr_2Nb 相的形成也会限制 Nbss 相的变形；而高温强度的降低是由于大量的合金元素固溶于 Cr_2Nb 相使其熔点下降，因此在高温（大于 1250 ℃）下更容易发生软化。Wang 等人[31]研究表明，原子数分数 8%Cr 合金化能够明显提高电弧熔炼态 Nb-16Si-22Ti 合金的室温断裂韧性，这得益于 Nbss+Nb_5Si_3 共晶所呈现出来的耦合结构。

Sankar 等人[68]研究表明，电弧熔炼 Nb-16Si-xZr（x=0~6，原子数分数/%）合金的室温断裂韧性随着 Zr 含量的增加呈现先增加后下降的趋势，并指出断裂韧性的提高主要得益于 Nbss 相体积分数的增加及 Nbss+α-Nb_5Si_3 层片状组织的出现，因其能够有效阻碍裂纹的扩展。随着 Zr 含量的增加，电弧熔炼 Nb-16Si-xZr（x=0~6，原子数分数/%）合金的室温压缩强度及压缩塑性也呈现先增加后下降的趋势，硅化物的弹性模量随着 Zr 含量的增加也显著增加。Tian 等人[37]研究表明，随着 Zr 含量的增加，电弧熔炼 Nb-22Ti-16Si-xZr（x=0~4，原子数分数/%）合金的室温压缩强度呈线性增加，这一方面是由于 Zr 固溶于 Nbss 相中使其发生晶格畸变从而增加了变形抗力，另一方面 Nbss+γ-Nb_5Si_3 层片状组织的形成使得 Nb-Si 基合金中出现了大量的相界面；但是 Zr 合金化导致 Nb-22Ti-16Si-xZr（x=0~4，原子数分数/%）合金高温强度降低，这是由于层状共晶组织具有更多的界面，有利于扩散反应的进行，进而导致固溶强化作用不能维持。Qiao 等人[38]研究表明，Zr 合金化提高了电弧熔炼 Nb-Si 基多元合金的室温断裂韧性和高温强度，当 Zr 含量（原子数分数）为 8%时，合金断裂韧性值可达 15 MPa · $m^{1/2}$，并指出断裂韧性的增加可能是由于 Zr 合金化减小了派-纳势垒（Peierls-Nabarro），因此 Nbss 相在变形过程中位错更容易开动。同时研究发现，Zr 合金化提高了 Nb-Si 基合金的高温压缩强度，这与 Tian 等人[37]的研究结果相悖，他们发现 Zr 合金化降低了 Nb-Si 基合金高温强度。Ma 等人[42]研究表明，Zr 合金化能够提高 Nb-Si 基合金的室温断裂韧性，但是 Sun 等人[41]研究表明，在 Y 元素存在时，Nb-Si 基合金的断裂韧性随着 Zr 含量的增加而下降。

Ma 等人[69]研究表明，Mo 合金化与 W 合金化作用相似，都能够对 Nbss 相产生较强的固溶强化作用，而且这种强化作用可以维持到 1500 ℃以上。此外，Kim 等人[70]在研究在近共晶 Nb-Si 合金中发现，适量的 Mo 合金化可使三元 Nb-Si-Mo 合金的断裂韧性高于二元 Nb-Si 合金。这是因为 Mo 合金化导致合金中具有尺寸较大的 Nbss 相和迷宫状的组织形貌。Li 等人[71]研究发现，Mo 合金化可以提高近共晶 Nb-18Si 合金的室温断裂韧性，但会降低亚共晶合金 Nb-10Si 合金的断裂韧性。Ma 等人[47]研究表明 Nb-Si 基多元合金的断裂韧性值随着 Mo 含量的增加先升高后降低，且 Nb-Si 基合金的断裂模式都为解理断裂，但是 Nb-Si 合金的显微硬度和高温压缩强度随着 Mo 含量的增加而升高；此外，进一步研究发现，Mo 和 Zr 复合合金化作用能够提高 Nb-Si 基合金的高温压缩强度[42]。

Tian 等人[48]研究了 Hf 合金化对电弧熔炼 Nb-16Si 合金的室温断裂韧性的影响，发现 Hf 含量的增加可以提高合金的室温断裂韧性，并指出这得益于适量 Hf 合金化使合金中 Nbss 相含量增加。Zhang 等人[34]研究指出适量 Hf 合金化对电弧熔炼 Nb-23Ti-14Si-2B-3Cr-xHf（x=0~8，原子数分数/%）的室温断裂韧性有利。Ma 等人[27]研究表明，随着 V 含量的增加，电弧熔炼 Nb-23Ti-14Si-5Cr-5Mo-4Zr-3Al-2Hf-xV（x=0，3，5 和 10，原子数分数/%）多元合金的室温断裂韧性呈现先增加后下降的趋势，原子数分数为 3%V 合金化时，合金的断裂韧性值最大，但是随着 V 含量的增加，高温压缩强度呈现下降趋势。Kim 等人[26]研究也表明，V 含量的增加能提高 Nb-Si 基合金的室温屈服强度，但是 V 合金化对高温屈服强度不利。

1.4 Nb-Si 基合金的制备工艺

合金的微观组织和性能不仅仅与合金的化学成分密切相关，还和其制备工艺密切相关，因此为了改善 Nb-Si 基合金的性能，在研究合金化对组织和性能影响的基础上[72-73]，还应该进一步深入理解制备工艺对 Nb-Si 基合金微观组织和性能的影响。目前为止，Nb-Si 基合金的制备技术主要包括粉末冶金、电弧熔炼、定向凝固（DS）及增材制造技术等。

1.4.1 Nb-Si 基合金的传统制备技术

Nb-Si 基合金的传统制备技术主要有粉末冶金、电弧熔炼、定向凝固（DS）等技术。

制备 Nb-Si 基合金的粉末冶金方法主要包括反应等离子烧结（SPS）和热压烧结（HP）。反应等离子烧结是通过脉冲电流产生的局部高温从而引起合金粉末之间的气体产生等离子，放电的等离子产生高温将粉末颗粒熔化，颗粒之间发生冶金反应形成烧结体。Liu 等人[74]通过 SPS 技术制备了 Nb-16Si-22Ti-2Al-2Hf-7Cr

(原子数分数/%) 合金，并研究了不同 Nb 粉末尺寸和形态对 Nb-Si 基合金断裂行为的影响，结果表明，当 Nb 粉末粒度由 78.8 μm 减小到 4.9 μm，Nbss 断裂模式将由解理断裂模式转变为韧窝、撕裂和解理的混合模式，从而显著提高 Nb-Si 基合金的断裂韧性（K_Q），使其由 8.2 MPa · $m^{1/2}$ 提高到 12.4 MPa · $m^{1/2}$，并使其微观组织呈现岛状的 Nb_5Si_3 相均匀分布在 Nbss（晶粒尺寸约为 9.9 μm）基体上。热压烧结是将合金粉末置于一定的温度、压力、气氛的作用下，使合金粉末颗粒之间形成冶金结合，形成致密的烧结体。张立京[75]利用机械合金化制备了名义成分为 Nb-23Ti-14Si-5Cr-3Al（原子数分数/%）的预合金粉末，并研究了不同热压烧结温度对 Nb-Si 基合金块体微观组织和性能的影响。结果表明，随着热压烧结温度的升高，Nb-Si 基合金的致密度提高，并发现在 1450 ℃下烧结时，合金的致密度最大，微观组织较为细小且为近等轴状，合金的室温断裂韧性值可达 10.2 MPa · $m^{1/2}$；显微硬度（HV）值可达 1138。

真空电弧熔炼方法可根据熔炼电极是否发生损耗而分为真空自耗电弧熔炼和真空非自耗电弧熔炼。真空自耗电弧熔炼是把合金本身当作负极，坩埚作为正极，电极和坩埚之间产生电弧，而电弧产生的高温将合金材料熔化。Kommineni 等人[76]采用真空自耗电弧熔炼制备了具有不同 Ti 和 Zr 含量的 Nb-18.7Si（原子数分数/%）合金，发现通过 Ti 和 Zr 合金化，可使合金的室温断裂韧性由初始的 5.84 MPa · $m^{1/2}$ 增加至合金化后的 10.59 MPa · $m^{1/2}$。真空非自耗电弧熔炼是利用外部电极与坩埚之间放电所产生的电弧将合金材料熔化。Wang 等人[31]利用真空非自耗电弧熔炼的方法制备了分别含 Cr、Mo 和 W 成分的 Nb-22Ti-16Si（原子数分数/%）合金，发现原子数分数为 8%Cr 合金化可使合金的断裂韧性值达到 13.4 MPa · $m^{1/2}$。

定向凝固技术是通过在凝固界面前沿建立起特定方向的温度梯度，使界面沿特定方向生长，最终使材料的微观组织具有特定取向的制备技术。目前 Nb-Si 基合金定向凝固主要采用光悬浮无坩埚定向凝固，液态金属冷却有坩埚定向凝固和水冷坩埚内的 Czochralski 提拉定向凝固等方法。Tian 等人[77]采用光悬浮无坩埚定向凝固制备了 Nb-22Ti-16Si-7Cr-3Al-3Ta-2Hf-0.1Ho（原子数分数/%）合金，并研究了不同抽拉速度对合金微观组织和性能的影响，表明随着抽拉速率的增加，胞状组织的尺寸逐渐减小，抽拉速率为 9 mm/h 时，微观组织中 Nbss 相的（110）晶面和 Nb_5Si_3 相的（310）晶面平行生长，此时合金的断裂韧性可达 13.1 MPa · $m^{1/2}$，优于电弧熔炼制备的同成分 Nb-Si 基合金的室温断裂韧性。郭宝会[78]采用液态金属冷却有坩埚定向凝固技术制备了 Nb-29Ti-8Si-10Cr-5Hf-3Al（原子数分数/%）合金，研究发现随着抽拉速率的增加，Nb-Si 基合金的显微组织发生细化，但是 Nb_5Si_3 相的连续性变差，Nbss+Nb_5Si_3 共晶的体积分数增加，还促进 Nbss+Nb_5Si_3+Cr_2Nb 三相共晶的形成。当抽拉速率为 10 mm/s 时合金的断裂韧性值最大（17.4 MPa · $m^{1/2}$）。燕云程[79]利用水冷坩埚内的 Czochralski 提拉定向凝固技术制备了 Nb-22Ti-16Si-3Cr-3Al-2Hf（原子数分数/%）合金，研究了定向凝固的工艺参数对 Nb-Si 合金显微组织和室温断裂韧性的影响，得到的断裂韧性值的范围处于 8.97～13.2 MPa · $m^{1/2}$之间。

Zhang 等人[80]对比研究了水冷坩埚定向凝固和电弧熔炼制备的 Nb-23Ti-14Si-2Al-2Hf-2V-2Cr 和 Nb-23Ti-14Si-2Al-2Hf-2V-14Cr 合金，发现采用电弧熔炼制备的两种 Nb-Si 基合金室温断裂韧性分别为 14.2 MPa · $m^{1/2}$和 9.4 MPa · $m^{1/2}$，而定向凝固 Nb-Si 基合金的断裂韧性值明显更高，分别达到了 17.2 MPa · $m^{1/2}$和 13.4 MPa · $m^{1/2}$，表明定向凝固技术可以显著提高 Nb-Si 基合金的室温断裂韧性。Liu 等人[81]采用热压烧结技术制备了 Nb-22Ti-16Si-2Hf-2Al-2Cr 合金，发现断裂韧性值随着工艺参数的变化在 6.52～10.14 MPa · $m^{1/2}$范围内变化，而 Yang 等人[82]采用电弧熔炼技术制备了相同化学成分的 Nb-Si 基合金，其断裂韧性值达 14.4 MPa · $m^{1/2}$，也就是说，采用电弧熔炼技术制备 Nb-Si 基合金比热压烧结制备的性能更佳。

1.4.2 Nb-Si 基合金的激光立体成形

激光立体成形（laser solid forming，LSF）技术是在激光多层熔覆和快速原型制造的基础上发展起来的一项金属增材制造技术，以激光为能量源，采用同步送进粉末的方式，通过激光逐道逐层扫描进行熔覆沉积，可以实现较复杂形状金属结构件的无模具、快速、近净成形。目前激光立体成形技术已成功应用于钛合金[83-86]、高温合金[87-92]、钢[93]等高性能复杂零件的制造。激光立体成形制备构件时采用的粉末来源一般分为两种：预合金化粉末和预混合粉末。其中，预混合粉末一般是指将组成合金的各单质元素粉末或者中间合金粉末按照最终成形合金成分要求混合均匀的粉末。采用预混合粉末时，合金化是在运动的激光熔池中原位完成，即通过激光熔覆沉积，在进行原位合金化的同时实现复杂构件的高性能直接成形。值得指出的是，采用预混合粉末激光立体成形，可以更加灵活快速调整成形件的合金成分，方便进行合金成分的高通量筛选，以节省合金设计开发成本，缩短实验周期。

Dicks 等人[94]采用激光立体成形技术制备了 Nb-26Ti-22Si-6Cr-3Hf-2Al（原子数分数/%）合金，发现其微观组织主要由 Nbss 和 α-Nb_5Si_3 相组成，相比于电弧熔炼 Nb-Si 基合金的微观组织，得到了细化，但是并未改变其组成相的种类。Liu 等人[95]采用激光立体成形技术制备了 Nb-23Ti-17Si（原子数分数/%）合金，发现微观组织由 Nbss、Nb_3Si 及少量的富 Ti-Nbss 相组成，呈现出类似定向凝固的组织特征。这意味着采用激光立体成形有可能进一步发挥 Nb-Si 基合金在定向凝固过程中展现出来的性能提升优势。

1.4.3 Nb-Si 基合金的其他增材制造方法

激光选区熔化（selective laser melting，SLM）技术是以激光为能量源，采用逐层铺粉+选区熔凝的策略，通过激光逐道逐层扫描进行熔凝沉积成形。相比激光立体成形技术，激光选区熔化技术过程中的激光扫描速度快，熔池较小，能够制备复杂精密结构件，但成形过程中往往应力较大。激光选区熔化技术也成功应用于高温合金[96]、钛合金[97]、铝合金[98-99]、非晶合金[100-101]等高性能复杂零件的制备。Guo 等人[102-103]通过机械合金化制备了 Nb-24Ti-18Si-2Cr-2Al-2Hf（原子数分数/%）预合金粉末，并使用激光选区熔化技术制备了 Nb-Si 基合金块状试样，但是试样内部存在微裂纹，其显微硬度（HV）值约为 807。与电弧熔炼 Nb-Si 基合金的组织对比，激光选区熔化过程并未改变 Nb-Si 基合金的相组成，其仍然主要由 Nbss、Nb_5Si_3 及 Nb_3Si 相组成，但是组织发生明显的细化。氧化后组织分为内氧化层，中间氧化层，以及外氧化层，细化的组织使 Nb-Si 基合金的外氧化层中形成了连续的 SiO_2 层，以及富 Ti 和 Cr 的氧化层，而且相比电弧熔炼态 Nb-Si 基合金，其氧化膜较为完整且致密。

1.5 目前存在的问题

综上所述，Zr 合金化作用有助于 Nb-Si 基合金的室温断裂韧性的提高，Cr 合金化可改善 Nb-Si 基合金抗氧化性能，Mo 合金化则可以提高合金的高温强度，这意味着采用 Zr、Cr 和 Mo 元素进行复合合金化有可能改善 Nb-Si 基合金面临的室温韧性低和中高温抗氧化性能差的问题，但是从前述关于 Zr、Cr 和 Mo 合金化的相关研究评述可知，目前对于 Zr、Cr 和 Mo 合金化对 Nb-Si 基合金微观组织和性能的影响仍然缺乏清晰深入的理解，主要体现在以下几个方面：

（1）Zr、Cr 和 Mo 合金化对 Nb-Si 基合金显微组织的影响机制尚存争议，特别是 Zr、Cr 和 Mo 合金化对不同 Nb-Si 基合金体系微观组织演变行为不尽相同，甚至存在相悖的结果。

（2）目前大多研究往往只关注 Zr、Cr 和 Mo 单一元素合金化对 Nb-Si 基合金微观组织和性能的影响，而对于 Zr、Cr 和 Mo 复合合金化对 Nb-Si 基合金微观组织和性能的影响研究较少。

（3）目前对于 Zr、Cr 和 Mo 合金化在 Nb-Si 基合金中的作用研究大多基于传统方法制备的合金，近年来，随着增材制造技术的快速发展，元素混合法激光立体成形由于可以实现不同合金成分材料的高通量制备，为 Nb-Si 基合金成分和性能的快速优化和复杂零件制备创造了重要途径。但是激光立体成形的工艺和组织特征与 Nb-Si 基合金传统制备方法差别很大，这意味着要实现 Nb-Si 基合金高通量设计与制备，首先要厘清 Zr、Cr 和 Mo 合金化对激光立体成形 Nb-Si 基合金显微组织的影响机制。

1.6 本书主要内容

本书在国内外已有的研究基础上，选取近共晶 Nb-23Ti-14Si 合金体系作为研究对象，采用混合元素法激光立体成形技术，制备不同含量 Zr、Cr 和 Mo 合金化 Nb-Si 基合金，揭示 Zr、Cr 和 Mo 单独及其复合合金化对激光立体成形 Nb-Si 基合金微观组织演变机制的影响机制，厘清 Zr、Cr 和 Mo 单独和其复合合金化对激光立体成形 Nb-Si 基合金高温氧化行为的影响机制机理，并同时阐明其对激光立体成形 Nb-Si 基合金室温断裂行为的影响机制，以期为采用激光立体成形制备性能优异的 Nb-Si 基合金奠定重要的理论基础。

本书的主要研究内容如下。

（1）Zr、Cr 和 Mo 合金化对激光立体成形 Nb-23Ti-14Si 合金微观组织演变的影响机制。研究 Zr、Cr 和 Mo 单独和复合合金化对激光立体成形 Nb-23Ti-14Si 合金的金属间化合物类型（Nb_3Si、α，β，γ-Nb_5Si_3 和 Cr_2Nb）、含量及分布特征的影响；分析相应合金化作用下成形件中 Nbss 相的含量、形态和沉淀相，以及沉淀相和 Nbss 之间的取向关系；研究 Zr、Cr 和 Mo 单独和复合合金化对激光立体成形制备 Nb-23Ti-14Si 合金的凝固路径和相选择的影响机制。

（2）Zr、Cr 和 Mo 合金化对激光立体成形 Nb-23Ti-14Si 合金抗氧化性的影响机理。研究 Zr、Cr 和 Mo 单独和复合合金化对激光立体成形 Nb-23Ti-14Si 基合金高温抗氧化性能的影响规律，分析相关合金化对合金高温氧化行为的影响机制，特别是合金化对 Nb-23Ti-14Si 基合金高温抗氧化过程中氧化层形成的影响机理。

（3）Zr、Cr 和 Mo 合金化对激光立体成形 Nb-23Ti-14Si 合金力学性能及变形行为的影响机制。研究 Zr、Cr 和 Mo 单独和复合合金化对激光立体成形 Nb-23Ti-14Si 基合金室温断裂韧性的影响机制，分析其裂纹扩展路径，Nbss 相的断裂方式及增韧机制；同时研究合金化对激光立体成形 Nb-23Ti-14Si 基合金显微硬度的影响规律。

2 研究方案与实验方法

2.1 研究方案

通过分析Nb-Si基合金研究现状，选定综合性能较好、名义成分为Nb-23Ti-14Si（原子数分数/%）的近共晶合金作为参考体系开展合金化研究，在确定合适的激光立体成形（laser solid forming，LSF）技术的工艺参数的基础上，首先研究Zr、Cr和Mo单独合金化对激光立体成形Nb-23Ti-14Si（原子数分数/%）基合金微观组织的影响机制及规律，随后，进一步研究Zr和Cr，以及Zr和Mo复合合金化对Nb-23Ti-14Si（原子数分数/%）基合金微观组织形成的影响机制，明晰其组织特征；此外，研究Zr、Cr和Mo单独和复合合金化对Nb-23Ti-14Si（原子数分数/%）基合金高温抗氧化性能和氧化行为的影响规律；最后，研究Zr、Cr和Mo单独合金化和复合合金化对Nb-Si基合金显微硬度和室温断裂韧性及变形行为的影响机制。制定具体的研究方案如下。

（1）Zr、Cr和Mo单独和复合合金化对激光立体成形Nb-23Ti-14Si（原子数分数/%）基合金微观组织演化行为的影响机制。

根据已有的文献研究，设计了15种不同含量Zr、Cr和Mo合金化的Nb-23Ti-14Si基合金成分，见表2-1。采用行星球磨机对Nb、Ti、Si、Zr、Cr和Mo单质元素粉末进行预混合，制备出含有不同Zr、Cr和Mo含量的预混合粉末。采用LSF-Ⅶ激光立体成形设备制备Zr、Cr和Mo合金化的Nb-23Ti-14Si（原子数分数/%）基合金单壁墙试样；然后利用X射线分析（X-ray-diffraction，XRD）、扫描电子显微镜（scanning electron microscope，SEM）、能谱仪（energy dispersive X-ray spectroscopy，EDS）、电子探针（electron probe micro-analyzer，EPMA）、电子背散射衍射仪（electron backscatter diffraction，EBSD）、透射电子显微镜（transmission electron microscope，TEM）等分析测试设备对激光立体成形Nb-23Ti-14Si（原子数分数/%）基合金的组成相的种类、形貌、分布和体积分数等微观组织进行表征，揭示Zr、Cr和Mo单独和复合合金化激光立体成形Nb-23Ti-14Si（原子数分数/%）基合金凝固组织的演化行为；对Nbss基体中的沉淀相析出特征进行TEM表征；使用福禄克高温测温仪和激光热成像仪测试激光立体成形的过程中的热历史及热累积温度，分析沉淀相的析出行为；并对Nb-23Ti-14Si（原子数分数/%）基合金进行高温均匀化热处理，研究其微观组织稳定性。

表 2-1 激光立体成形 Nb-23Ti-14Si 基合金的名义成分、沉积态成分和通用名（原子数分数） （%）

编号	名义成分	沉积态成分	合金名称
1	Nb-23Ti-14Si	Nb-24. 47Ti-13. 96Si	Nb-23Ti-14Si
2	Nb-23Ti-14Si-3Zr	Nb-23. 09Ti-13. 81Si-2. 76Zr	3Zr
3	Nb-23Ti-14Si-7Zr	Nb-24. 73Ti-14. 26Si-7. 01Zr	7Zr
4	Nb-23Ti-14Si-5Cr	Nb-23. 67Ti-13. 68Si-5. 14Cr	5Cr
5	Nb-23Ti-14Si-10Cr	Nb-24. 98Ti-15. 17Si-9. 76Cr	10Cr
6	Nb-23Ti-14Si-2Mo	Nb-24. 56Ti-15. 53Si-2. 35Mo	2Mo
7	Nb-23Ti-14Si-6Mo	Nb-23. 48Ti-14. 72Si-6. 15Mo	6Mo
8	Nb-23Ti-14Si-3Zr-5Cr	Nb-23. 21Ti-14. 41Si-3. 05Zr-4. 95Cr	3Zr-5Cr
9	Nb-23Ti-14Si-3Zr-10Cr	Nb-23. 18Ti-15. 05Si-2. 96Zr-10. 18Cr	3Zr-10Cr
10	Nb-23Ti-14Si-6Zr-5Cr	Nb-24. 30Ti-14. 88Si-6. 11Zr-5. 41Cr	6Zr-5Cr
11	Nb-23Ti-14Si-6Zr-12Cr	Nb-23. 86Ti-15. 13Si-6. 11Zr-12. 24Cr	6Zr-12Cr
12	Nb-23Ti-14Si-3Zr-4Mo	Nb-21. 92Ti-14. 85Si-2. 53Zr-4. 00Mo	3Zr-4Mo
13	Nb-23Ti-14Si-3Zr-9Mo	Nb-22. 31Ti-14. 40Si-2. 75Zr-8. 76Mo	3Zr-9Mo
14	Nb-23Ti-14Si-6Zr-4Mo	Nb-22. 70Ti-14. 73Si-5. 21Zr-3. 96Mo	6Zr-4Mo
15	Nb-23Ti-14Si-6Zr-9Mo	Nb-22. 71Ti-15. 49Si-6. 17Zr-8. 64Mo	6Zr-9Mo

（2）Zr、Cr 和 Mo 单独和复合合金化对激光立体成形 Nb-23Ti-14Si 基合金高温抗氧化性能的影响机理。将 Zr、Cr 和 Mo 合金化激光立体成形 Nb-23Ti-14Si 基合金在 1250 ℃静态空气中进行不同时间（1 h、4 h 和 20 h）氧化实验，明晰单独和复合合金化对激光立体成形 Nb-23Ti-14Si 基合金的高温抗氧化性能的影响。采用 XRD 对经 1250 ℃，4 h 氧化的 Nb-23Ti-14Si 基合金试样氧化膜的组成相进行测试分析，利用 SEM 和 EDS 对 Nb-23Ti-14Si 基合金氧化后的横截面进行表征，分析其氧化物的组成和成分及其含量，分析 Zr、Cr 和 Mo 单独和复合合金化对激光立体成形 Nb-23Ti-14Si 基合金氧化膜形成的影响机制。

（3）Zr、Cr 和 Mo 单独和复合合金化对激光立体成形 Nb-23Ti-14Si 基合金力学性能和变形行为的影响机制。采用维氏硬度计对 Zr、Cr 和 Mo 单独和复合合金化 Nb-23Ti-14Si 基合金试样进行硬度测量，分析 Zr、Cr 和 Mo 合金化对沉积态合金硬度的影响规律。然后，采用显微硬度计对 Nb-23Ti-14Si 基合金中 Nbss 相进行测试表征。

采用电子万能材料试验机对 Zr、Cr 和 Mo 单独和复合合金化的沉积态 Nb-23Ti-14Si 基合金进行单边切口试样的三点弯曲测试，得到其室温断裂韧性值，然后使用 SEM 观察试样断裂过程中的裂纹扩展路径和断口形貌，分析 Zr、Cr 和 Mo 单独和复合合金化激光立体成形 Nb-23Ti-14Si 基合金中 Nbss 相的断裂机制，明确 Nbss 和硅化物之间的协调变形行为。

具体的技术路线图如图 2-1 所示。

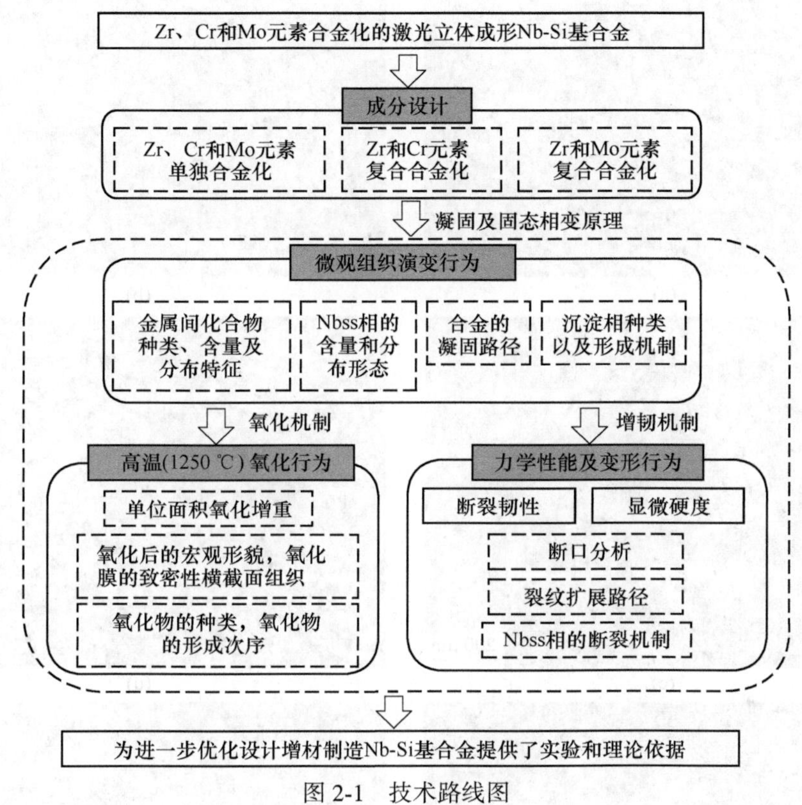

图 2-1 技术路线图

2.2 实验过程

实验所用的粉末为纯度（质量分数）大于 99.5% Nb 粉、Ti 粉、Si 粉、Zr、粉、Cr 粉和 Mo 粉末，粉末颗粒的粒径为 80~150 μm，形貌如图 2-2 所示。除了 Ti 粉为球形，其他粉末均为不规则的形态。激光立体成形过程中，基材使用锻造态纯 Ti 板材或 TC4 板材。

Nb-23Ti-14Si 基合金试样的激光立体成形制备是在西北工业大学凝固技术国家重点实验室自主研发的 LSF-Ⅶ 型激光立体成形装备上完成，如图 2-3 所示。该激光立体成形装备配备有 6 kW 半导体激光器、五轴四联动数控工作台、惰性气氛保护室、高精度可调送粉器和同轴送粉喷嘴等。激光立体成形过程中，Nb-23Ti-14Si 基合金的预混合粉末由送粉器送出经同轴送粉喷嘴送进移动熔池。为防止成形过程中合金粉末及沉积试样的氧化和污染，载粉气体和保护气体均为高纯氩气，整个实验过程在充填高纯氩气的手套箱内成形（氧含量小于 0.01%）。

图 2-2 粉末形貌照片

(a) Nb 粉；(b) Ti 粉；(c) Si 粉；(d) Zr 粉；(e) Cr 粉；(f) Mo 粉

实验前，按照表 2-1 中所列的合金成分，确定各单质元素的质量分数，紧接着将各元素单质粉末分别称重，按照名义成分一起装入球磨罐中，然后在行星球磨机上混合 3 h，使元素单质粉末得到充分预混合，最后将混合好的粉末放入真空干燥箱中，进行 120 ℃，3 h 烘干，去除粉末中的水分。在实验前，用粗砂纸

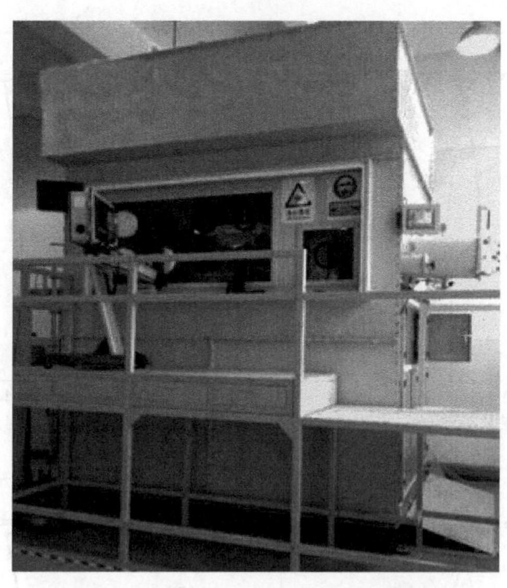

图 2-3 LSF-Ⅶ型激光立体成形系统

打磨基材表面，去除表面氧化皮，直至露出白亮的金属表面，并继续使用 1000 号砂纸打磨后，将基材表面用丙酮清洗，吹干备用。按照表 2-2 所列的激光立体成形工艺参数进行熔覆沉积成形，该工艺参数是前期实验探索所得到的。每个合金成分沉积出的试样块尺寸约为 35 mm（长）×6 mm（宽）×30 mm（高），用于组织和性能测试。

表 2-2 Nb-23Ti-14Si 基合金激光立体成形工艺参数

工艺参数	激光功率 /kW	扫描速率 /mm · s^{-1}	送粉速率 /g · min^{-1}	载粉气 /L · min^{-1}	激光光斑直径/mm	层高 /mm
数值	2.7	12	11~14	4	5	0.15~0.2

表 2-1 中激光立体成形 Nb-23Ti-14Si 基合金的实际成分是对沉积态块体试样采用 SEM-EDS 面扫描成分分析（1 mm×1 mm）得到的平均成分。由表 2-1 中数据可知，实际成分与设计的名义成分存在一定程度的偏差，特别是 Ti 元素和 Si 元素的含量（原子数分数）存在波动（Ti 21.92%~24.98%，Si 13.68%~15.53%）。这主要是由于本书采用元素混合粉末法，不同合金粉末的汇聚性不相同，且不同粉末颗粒在粉末输送过程中也会相互影响，导致最终进入熔池的成分和名义成分存在偏差。图 2-4 所示为 Nb-(21.92~24.98)Ti-(13.68~15.53)Si(原子数分数/%）合金的平衡凝固相图。由图 2-4 可知，Ti 含量和 Si 含量在此范围内变化对合金凝固行为影响较弱。为了方便，后文采用表 2-1 中第四列所列出的通用合金名称对相关沉积态合金进行描述。

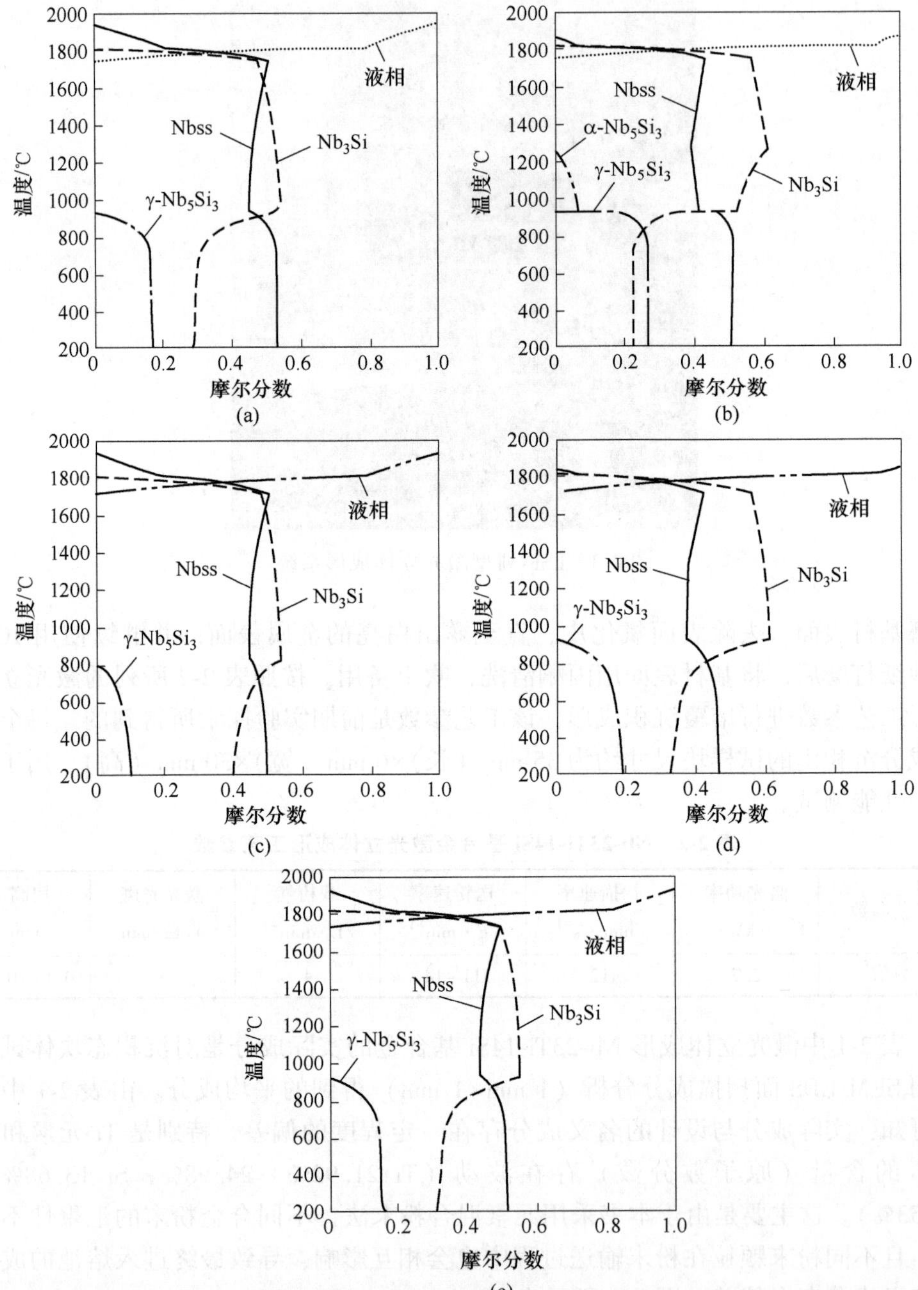

图 2-4　Nb-(21.92~24.98)Ti-(13.68~15.53)Si(原子数分数/%)合金的平衡凝固相图

(a) Nb-21.92Ti-13.68Si；(b) Nb-21.92Ti-15.53Si；(c) Nb-24.98Ti-13.68Si；(d) Nb-24.98Ti-15.53Si；(e) Nb-23.0Ti-14.0Si

2.3 组织表征和成分分析

采用电火花切割机从激光立体成形单壁墙试样的中部（距离基材底部约15 mm高度处）切取试样的纵截面。对其进行镶嵌、打磨、抛光。由于 Nb-23Ti-14Si 基合金的微观组织主要由 Nbss 和硅化相构成，这两相之间的成分差异较大，因此采用扫描电子显微镜中背散射电子（back scattered electron，BSE）模式进行微观组织观察。采用 EDS 对 Nb-23Ti-14Si 基合金相组成相的成分进行分析。对于 EBSD 分析，首先将合金试样进行机械抛光，之后再在司特尔振动抛光仪中进行震动抛光6 h，将试样表面的应力层去除，然后采用EBSD 系统对 Nb-23Ti-14Si 基合金进行物相鉴定和取向关系分析。结合 EBSD 分析软件，利用相分布图进行组成相鉴定，采用取向分布图进行晶体择优生长方向分析，采用极图和反极图进行组成相晶体学取向关系分析。

分析特定区域的微观组织结构特征时，采用聚焦离子束（focused ion beam，FIB）制备 TEM 试样。首先在 BSE 模式条件下选定区域，采用 FIB 切取尺寸约为 10 μm×1 μm 试样，紧接着通过微型机械臂将试样转移并焊接在铜网上，然后使用 FIB 将样品减薄至 100 nm 以下，具体步骤如图 2-5 所示。最后采用明场相（bright-field，BF）、暗场相（dark-field，DF），选区电子衍射（selected-area electron diffraction pattern，SADP）、高角环形暗场相（high-angle annular dark-field，HAADF）、高分辨透射相（high-resolution transmission electron microscopy，

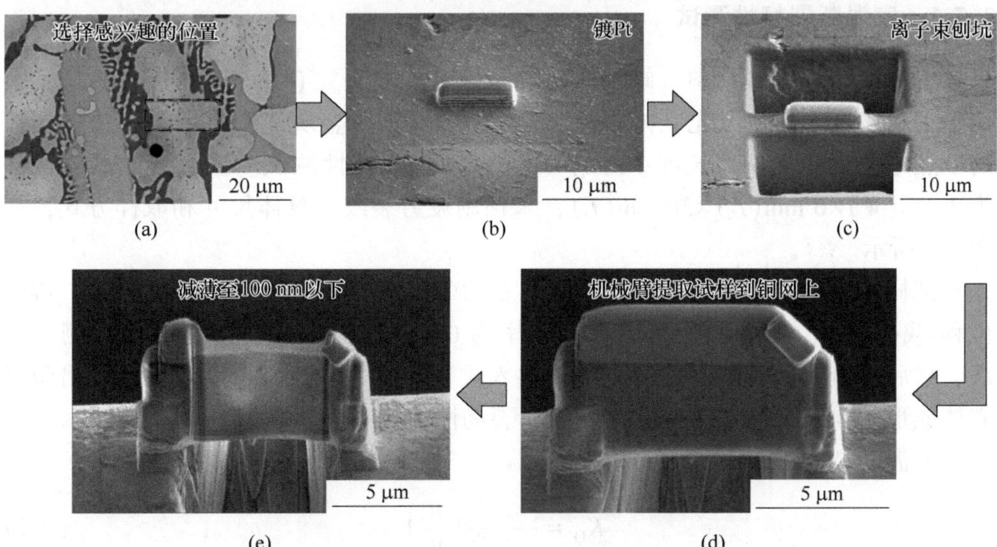

图 2-5 FIB 制备 TEM 试样过程

HRTEM)，以及 TEM 下的 EDS 对 Nb-23Ti-14Si 基合金中的沉淀相种类，界面结构，不同相之间的取向关系，以及氧化产物进行表征。

2.4　高温抗氧化性能测试

(1) 采用电火花线切割从激光立体成形 Nb-23Ti-14Si 基合金块体上切取约 10.2 mm×6.2 mm×3.2 mm 的试样，采用 SiC 砂纸将试样表面的线切割痕迹去除，接着使用 1200 号 SiC 砂纸对试样进行研磨，最后采用超声清洗试样表面污渍。

(2) 使用游标卡尺对试样尺寸进行测量，之后将试样放入在箱式热处理炉经过 1250 ℃，2 h 预先处理的氧化铝坩埚中，使用电子天平（精度 10^{-5} g）对其整体进行称重。

(3) 当箱式热处理炉升温至 1250 ℃且稳定后，将称重后的坩埚和试样整体放入炉中，关闭炉门，开始计时，到达预定的氧化时间后将炉子的电源关闭，待温度冷却至室温后将装有试样的坩埚取出。

(4) 将氧化后的试样和坩埚整体称量，并利用 $\Delta m/A$ 计算试样的单位面积增重，其中 Δm 表示试样在氧化前后的重量变化（单位为 mg），A 表示试样在氧化前的表面积（单位为 cm^2）。

2.5　力学性能测试

2.5.1　室温断裂韧性测试

根据标准《金属材料　缺口敏感性拉伸试验方法》（GB/T 4161—2007），采用电火花线切割法从激光立体成形 Nb-23Ti-14Si 基合金块体中切取具有单边切口的三点弯曲试样（切口长度 3 mm）用于室温断裂韧性测试。三点弯曲试样尺寸为 3 mm(W)×6 mm(B)×30 mm(L)，未预制疲劳裂纹。具体尺寸和取样方式，如图 2-6 所示。

试样经砂纸打磨并用酒精清洗后，在力学试验机上进行三点弯曲实验，得到位移-载荷曲线。实验中夹头的移动速率为 0.05 mm/min。每组合金试样测量三次，然后求最大载荷的平均值，将其代入式（2-1）和式（2-2）中，计算出激光立体成形 Nb-23Ti-14Si 基合金的室温断裂韧性值。

室温断裂韧性 K_Q 的计算公式为：

$$K_Q = \frac{P_{max}S}{BW^{\frac{3}{2}}}f\left(\frac{a}{W}\right) \tag{2-1}$$

$$f\left(\frac{a}{W}\right) = 3\sqrt{\frac{a}{W}} \times \frac{1.99 - (a/W)(1 - a/W)[2.15 - 3.93(a/W) + 2.7(a/W)^2]}{2[1 + 2(a/W)](1 - a/W)^{\frac{3}{2}}} \tag{2-2}$$

式中，K_Q为平面应变断裂韧性的条件值，MPa · $m^{1/2}$；P_{max}为最大载荷，kN；S为三点弯曲试验时的跨距，cm；B为试样厚度，cm；a为预制切口长度，cm；$f(a/W)$为试样的几何形状因子，当$a/W=0.5$时，$f(a/W)=2.66$。

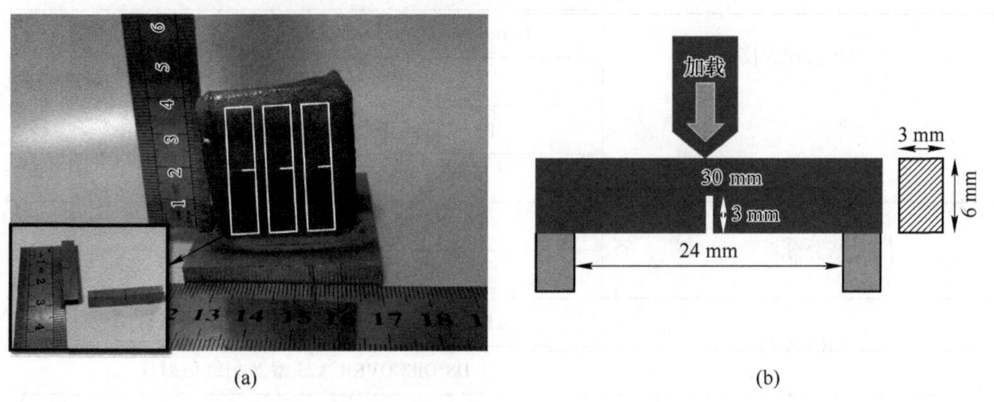

图 2-6　沿沉积方向激光立体成形 Nb-23Ti-14Si 基合金的断裂韧性试样制备

（a）三点弯曲试样的取样位置和实际试样尺寸；

（b）三点弯曲实验的尺寸和加载过程

2.5.2　显微硬度测试

为了研究 Zr、Cr 和 Mo 单独和复合合金化对激光立体成形 Nb-23Ti-14Si 基合金硬度的影响机制，采用 Leco-LM248AT 显微维氏硬度计进行显微硬度（HV）测试。在进行 Nb-23Ti-14Si 基合金宏观硬度测试时，选用的载荷为 9.8 N，在测试 Nbss 相的显微硬度值时，选用的载荷为 0.98 N。因为沉积态 Nb-23Ti-14Si 基合金的组织细小，为尽可能地反映 Nbss 相的显微硬度值，载荷保持时间都为 15 s。对每种合金试样的组织或组成相的显微硬度至少测量 10 次，求其平均值作为该组织或者组成相的显微硬度。

2.6　主要测试与分析仪器

主要测试与分析仪器见表 2-3。

表 2-3 主要分析仪器

研 究 内 容	使 用 设 备
元素粉末预混合设备	YXQM-0. 4L 行星球磨机-湖南长沙米琪
金相试样制备	Struers-citopress-20 镶样机
	Struers-tegrapol-25 磨抛机
组织形貌观察仪器	Keyence VHX-2000 型超景深光学显微镜
	Tescan VEGA3 LMU 扫描电镜
	Helios NanoLab G3 UC 聚焦离子/电子束双束系统
	牛津电子背散射衍射仪
	FEI Themis Z 双球差校正透射电子显微镜
	FEI Talos F200X 高分辨透射电镜
成分分析	OXFORD INCA 能谱仪
	Shimadzu EPMA-1720 电子探针
XRD 测试	PANalytical X' Pert PRO 型 X 射线衍射仪
	D8 DISCOVER A25 型 X 射线衍射仪
硬度测试设备	Leco-LM248AT 显微硬度计
热处理设备	MXQ1400-30 型真空烘粉箱
	ZT-40-20Y 高温热压炉
抗氧化性能测试设备	SX-G18135 节能箱式电阻炉
熔池温度测试设备	福禄克高温测温仪（E1MH-F1-L-0-0)
电子天平	Mosel CPA225D，Germany
室温断裂韧性测试设备	Instron3382 电子万能材料实验机
分析软件	HKL Channel 5
	HSC Chemistry 6. 0
	Image-pro plus 6. 0
	Origin 2018

3 激光定向能量沉积 Nb-Si 基合金的组织特征

3.1 概　述

关于 Zr、Cr 和 Mo 合金化对 Nb-Si 基合金组织和性能研究已有较多研究，但是对于不同的 Nb-Si 基合金体系，结果不尽相同，并且大多针对的是传统粉末冶金、电弧熔炼或定向凝固制备的 Nb-Si 基合金。目前，关于激光立体成形 Nb-Si 基合金的组织演化规律的研究仍较为缺乏，特别是激光立体成形技术与传统粉末冶金、电弧熔炼或定向凝固技术存在较大的工艺差异，为了优化激光立体成形 Nb-Si 基合金的综合性能，挖掘其性能潜力，以及研发新型 Nb-Si 基合金，厘清 Zr、Cr 和 Mo 合金化对激光立体成形 Nb-Si 基合金组织演化行为的影响机制至关重要。

本章研究 Zr、Cr 和 Mo 单独和复合合金化对激光立体成形 Nb-23Ti-14Si 基合金的相组成、相含量和分布等特点的影响机制，重点分析了其对沉积态合金中硅化物种类和晶体类型的影响，并在此基础上，进一步考察了激光立体成形 Nb-23Ti-14Si 基合金的组织稳定性。

3.2 Zr、Cr 和 Mo 单独合金化的组织特征

图 3-1 所示为 Zr、Cr 和 Mo 单独合金化 Nb-23Ti-14Si 基合金沉积态试样的 XRD 衍射图谱。Nb-23Ti-14Si 合金的组成相为 Nbss 和 Nb_3Si，且此时 Nb_3Si 相的衍射峰强度较大。如图 3-1（b）所示，Zr 合金化后，合金中出现了 γ-Nb_5Si_3 相的衍射峰，当 Zr 含量（原子数分数）为 3%时，合金主要由 Nbss、Nb_3Si 和 γ-Nb_5Si_3 相组成，当 Zr 含量（原子数分数）达 7%时，其主要组成相为 Nbss 和 γ-Nb_5Si_3 相。这说明 Zr 合金化有助于 γ-Nb_5Si_3 相的形成，转而抑制亚稳相 Nb_3Si 的形成。Cr 合金化后，合金中也出现了 γ-Nb_5Si_3 相的衍射峰，当 Cr 含量（原子数分数）为 5%时，XRD 图谱中存在 Nbss、γ-Nb_5Si_3 和 Nb_3Si 衍射峰，但是当 Cr 含量（原子数分数）增加到 10%时，XRD 谱中 Nb_3Si 相的衍射峰消失了，转而出现了 α-Nb_5Si_3 相的衍射峰，如图 3-1（c）所示。这说明 Cr 合金化有助于 γ-

Nb_5Si_3 和 α-Nb_5Si_3 相的形成，同样抑制 Nb_3Si 的形成。Mo 单独合金化时，当 Mo 含量（原子数分数）为 2%时，衍射谱中仅存在 Nbss 和 Nb_3Si 相衍射峰，当 Mo 含量（原子数分数）达到 6%时，衍射谱中 Nb_3Si 相的衍射峰消失，转而出现了 α-Nb_5Si_3 相的衍射峰，如图 3-1（d）所示，这说明 Mo 合金化能够促进 α-Nb_5Si_3 相的形成和抑制 Nb_3Si 相的形成。

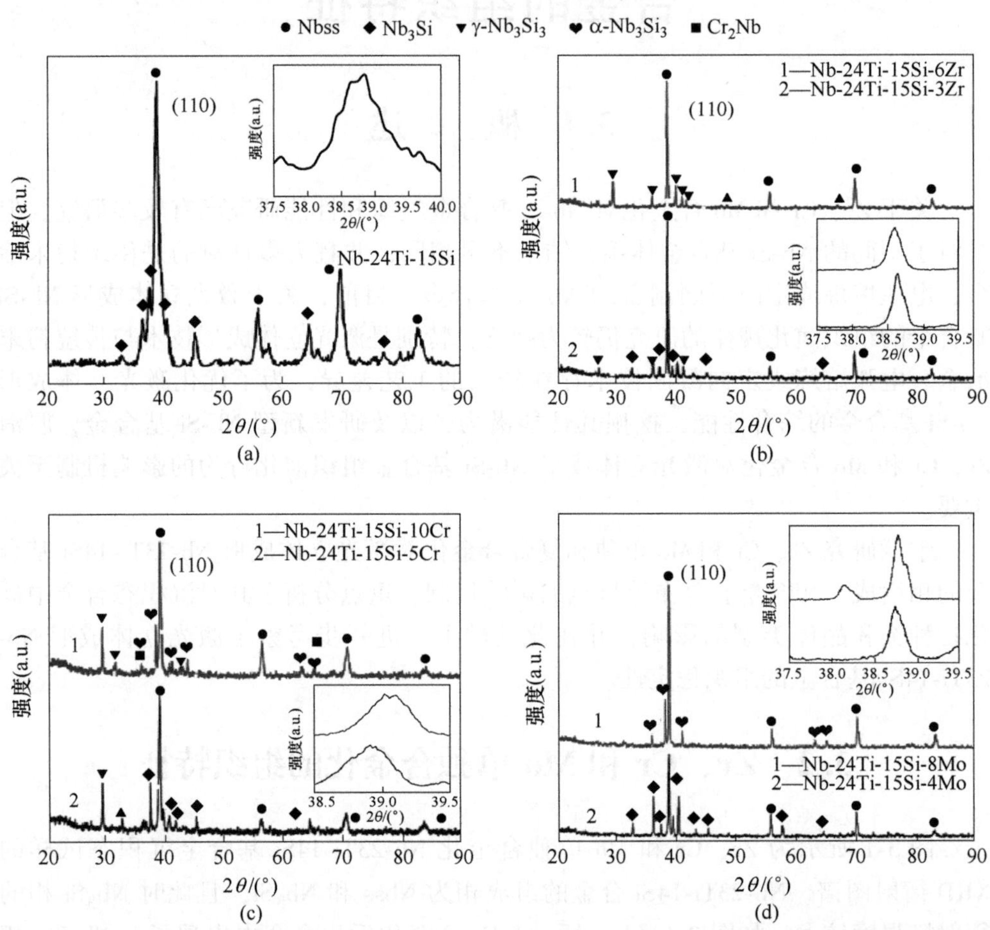

图 3-1　Zr、Cr 和 Mo 单独合金化 Nb-23Ti-14Si 基合金沉积态试样的 XRD 图谱

（a）Nb-23Ti-14Si；（b）3Zr 和 7Zr；（c）5Cr 和 10Cr；（d）2Mo 和 6Mo

此外，若将 Nbss 相的（110）衍射峰局部放大，Nb-23Ti-14Si 合金中 Nbss 相的（110）衍射峰的 2θ 角度约为 38.75°，如图 3-1（a）中插图所示。Zr 合金化后，3Zr 和 7Zr 合金中 Nbss 相的（110）衍射峰的 2θ 角度分别约 38.63°和 38.55°，如图 3-1（b）中插图所示，这说明部分 Zr 固溶于 Nbss 中，使得 Nbss 相的衍射峰向左偏移。Cr 合金化后，5Cr 和 10Cr 合金中 Nbss 相的（110）衍射峰

的 2θ 角度分别约 38.88°和 39.10°，如图 3-1（c）中插图所示，说明 Cr 合金化使得 Nbss 相的衍射峰向右偏移。同理，如图 3-1（d）中插图所示，Mo 合金化也使合金中 Nbss 相的衍射峰向右偏移。根据布拉格方程 $2d\sin\theta = n\lambda$，当 X 射线波长 λ 为常数时，随着晶格常数的增大，对应的晶面间距 d 增大，导致衍射角 θ 减小，反之亦然。Zr 元素的原子半径为 0.16 nm[104]，Cr 元素的原子半径为 0.125 nm，Mo 元素的原子半径为 0.136 nm，即 Zr>Nb>Mo>Cr，因此，当 Zr 固溶于 Nbss 相时，使 Nbss 的晶格常数和晶面间距增大，从而导致衍射角度 θ 减小，所以其衍射峰向左移动，而当 Cr 或者 Mo 固溶于 Nbss 相时，使 Nbss 的晶格常数和晶面间距减小，从而导致衍射角度 θ 增大，所以其衍射峰向右移动。

3.2.1 Nb-23Ti-14Si 合金的沉积态组织与相分析

图 3-2 所示为 Nb-23Ti-14Si 合金组织的 BSE 图像。其中，白色相的成分为 Nb-21.01Ti-1.14Si（原子数分数/%），呈现树枝晶形貌且二次枝晶臂较为发达，而灰色相的成分为 Nb-19.63Ti-22.84Si（原子数分数/%），呈现连续分布。结合 XRD 结果可知，白色相为 Nbss，灰色相为 Nb_3Si 相。也就是说，Nbss 和 Nb_3Si 相呈现典型的共晶枝晶生长形式，这意味着本书所采用的扫描速率导致熔池凝固速率已达到 Nbss 和 Nb_3Si 相共晶耦合生长的极限[90,105]。此外，在 Nbss 相和 Nb_3Si 相界面处都存在黑色的沉淀相，其中 Nbss 相内部的黑色相形貌类似板条状，尺寸较为细小，而 Nbss 与 Nb_3Si 相界面处的黑色相为块状，尺寸相对较大，如图 3-2（b）所示。在平衡条件下 Nb_3Si 相在室温下不能够稳定存在，其在冷却过程中会发生 $Nb_3Si \rightarrow Nbss + Nb_5Si_3$ 共析分解。但是在本书 Nb-23Ti-14Si 合金组织中 Nb_3Si 相并未发生明显的共析分解，这可能由两方面原因引起：（1）熔池快速凝固冷却抑制了共析反应的发生；（2）Zhao 等人[25]在研究 Nb-Ti-Si 三元合金相图中发现，Ti 元素合金化能够提高 Nb_3Si 相在室温下的稳定性。

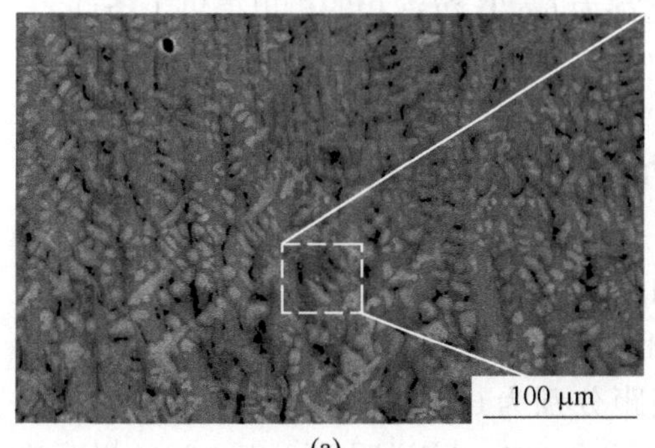

(a)

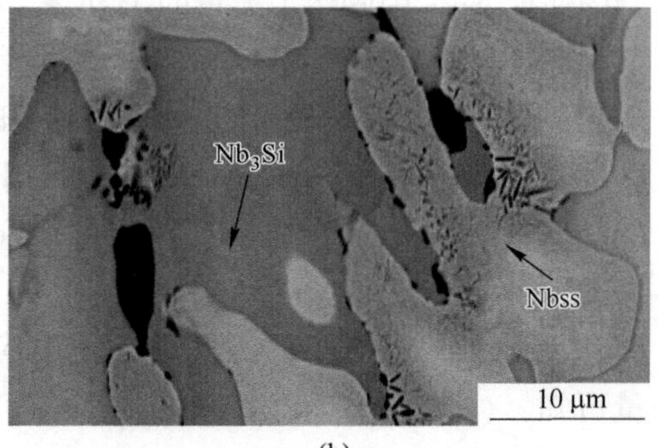

(b)

图 3-2 Nb-23Ti-14Si 合金组织的 BSE 图像[110]

（a）低倍组织；（b）高倍组织

针对图 3-2（b）中的黑色沉淀相，使用透射电镜进行表征。图 3-3（a）所示为使用 FIB 制备的原位 TEM 试样，图 3-3（b）所示为图 3-3（a）中蓝色虚线框中对应组织的 HAADF 像，将 Nbss 和 Nb_3Si 相界面处黑色块状沉淀相标记为“2”，其尺寸约为 0.8 μm；Nbss 枝晶上的黑色板条状沉淀相标记为“4”，其长度为 0.5~1.5 μm，宽度约为 0.1 μm；此外，在 Nbss 基体上还存在一种不规则形状且衬度为灰色的沉淀相，尺寸约为 0.3 μm，将其标记为“5”。图 3-3（c）是将图 3-3（b）所对应的区域进行元素分布面扫描分析（TEM-EDS）的结果。可以看到，沉淀相“2”和“4”是富含 Ti 的相，而沉淀相“5”是富含 Si 的相。此外，TEM-EDS 显示沉淀相“2”和“4”的平均成分分别约为 Ti-0.45Si-4.59Nb（原子数分数/%）和 Ti-0.98Si-4.13Nb（原子数分数/%），而沉淀相“5”的平均成分约为 Nb-16.91Ti-36.29Si（原子数分数/%）。图 3-3（d）~（h）为合金中相关组成相的 HRTEM 图和 SAED 图，结合成分分析可知，沉淀相“2”和“4”都是 Ti 固溶体（Ti-based solid solution，Tiss），其晶体类型为面心立方（fcc）结构，简称 fcc-Ti 沉淀相，其点阵常数分别约为 0.42 nm 和 0.41 nm，这与 Ma 和 Liu 等人[106-107]在研究 Nb-Si 基合金和 TC4 合金中发现的 fcc-Ti 的点阵常数相一致；而沉淀相“5”是四方 α-Nb_5Si_3 相，其晶体常数约为 $a=b=0.657$ nm 和 $c=0.1184$ nm。

由于 fcc-Ti 不是 Ti 的常见的晶体结构，有关研究相对较少，到目前为止并未在相图中确定其存在的温度范围。由 Ti-Nb 相图可知，Nb 和 Ti 在 882 ℃以上属于无限互溶，理论上 Nb 固溶体合金中很难析出 Ti 沉淀相。Liu 等人[107]和 Manna 等人[107-108]通过对钛合金进行较大的塑性变形后发现了这种 fcc-Ti 相。此外，Jiang 等人[109]研究表明，少量的氧固溶在钛合金中，能够促进 HCP-Ti 相中出现 fcc-Ti 的形核和析出。需要指出的是，激光立体成形制备试样过程中易存在较大的内应力，而且成分分析显示 fcc-Ti 沉淀相中固溶了少量的氧，加之熔池近快速凝固使得 Nbss 中固溶了大量的 Ti 元素，这都为 fcc-Ti 沉淀相的析出提供了条件。

图 3-4 所示为 Nb-23Ti-14Si 合金组织中 fcc-Ti、α-Nb_5Si_3 沉淀相与 Nbss 相及 fcc-Ti 和 α-Nb_5Si_3 沉淀相之间的界面 HRTEM 图，晶体学取向关系和反快速傅里叶变换（inverse fast fourier transform，IFFT）图。图 3-4（a1）所示为 fcc-Ti 沉淀相与 Nbss 相界面处的 SAED 像，可知 fcc-Ti 沉淀相与 Nbss 基体之间的晶体学取向关系为 $[011]_{fcc\text{-}Ti}//[001]_{Nbss}$ 和 $(1\bar{1}1)_{fcc\text{-}Ti}//(\bar{1}10)_{Nbss}$，这说明 fcc-Ti 是从 Nbss 基体中共格析出的。此外，由对应相界面 HRTEM 像（见图 3-4（a2））测量可知，$(1\bar{1}1)_{fcc\text{-}Ti}$ 和 $(\bar{1}10)_{Nbss}$ 的晶面间距分别为 0.232 nm 和 0.236 nm，根据错配度公式，可得 $\delta=(d_{fcc\text{-}Ti}-d_{Nbss})/d_{fcc\text{-}Ti}=1.6\%$，这说明其两相之间的界面确实为共格界面。进一步通过 IFFT 图分析表明，fcc-Ti 沉淀相和 Nbss 基体的相界面上不存在位错，这也佐证了 fcc-Ti 沉淀相和 Nbss 相之间相界面为共格界面。

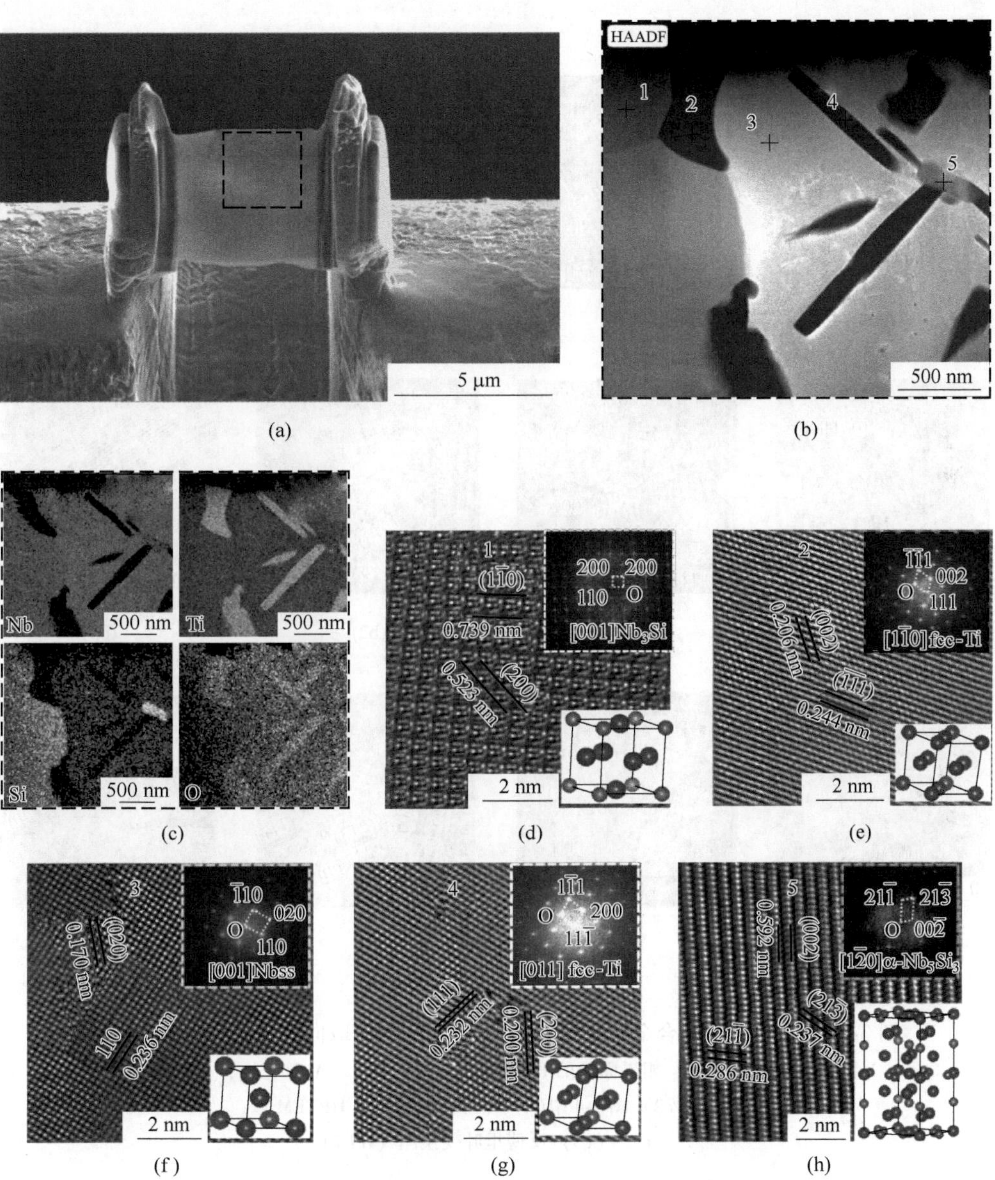

图 3-3 激光立体成形 Nb-23Ti-14Si 合金 TEM 分析[110]

（a）利用 FIB 制备的 Nb-23Ti-14Si 合金沉积态组织的透射试样；
（b）HAADF 图像；（c）STEM 像及成分的面扫描分布图；
（d）~（h）不同相的 HRTEM 图和 SAED 图：（d）Nb_3Si；（e）相界面处的 fcc-Ti 沉淀相；
（f）Nbss；（g）Nbss 相内部的 fcc-Ti 沉淀相；（h）α-Nb_5Si_3 沉淀相

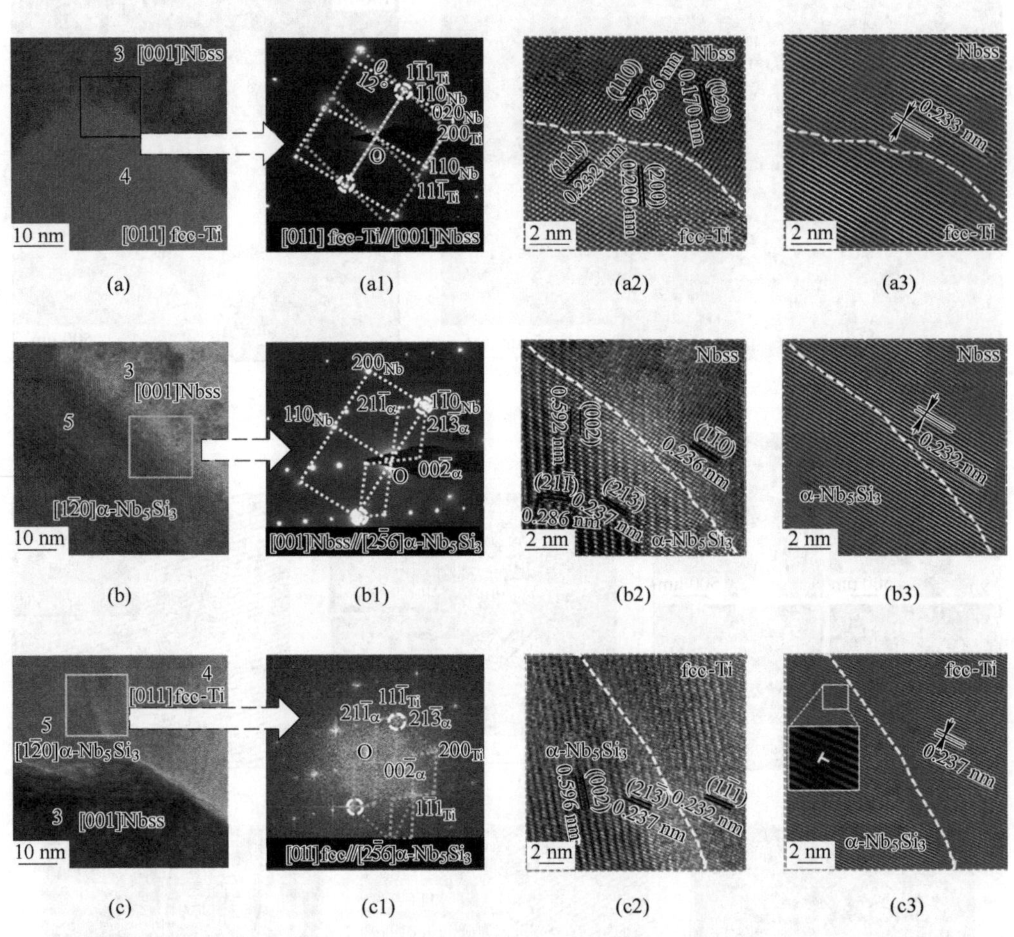

图 3-4　Nb-23Ti-14Si 合金中沉淀相与 Nbss 相之间的取向关系及界面类型[110]

(a)～(c) 相界面处的 HRTEM；(a1)～(c1) SAED 花样；

(a2)～(c2) 图 3-4 中(a)～(c)方框区域的 HRTEM 像；

(a3)～(c3) 反傅里叶变换图 (IFFT)

图 3-4 (b1) 所示为 $\alpha\text{-}Nb_5Si_3$ 沉淀相与 Nbss 相的相界面处的 SAED 像，分析可知 $\alpha\text{-}Nb_5Si_3$ 沉淀相和 Nbss 基体之间的晶体学取向关系为：$[1\bar{2}0]_{\alpha}//[001]_{Nbss}$ 和 $(21\bar{3})\ \alpha//(\bar{1}10)_{Nbss}$。由图 3-4 (c1) 可知，fcc-Ti 沉淀相和 $\alpha\text{-}Nb_5Si_3$ 沉淀相之间的晶体学取向关系为：$[011]_{fcc\text{-}Ti}//[1\bar{2}0]_{\alpha}$ 和 $(11\bar{1})_{fcc\text{-}Ti}//(21\bar{3})_{\alpha}$。由对应相界面处的放大的 HRTEM 测量可知，$(21\bar{3})_{\alpha}$，$(11\bar{1})_{fcc\text{-}Ti}$ 和 $(\bar{1}10)_{Nbss}$ 的晶面间

距分别为 0.237 nm、0.232 nm 和 0.236 nm，如图 3-4（b2）和（c2）所示。α-Nb_5Si_3 沉淀相与 Nbss 基体之间，以及 fcc-Ti 沉淀相与 α-Nb_5Si_3 沉淀相的相界面处的晶格错配度分别为 0.4%和 2.1%，说明 α-Nb_5Si_3 沉淀相与 Nbss 相之间以及 fcc-Ti 沉淀相与 α-Nb_5Si_3 沉淀相之间的相界面都为共格界面[110]。

由图 3-4（b3）和（c3）可知，对应的相界面上也不存在位错，只有 α-Nb_5Si_3 沉淀相内部存在少量的刃位错，这可能是生长缺陷。由图 3-3（b）可见，α-Nb_5Si_3 沉淀相的周围是分布着大量的 fcc-Ti 沉淀相，加之 α-Nb_5Si_3 沉淀相和 fcc-Ti 沉淀相之间存在取向关系，所以推测 α-Nb_5Si_3 沉淀相的生长与 Nbss 相内部的 fcc-Ti 沉淀相的生长密不可分，即 fcc-Ti 在生长过程中将 Si 原子排出进而形成 Si 原子的富集区，促进 α-Nb_5Si_3 沉淀相的形核和长大。

此外，根据图像法统计分析，Nb-23Ti-14Si 合金中 Nbss、Nb_3Si 和 fcc-Ti 相的体积分数分别为 53.2%±2.1%、46.5%±2.1% 和 1.3%±0.5%。

3.2.2 Zr 合金化的沉积态组织与相分析

图 3-5 所示为 Zr 合金化 Nb-23Ti-14Si 基合金沉积态组织的 BSE 图像。相比 Nb-23Ti-14Si 合金组织，原子数分数为 3% Zr 合金化时，合金组织除了 Nbss+Nb_3Si 双相共晶枝晶，在枝晶间还发现了较多的黑白相间的层片状组织，如图 3-5（c）所示，结合 XRD 衍射和 EDS 成分分析（见表 3-1），这种黑白相间的组织是由 Nbss 和 γ-Nb_5Si_3 两相组成。随着 Zr 含量的增加，合金中初生 Nbss 相出现了粗化现象，双相共晶枝晶间的 Nbss+γ-Nb_5Si_3 层片组织的含量也在增加，当 Zr 含量（原子数分数）增加到 7%时，Nbss+Nb_3Si 双相共晶枝晶转变为了 Nbss 枝晶生长，枝晶间仍为 Nbss+γ-Nb_5Si_3 两相组织，如图 3-5（b）和（d）所示。此外，在 3Zr 合金和 7Zr 合金组织中 Nbss 相的枝晶臂上还可以观察到大量颗粒状的黑色沉淀相。

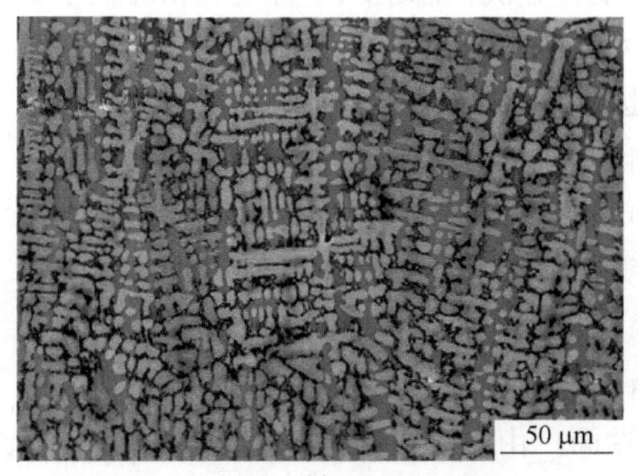

(a)

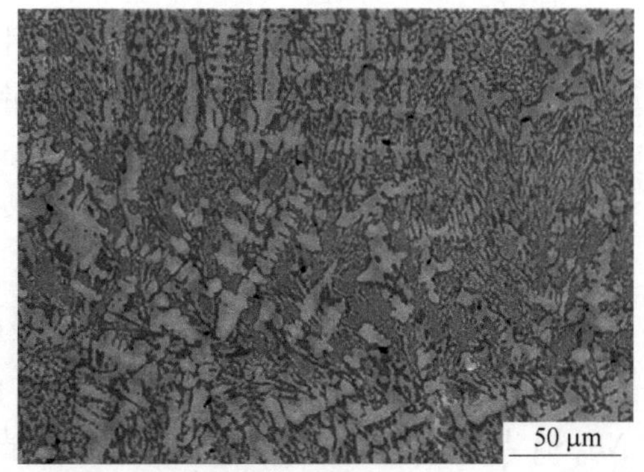

(b)

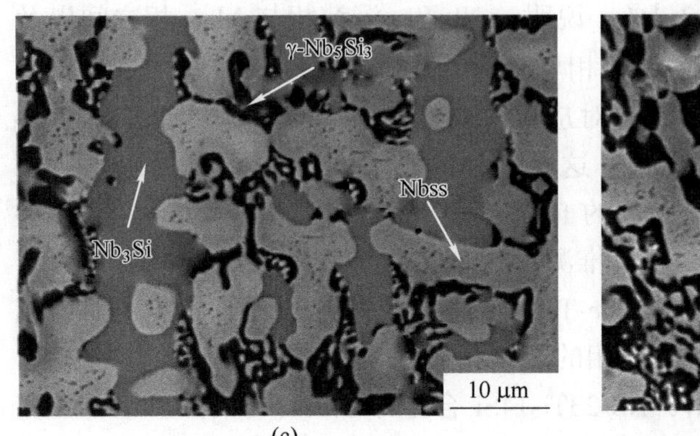

(c)

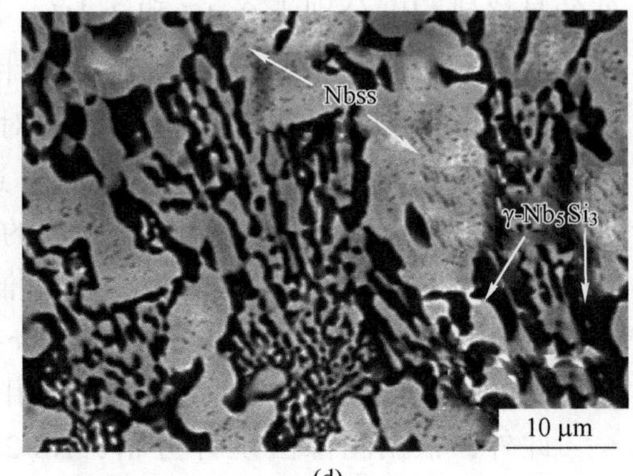

(d)

图 3-5　Zr 合金化 Nb-23Ti-14Si 基合金沉积态组织的 BSE 图像

(a)(c) 3Zr；(b)(d) 7Zr

表 3-1　Zr 合金化 Nb-23Ti-14Si 基合金沉积态组织中各组成相的化学成分（原子数分数）　(%)

合金	相	Nb	Ti	Si	Zr
3Zr	Nbss	73. 83	24. 95	0. 83	0. 39
	Nb_3Si	56. 62	18. 19	23. 03	2. 16
	γ-Nb_5Si_3	29. 39	26. 83	34. 89	8. 89
7Zr	Nbss	75. 18	23. 56	0. 68	0. 58
	γ-Nb_5Si_3	27. 16	24. 69	33. 71	14. 44

表 3-1 所列为 Zr 合金化 Nb-23Ti-14Si 基合金沉积态组织中各组成相的化学成分。可知，Zr 元素主要富集在硅化物相中，尤其是 γ-Nb_5Si_3 相中，且随着 Zr 含量的增加，γ-Nb_5Si_3 相中的 Zr 元素含量也在增加。

图 3-6 所示为 3Zr 合金组织中 Nbss 相中的沉淀相的 TEM 图。由图 3-6（b）可知，黑色颗粒状沉淀相的尺寸为 0. 1~0. 2 μm。TEM-EDS 元素面扫描图显示沉淀相富含 Si 和 Zr 元素，如图 3-6（d）所示，且沉淀相的平均成分主要为 Nb-20. 49Ti-34. 49Si-15. 98Zr（原子数分数/%）。结合 SAED 分析可知，该沉淀相为密排六方结构的 γ-Nb_5Si_3 相。此外，由图 3-6（c）和（f）可知，沉淀相 γ-Nb_5Si_3 与 Nbss 基体之间的界面属于平直界面。由界面处 SAED（见图 3-6（e））可知，沉淀相 γ-Nb_5Si_3 与 Nbss 基体之间的晶体学取向关系为 $[12\bar{1}6]_{\gamma}$//

$[011]_{Nbss}$，$(10\bar{1}0)_\gamma//(0\bar{1}1)_{Nbss}$ 和 $(\bar{1}2\bar{1}1)_\gamma//(\bar{2}00)_{Nbss}$。对于匹配界面 $(10\bar{1}0)_\gamma//(0\bar{1}1)_{Nbss}$，晶格错配度 $\delta=(3d_{Nbss}-d_\gamma)/d_\gamma\approx6.5\%$，这说明 γ-$Nb_5Si_3$ 沉淀相与 Nbss 之间的相界面为半共格界面。

表 3-2 所列为 Zr 合金化 Nb-23Ti-14Si 基合金沉积态组织中各组成相的体积分数统计。对比 Nb-23Ti-14Si 合金组织，Zr 合金化使合金中 Nbss 相的体积分数显著增加，Nb_3Si 相的体积分数减少甚至消失，γ-Nb_5Si_3 相的体积分数增加[111]。当 Zr 含量（原子数分数）增加到 7%时，合金中的 Nbss 和 γ-Nb_5Si_3 相体积分数分别为 67.5%±3.3%和 32.5%±1.5%。

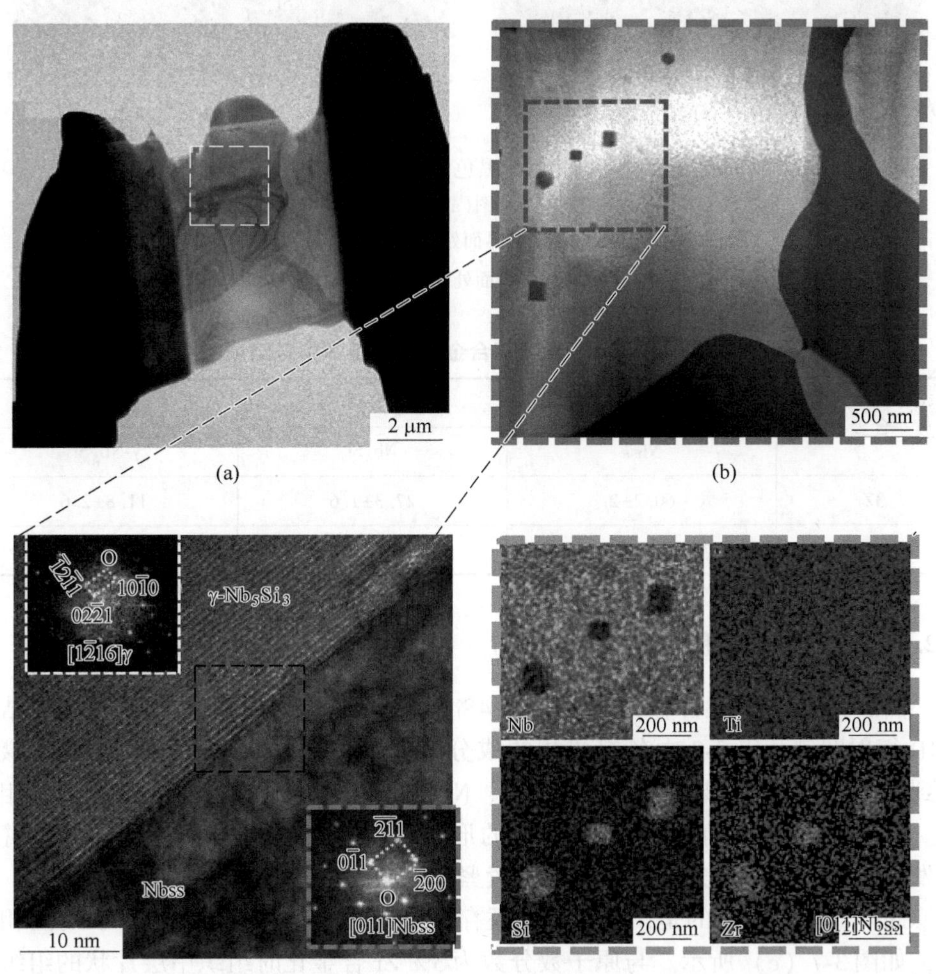

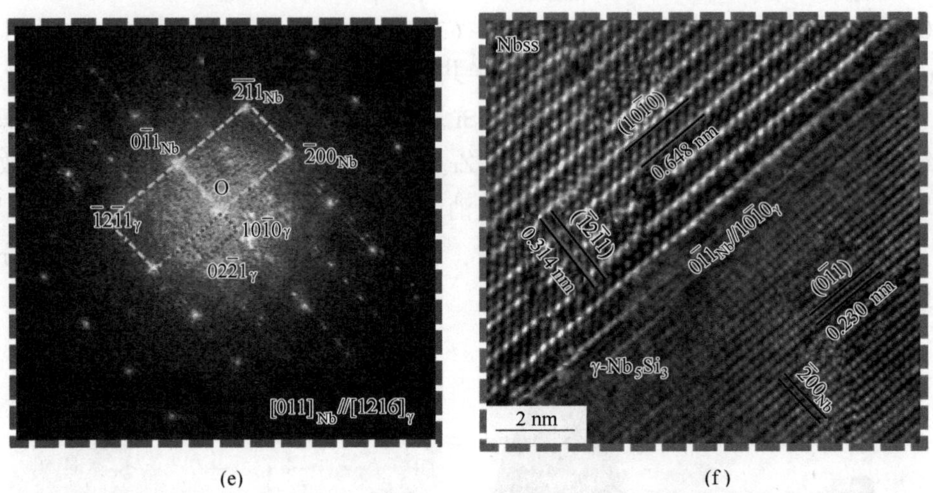

(e) (f)

图 3-6 3Zr 合金组织的 Nbss 相中黑色颗粒状沉淀相的 TEM 分析表征[110]
(a) FIB-TEM 试样；(b) 图(a)中方框对应的 HAADF 像；
(c) 沉淀相 γ-Nb_5Si_3 与 Nbss 相界面处的 HRTEM；(d) 元素面分布图；
(e) 沉淀相 γ-Nb_5Si_3 与 Nbss 相的界面处的 SAED；(f) 图(c)中方框的放大图

表 3-2 Zr 合金化 Nb-23Ti-14Si 基合金沉积态组织中各组成相的体积分数

合金	体积分数/%		
	Nbss	Nb_3Si	γ-Nb_5Si_3
3Zr	60. 2±2	27. 3±1. 6	11. 8±2. 6
7Zr	67. 5±3. 3	—	32. 5±1. 5

3. 2. 3 Cr 合金化沉积态组织与相分析

图 3-7 所示为 Cr 合金化 Nb-23Ti-14Si 基合金沉积态组织的 BSE 图像。结合 XRD 衍射图谱和表 3-3 中各组成相的成分分析可知，当 Cr 含量（原子数分数）达到 5%时，合金主要由 Nbss（白色）、Nb_3Si（灰色）及 γ-Nb_5Si_3（黑色）相组成。Nbss 和 Nb_3Si 相仍然以共晶枝晶的形态生长，初生 Nbss 相的二次枝晶臂较为发达，γ-Nb_5Si_3 相分布在枝晶间，紧紧围绕着 Nbss 相生长，如图 3-7（a）所示。此外，值得注意的是，在枝晶间还存在少量灰白相间的细小层片状的两相组织，如图 3-7（c）所示。与原子数分数为 3% Zr 合金化时组织中层片状的组织相比，原子数分数为 5% Cr 合金化时，组织中层片状组织更为细小。

图 3-7 Cr 合金化 Nb-23Ti-14Si 基合金沉积态组织的 BSE 图像[112]

(a) 5Cr; (b)(d) 10Cr; (c) 图(a)中方框放大图

表 3-3 Cr 合金化 Nb-23Ti-14Si 合金沉积态组织中各组成相的化学成分（原子数分数） (%)

合金	相	Nb	Ti	Si	Cr
5Cr	Nbss	67.54	24.50	1.26	6.70
	Nb_3Si	44.53	20.60	23.08	0.85
	γ-Nb_5Si_3	36.12	28.53	33.63	1.63
10Cr	Nbss	63.61	22.95	0.94	12.50
	γ-Nb_5Si_3	33.09	29.25	35.22	2.44
	α-Nb_5Si_3	45.30	17.71	36.31	0.68
	Cr_2Nb	23.70	15.98	10.24	50.08

表 3-3 所列为 Cr 合金化 Nb-23Ti-14Si 基合金沉积态中各组成相的化学成分。可知，Cr 主要富集在 Nbss 相中，而硅化物中 Cr 含量较少，且 γ-Nb_5Si_3 相中固溶的 Cr 含量明显高于 α-Nb_5Si_3 的。燕云程[79]计算得出 Cr 掺杂 α-Nb_5Si_3 的掺杂形成能大于零，表明 Cr 元素不能够大量固溶于 α-Nb_5Si_3 相中。此外，Cr 合金化 Nb-23Ti-14Si 基合金沉积态组织中 γ-Nb_5Si_3 相的 Ti 含量（原子数分数）约为 29%，比 Zr 合金化 Nb-23Ti-14Si 基合金沉积态组织中的 γ-Nb_5Si_3 相中的 Ti 含量（原子数分数为 24.69%~26.83%）高，这说明 Cr 合金化 Nb-23Ti-14Si 基合金沉积态组织中 γ-Nb_5Si_3 相的形成应与 Ti 元素的偏析有关，这与 Fang 等人[24]研究发现 Ti 元素偏析能够促进多元 Nb-Si 基合金中形成 γ-Nb_5Si_3 相的现象相一致。由于 Ti 为低熔点元素，容易在液相中富集，因此在凝固后期通过 L →Nbss+γ-Nb_5Si_3 共晶反应而形成，但是微观组织中并未观察到典型共晶的形态，结合其组织形态可知，此时 Nbss+γ-Nb_5Si_3 是以离异共晶的形态存在，即共晶中 Nbss 相是依附在初生枝晶 Nbss 上生长，而 γ-Nb_5Si_3 相独立存在枝晶间。

当 Cr 含量（原子数分数）增加到 10%时，合金中的 Nb_3Si 相消失。此时，10Cr 合金的主要组成相为 Nbss、α-Nb_5Si_3、γ-Nb_5Si_3 和少量的 Cr_2Nb 相，如图 3-7（d）所示。此外，沉积态组织中 Nbss 枝晶的二次臂非常发达，晶粒形态呈现为离散的颗粒状的二次臂形态。由合金中 α-Nb_5Si_3 相的尺寸和形态可知，此时，其应是由于共晶枝晶的残余液相发生 L →Nbss+α-Nb_5Si_3 共晶凝固所致。

图 3-8（a）所示为 5Cr 合金枝晶间组织的放大图。黑白相间的组织中其层片间距约为 100 nm。使用 SEM-EDS 测试其整体成分约为 Nb-21.15Ti-23.68Si-2.92Cr（原子数分数/%），如图 3-8（e）所示，这与表 3-3 中 Nb_3Si 相的相成分较为接近，结合 EBSD 的菊池带可以确认层片状组织是由 Nbss 和 α-Nb_5Si_3 相构成。对图 3-8（c）和（d）中 Nbss 和 α-Nb_5Si_3 相的菊池衍射花样进行分析，发现两套花样间存在一组取向关系，即 $[101]_{Nbss}$ 菊池极平行于 $[11\bar{1}]_{\alpha}$ 菊池极，$[121]_{Nbss}$ 菊池极平行于 $[110]_{\alpha}$ 菊池极。此外，$(\bar{1}01)$ Nbss 菊池极平行于 $(1\bar{1}0)_{\alpha}$ 菊池极。

表 3-4 所列为 Cr 合金化 Nb-23Ti-14Si 合金沉积态组织中各组成相的体积分数，相比 Nb-23Ti-14Si 合金，Cr 合金化时 Nbss 相的体积分数变化不显著，但是促进了 Nb_5Si_3 型硅化物的形成，Cr 合金化能够抑制 Nb_3Si 相的形成，促进 α-Nb_5Si_3 相的形成。当 Cr 含量（原子数分数）达到 10%时，合金中还形成了体积分数约 1.5%±1% Cr_2Nb 相。此外，相比 Zr 合金化，Cr 合金化的合金中 Nbss 相体积分数较低，但硅化物总体积分数较高。

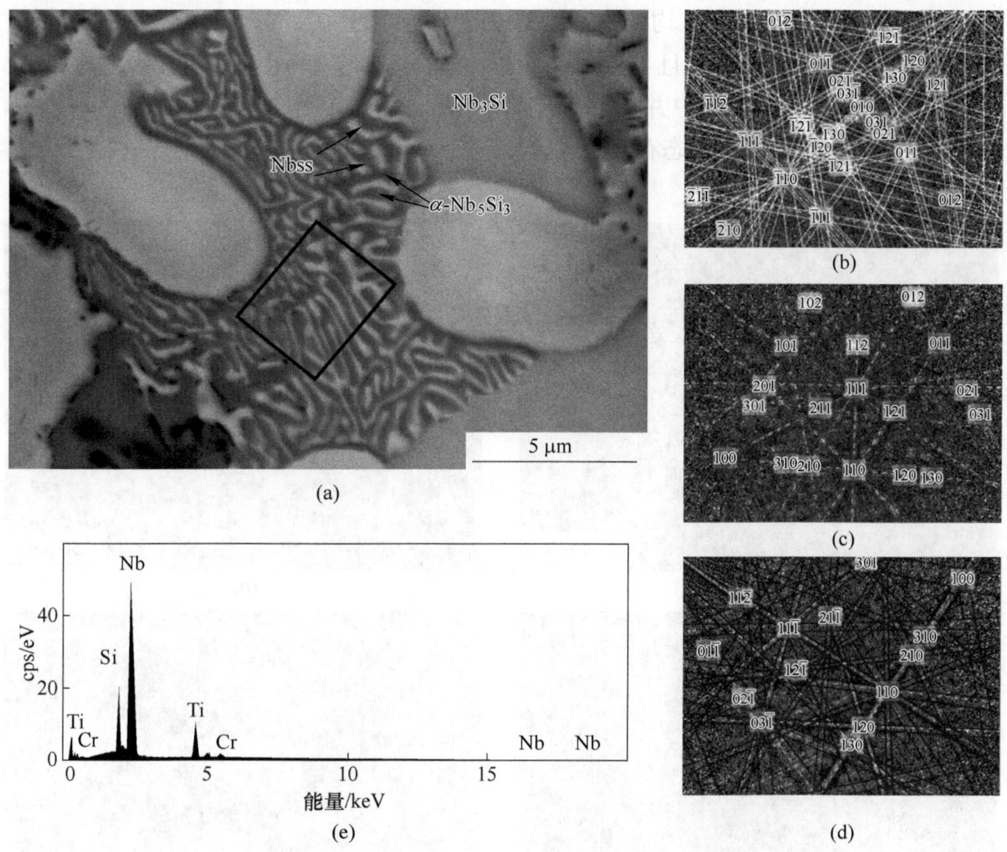

图 3-8 EBSD 分析 5Cr 合金中组成相之间的取向关系

(a) 5Cr 合金组织中枝晶间的 BSE 图像；(b) Nb_3Si 相的菊池带；(c) Nbss 相的菊池带；(d) α-Nb_5Si_3 相的菊池带；(e) 图(a)中方框的能谱

表 3-4 Cr 合金化 Nb-23Ti-14Si 基合金沉积态组织中各组成相的体积分数

合金	体积分数/%				
	Nbss	Nb_3Si	γ-Nb_5Si_3	α-Nb_5Si_3	Cr_2Nb
5Cr	55.7±1.8	29.5±2.7	15.8±1.4	—	—
10Cr	53.9±2.3	—	12.4±2.3	30.2±0.9	1.5±1

3.2.4 Mo 合金化沉积态组织与相分析

图 3-9 所示为 Mo 合金化 Nb-23Ti-14Si 基合金沉积态组织的 BSE 图像。当 Mo 含量（原子数分数）为 2%时，合金组织仍主要由 Nbss 和 Nb_3Si 两相组成，并仍

以共晶枝晶的形式生长，如图 3-9（a）所示。但是，在共晶枝晶间分布着一些黑色相，SEM-EDS 测试其平均成分为 Nb-32.9Ti-34.5Si-0.4Mo（原子数分数/%），推断其为 γ-Nb_5Si_3 相，并且 γ-Nb_5Si_3 相同样含较高的 Ti 元素。由于其体积分数较小，因此 XRD 衍射谱中并未出现其衍射峰。结合其组织形态可知，Nbss+γ-Nb_5Si_3 是以离异共晶的形态存在，如图 3-9（c）所示。

图 3-9 Mo 合金化 Nb-23Ti-14Si 基合金沉积态组织的 BSE 图像
（a）（c）2Mo；（b）（d）6Mo

当 Mo 含量（原子数分数）增加到 6%时，微观组织发生显著变化，此时合金中 Nb_3Si 相消失，在 Nbss 相枝晶周围形成了花瓣状的 Nbss+α-Nb_5Si_3 共晶，且 Nbss 发生了一定程度的粗化，如图 3-9（b）所示。此外，黑色 γ-Nb_5Si_3 相仍以离异共晶的形态存在于枝晶间，但是其体积分数明显增加，如图 3-9（d）所示。

表 3-5 所列为 Mo 合金化 Nb-23Ti-14Si 基合金沉积态组织中各组成相的化学成分，Mo 元素主要富集于 Nbss 相中。

表 3-5 Mo 合金化 Nb-23Ti-14Si 基合金沉积态组织中各组成相的化学成分（原子数分数） (%)

合金	相	Nb	Ti	Si	Mo
2Mo	Nbss	68.62	24.95	2.24	4.19
	Nb_3Si	50.49	23.45	24.85	1.21
	γ-Nb_5Si_3	29.21	33.56	36.73	0.50
6Mo	Nbss	66.35	22.37	2.51	8.77
	α-Nb_5Si_3	42.55	19.66	36.70	1.09
	γ-Nb_5Si_3	31.42	32.06	35.37	1.15

2Mo 合金中 Nb_3Si 相的 Mo 含量（原子数分数）约为 0.9%，而到 Mo 含量（原子数分数）增加到6%时，6Mo 合金中 α-Nb_5Si_3 相中 Mo 含量（原子数分数）约为 2.1%，这在一定程度上也能说明 Mo 元素在 Nb_3Si 相中的固溶度要小于 α-Nb_5Si_3 相。耿太[46]研究表明，Mo 原子能够替换 Nb_3Si 相中的 Nb 原子，导致晶格畸变能量的产生，从而使 Nb_3Si 相难以稳定存在。相比 Zr 和 Cr 单独合金化的 γ-Nb_5Si_3 相，Mo 合金化的 γ-Nb_5Si_3 相中的 Ti 含量（原子数分数）高达 33.56%，这也说明此时 γ-Nb_5Si_3 相的形成也是由于 Ti 元素的偏聚导致的[113]。

表 3-6 所列为 Mo 合金化 Nb-23Ti-14Si 基合金沉积态组织中组成相的体积分数。相比 Nb-23Ti-14Si 合金，原子数分数为 2% Mo 合金化对 Nb-23Ti-14Si 基合金的 Nbss 体积分数影响不显著，仅形成了约 1.8%±0.8%的 γ-Nb_5Si_3 相。随着 Mo 含量的增加，合金中 Nbss 相的体积分数略微增大，当 Mo 含量（原子数分数）达 6%时，Nb_3Si 相消失，合金中 Nbss 和 α-Nb_5Si_3 相的体积分数分别为 58.6%±1.6%和 36.4%±2.1%，而 γ-Nb_5Si_3 相的体积分数增加到了 4.8%±1.9%。对比 Zr 和 Cr 单独合金化时各组成相的体积分数，原子数分数为 6% Mo 合金化时，合金中 α-Nb_5Si_3 相的体积分数（36.4%）要高于原子数分数为 10% Cr 合金化的合金中 α-Nb_5Si_3 相的体积分数（30.4%），这说明 Mo 合金化对 α-Nb_5Si_3 相的促进作用较强；而原子数分数为 6% Mo 合金化时合金中 γ-Nb_5Si_3 相的体积分数仅为 4.8%，低于 Zr 和 Cr 单独合金化时 γ-Nb_5Si_3 相的体积分数，说明 Zr 和 Cr 单独合金化对 γ-Nb_5Si_3 相的促进作用比 Mo 合金化作用较强。

表 3-6 Mo 合金化 Nb-23Ti-14Si 基合金沉积态组织中组成相的体积分数

合金	体积分数/%			
	Nbss	Nb_3Si	α-Nb_5Si_3	γ-Nb_5Si_3
2Mo	52.6±2.3	47.2±0.9	—	1.8±0.8
6Mo	58.6±1.6	—	36.4±2.1	4.8±1.9

3.2.5　相形成机制分析

3.2.5.1　3Zr 合金组织中层片状 Nbss+γ-Nb_5Si_3 形成机制

3Zr 合金组织中的层片状 Nbss+γ-Nb_5Si_3 组织可能的形成原因有：(1) 通过共析分解反应 Nb_3Si →Nbss+γ-Nb_5Si_3[114-115]，激光立体成形过程中，后续沉积对已沉积层的往复再热处理有可能会导致已沉积层中熔池凝固形成的 Nb_3Si 相发生共析分解；(2) 通过共晶反应 L →Nbss+γ-Nb_5Si_3 形成。Tian 等人[37]研究发现，Zr 元素富集容易导致 Nbss+γ-Nb_5Si_3 共晶的形成，且 Ti 和 Zr 同时合金化时效果更加明显。

为了进一步验证 Zr 合金化 Nb-23Ti-14Si 基合金沉积态组织中层片状组织 Nbss+γ-Nb_5Si_3 是直接从熔池中凝固形成的共晶组织，紧接着对沉积态 3Zr 合金进行了热处理（1400 ℃，30 h/炉冷）。

图 3-10 所示为 3Zr 合金经过均匀化热处理（1400 ℃，30 h/炉冷）后组织的 BSE 图像。对比沉积态合金可以发现，热处理态组织中细小层片状的 Nbss+γ-Nb_5Si_3 组织发生粗化甚至消失，而 Nb_3Si 相的体积分数在热处理前后变化不显著，这说明此热处理制度下并未发生 Nb_3Si →Nbss+γ-Nb_5Si_3 共析分解反应。此外，热处理后 Nbss 相内部黑色颗粒状的 γ-Nb_5Si_3 沉淀相也消失了，说明 γ-Nb_5Si_3 沉淀相在均匀化热处理（1400 ℃，30 h/炉冷）过程中发生了回溶。

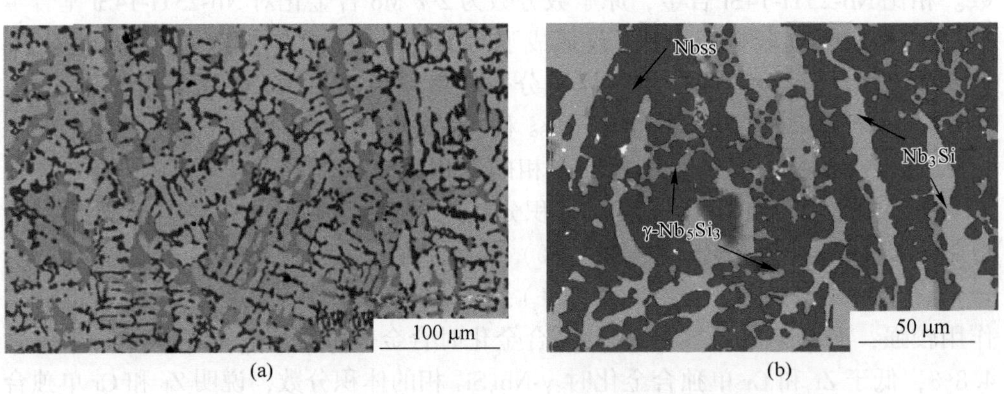

图 3-10　3Zr 合金均匀化热处理(1400 ℃，30 h/炉冷)态的微观组织

(a) BSE 图像；(b) EBSD 相分布图

图 3-11 所示为采用激光立体成形技术制备 Nb-23Ti-14Si 基合金过程中，使用激光测温仪对单壁墙试样上距离基材 15mm 高度处 P 点的温度进行实时测量所得到的局部温度实时演化过程。P 点的峰值温度随着沉积层数的增加逐渐下降，然后趋于稳定，其稳定的温度区间为 875～1295 ℃，如图 3-11 (b) 所示，而且在

整个成形过程中 P 点经历了约 375s 的高温热循环。这说明后续的沉积过程对已沉积部分造成的热累积的温度区间在 875～1295 ℃范围。结合热处理后的微观组织变化，据此可排除细小层片状的 Nbss+γ-Nb_5Si_3 组织是由 Nb_3Si 发生共析分解反应而来，因此，3Zr 合金组织中的层片状 Nbss+γ-Nb_5Si_3 组织应是通过共晶反应 L→Nbss+γ-Nb_5Si_3 形成的[111]。

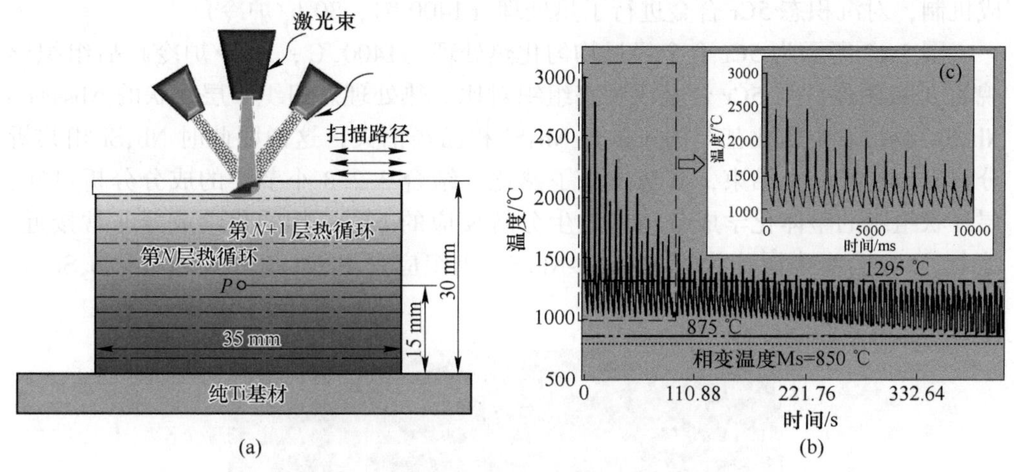

图 3-11 激光立体成形 Nb-Si 基合金[110]

（a）示意图和红外测点的位置；（b）块体试样距离基材 15 mm 位置处 P 点的热循环曲线；（c）热循环曲线的局部放大图

3.2.5.2 fcc-Ti 和 γ-Nb_5Si_3 沉淀相的形成机制

普遍认为，沉淀相在形成过程中决定性因素主要有析出温度、保温时间和化学成分等。Ma 等人通过 TEM 原位加热技术研究了 Nb-Ti-Si-Cr-Al 多元合金中 fcc-Ti[116] 和 γ-Nb_5Si_3[117] 沉淀相的析出、长大及回溶过程，表明 fcc-Ti 和 γ-Nb_5Si_3 沉淀相的析出温度约为 850 ℃，标记为 Ms，如图 3-11（b）所示，而 fcc-Ti 和 γ-Nb_5Si_3 沉淀相的溶解温度分别约为 1400 ℃和 1250 ℃，一般认为 Nb-Si 基合金中从 Nbss 相中析出 fcc-Ti 和 γ-Nb_5Si_3 沉淀相的过程是由热驱动控制进行的[16]。虽然激光立体成形过程中热循环导致 P 点的稳定温度的峰值大于 1250 ℃，但此时 γ-Nb_5Si_3 沉淀相富含大量 Zr 元素，由前述分析可知，高含量的 Zr 合金化有助于 γ-Nb_5Si_3 沉淀相的稳定存在。因此，P 点温度的稳定区间在 fcc-Ti 和 γ-Nb_5Si_3 沉淀相的析出和长大所需的温度范围内，这为沉淀相析出提供了热驱动力，即沉淀相析出所需的析出温度。固溶体相中合金元素的过饱和程度与凝固条件相关，尤其是凝固速率，一般来说，较高的凝固速率能够导致合金中合金化元素的过饱和程度增加[118]。因此，在激光立体成形 Nb-23Ti-14Si 基合金过程中，熔池中近快速凝固使大量溶质元素（Ti、Si、Zr 和 Cr 等）固溶在 Nbss 相中，为 fcc-Ti 和 γ-

Nb_5Si_3 沉淀相的析出提供了化学驱动力，即沉淀相析出所需的化学成分。由热循环曲线图 3-11（c）可知，在整个成形过程中 P 点经历了约 375 s 的高温热循，即沉淀相析出和长大所需要的保温时间。

3.2.5.3 5Cr 合金组织中层片状 Nbss+α-Nb_5Si_3 形成机制

为了进一步明晰 5Cr 合金沉积态组织中细小层片状组织 Nbss+α-Nb_5Si_3 的形成机制，对沉积态 5Cr 合金进行了热处理（1400 ℃，30 h/炉冷）。

图 3-12 所示为 5Cr 合金经过均匀化热处理（1400 ℃，30 h/炉冷）后组织形貌的 BSE 图像。与 5Cr 合金沉积态组织对比，热处理态组织中层片状的 Nbss+α-Nb_5Si_3 组织发生粗化甚至消失，且 Nb_3Si 相已经消失，这说明此时 Nb_3Si 相共析分解反应已经完全结束，甚至发生了熟化。结合 3.2.3 小节中的成分分析可知，层片状组织的整体化学成分与未发生分解反应的 Nb_3Si 相的化学成分非常接近。综上，5Cr 合金中层片状的 Nbss+α-Nb_5Si_3 组织应是由 Nb_3Si →Nbss+α-Nb_5Si_3 共析转变而来。

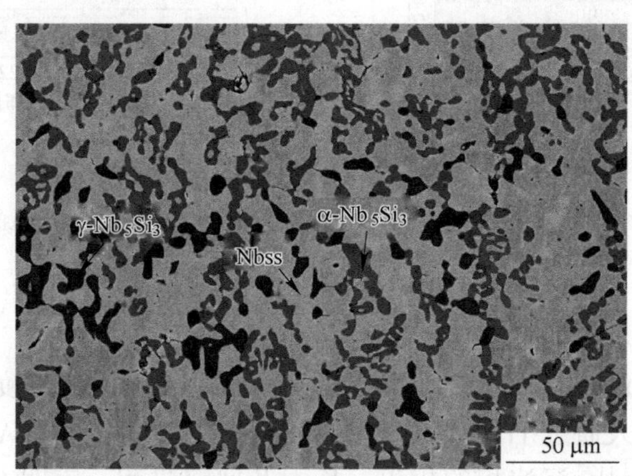

图 3-12 5Cr 合金热处理(1400 ℃，30 h/炉冷)态组织的 BSE 图像

3.3 Zr 和 Cr 复合合金化的组织特征

3.3.1 相组成

图 3-13 所示为 Zr 和 Cr 复合合金化 Nb-23Ti-14Si 基合金沉积态组织的 XRD 图谱。Zr 和 Cr 复合合金化后，合金中 Nb_3Si 相的衍射峰消失了，出现了 Nb_5Si_3 型硅化物的衍射峰，Nb_5Si_3 型硅化物的种类也随着 Zr 和 Cr 含量的变化而变化。当 Zr 含量（原子数分数）为 3%且 Cr 含量（原子数分数）低于 10%时，合金中存在 γ-Nb_5Si_3 和 α-Nb_5Si_3 相的衍射峰。随着 Zr 含量（原子数分数）增加到 6%

且 Cr 含量（原子数分数）低于 12%时，合金中 α-Nb_5Si_3 相的衍射峰消失，仅存在 γ-Nb_5Si_3 相的衍射峰，且在 6%Zr+12%Cr 复合合金化（原子数分数）时，除了 Nbss 和 γ-Nb_5Si_3 相的衍射峰，还出现了 Cr_2Nb 相的衍射峰。

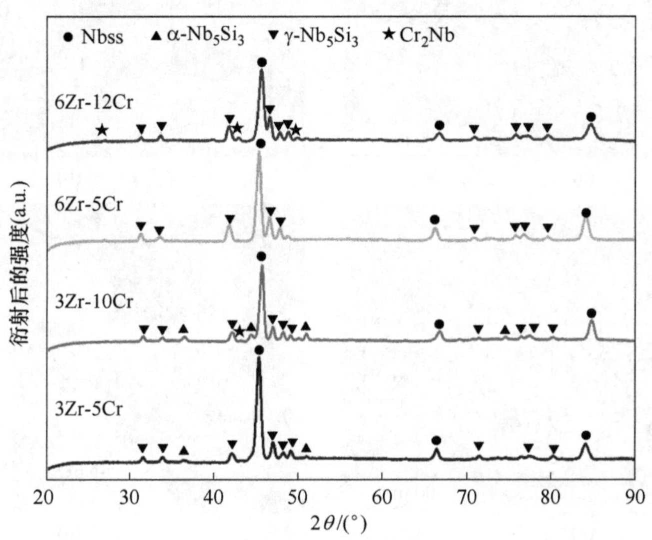

图 3-13 Zr 和 Cr 复合合金化 Nb-23Ti-14Si 基合金沉积态试样的 XRD 衍射图谱

3.3.2 组织形貌和相成分分析

图 3-14 所示为 Zr 和 Cr 复合合金化 Nb-23Ti-14Si 基合金沉积态组织的 BSE 图像。表 3-7 给出了 Zr 和 Cr 复合合金化 Nb-23Ti-14Si 基合金沉积态组织中各组成相的化学成分。3Zr-5Cr 合金是一种典型的亚共晶合金，由发达的 Nbss 树枝晶、枝晶间由 Nbss+γ-Nb_5Si_3 共晶和 Nbss+α-Nb_5Si_3 共晶组成，如图 3-14（a）所示。此外，在 Nbss 相内部存在黑色颗粒状的沉淀相。相比原子数分数为 3% Zr 单独合金化，3% Zr+5%Cr 复合合金化（原子数分数）能够有效抑制亚稳相 Nb_3Si 的形成，进而促进 Nb_5Si_3 型硅化物的形成。

3Zr-10Cr 合金的微观组织呈现一种反常共晶的形态，即 Nbss 相呈大颗粒状的形态分布在 γ-Nb_5Si_3 和 α-Nb_5Si_3 基体上，如图 3-14（c）所示。对比发现，3Zr-10Cr 合金中 α-Nb_5Si_3 相的体积分数明显高于 3Zr-5Cr 合金。此外，3Zr-10Cr 合金形成了化学成分为 Nb-14.58Ti-7.16Si-0.69Zr-47.25Cr（原子数分数/%）的新相，其原子比（Cr+Ti）：Nb=2：1，因此推断其为 Cr_2Nb 相，但是由于其含量较少，在 XRD 衍射图谱中并没有发现其衍射峰。Cr_2Nb 相分布在不同的 Nbss 晶粒之间，呈现离异共晶的形态，如图 3-14（b）所示。

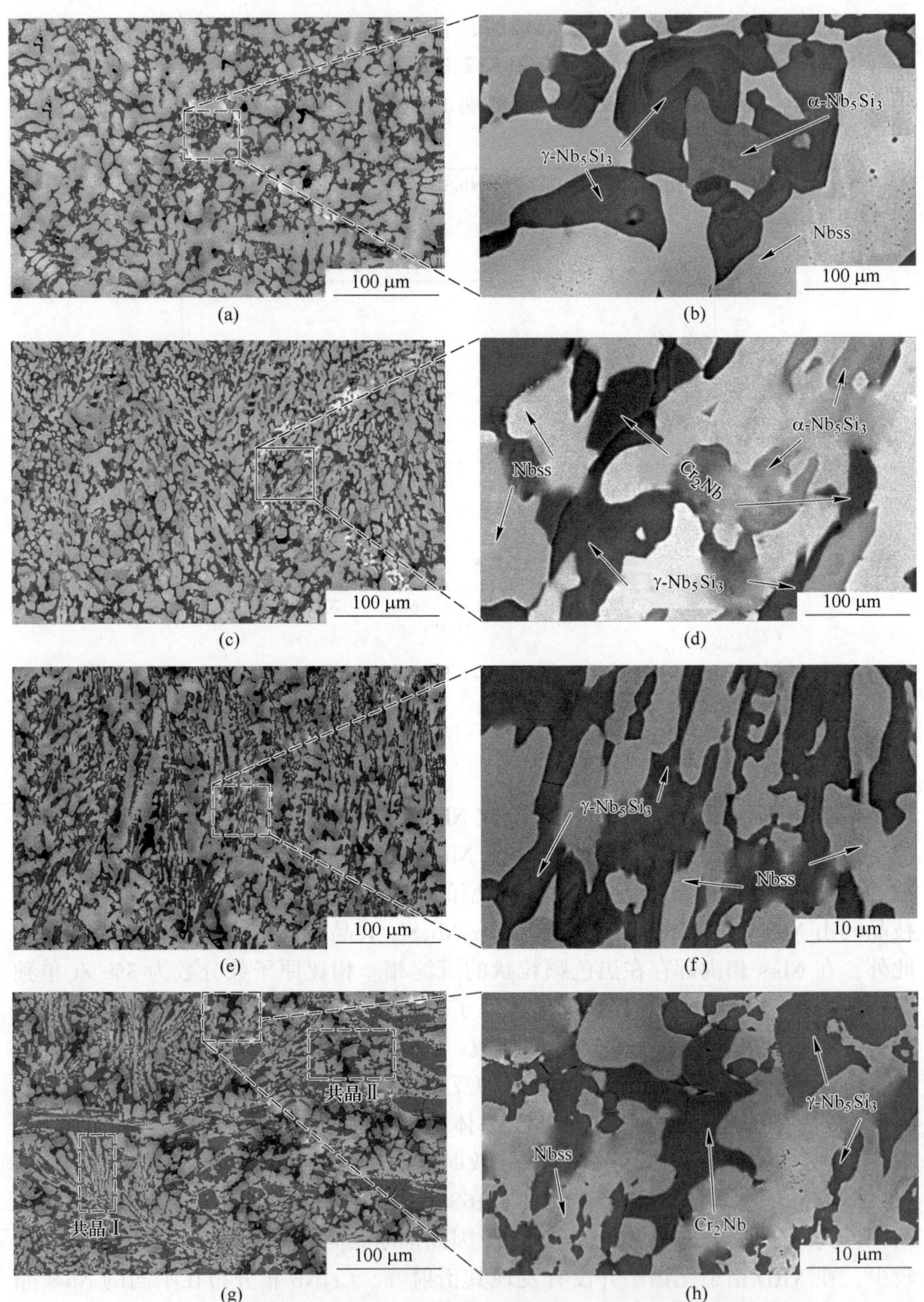

图 3-14　Zr 和 Cr 复合金化 Nb-23Ti-14Si 基合金沉积态组织的 BSE 像[119]

(a)(b) 3Zr-5Cr；(c)(d) 3Zr-10Cr；(e)(f) 6Zr-5Cr；(g)(h) 6Zr-12Cr

表 3-7 Zr 和 Cr 复合合金化 Nb-23Ti-14Si 合金沉积态组织中各组成相的化学成分

合金	组成相	成分（原子数分数）/%				
		Nb	Ti	Si	Zr	Cr
3Zr-5Cr	Nbss	31.16	22.58	1.51	0.17	6.90
	α-Nb_5Si_3	47.92	13.66	35.22	2.95	0.24
	γ-Nb_5Si_3	32.99	25.64	34.36	6.65	1.02
3Zr-10Cr	Nbss	60.29	25.68	1.17	0.04	12.81
	α-Nb_5Si_3	45.10	15.88	34.84	3.37	0.80
	γ-Nb_5Si_3	29.69	26.26	34.30	8.15	1.58
	Cr_2Nb	30.31	14.58	7.16	0.69	47.25
6Zr-5Cr	Nbss	64.96	25.85	0.71	0.59	7.88
	γ-Nb_5Si_3	29.82	21.10	34.86	13.54	0.66
6Zr-12Cr	Nbss	58.02	26.93	1.07	0.87	13.11
	γ-Nb_5Si_3	29.79	20.16	34.64	15.68	1.15
	Cr_2Nb	23.55	14.51	7.88	1.45	52.60

6Zr-5Cr 合金的微观组织由 Nbss+γ-Nb_5Si_3 共晶枝晶组成，并没有 α-Nb_5Si_3 相的形成，如图 3-14（e）所示。对比原子数分数为 7% Zr 单独合金化可知，6% Zr+5% Cr 复合合金化（原子数分数）使得 Nb-23Ti-14Si 基合金中 Nbss 相的外延生长连续性得到明显提高。

6Zr-12Cr 合金的微观组织由不规则块状 γ-Nb_5Si_3 相和 Nbss+γ-Nb_5Si_3 共晶，以及 Cr_2Nb 相组成，其中块状 γ-Nb_5Si_3 相为初生相，具有典型的小平面特征，其长度可达 100 μm，呈现出典型的过共晶特征，如图 3-14（g）所示。在 6Zr-12Cr 合金的微观组织中可观察到两种 Nbss+γ-Nb_5Si 共晶组织：（1）在初生相 γ-Nb_5Si_3 的周围存在较为的规则 Nbss+γ-Nb_5Si_3 共晶组织，其形成原因可能是 γ-Nb_5Si_3 初生相从液相析出长大有助于周围液相快速达到共晶点，所以使其组织形态为以块状 γ-Nb_5Si_3 为中心，沿垂直于其规则表面的方向并向周围呈辐射状生长的胞状共晶组织；（2）分布在相邻初生 γ-Nb_5Si_3 相的中间位置，由较为粗大的 γ-Nb_5Si_3 相和粗大的 Nbss 相组成的共晶组织，其中 γ-Nb_5Si_3 表现出一定的小平相的特点，其 Nbss 的平均粒径为 5 μm 左右，分布不规则，这可能是凝固后期液相中富集 Ti 元素而生成的共晶组织。6Zr-12Cr 合金中 Cr_2Nb 相的形状为蠕虫状，也呈现一定的小平面生长特性，且相比原子数分数为 10% Cr 单独合金化和 3%Zr+10%Cr 复合合金化（原子数分数），此时 Cr_2Nb 相的体积分数和尺寸明显增加，如图 3-14（h）所示。此外，Zr 和 Cr 复合合金化 Nb-23Ti-14Si 基合金沉积态组织中 Nbss 相的内部仍然存在颗粒状的黑色沉淀相。

由表 3-7 可知，Nbss 相中固溶的 Cr 含量随着合金中 Cr 或者 Zr 含量的增加而增加，在 6Zr-12Cr 合金中 Nbss 相的 Cr 含量（原子数分数）高达 13.11%。此时，γ-Nb_5Si_3 所固溶的 Zr 和 Ti 含量明显高于 α-Nb_5Si_3 相。此外，Zr 和 Cr 复合合金化 Nb-23Ti-14Si 基合金中 γ-Nb_5Si_3 的 Ti 和 Zr 含量与 Zr 单独合金化中 γ-Nb_5Si_3 的相近，其中 Ti 含量低于 Cr 单独合金化中 γ-Nb_5Si_3 的 Ti 含量。

图 3-15（a）所示为 3Zr-5Cr 合金的相分布图，其主要由 Nbss、γ-Nb_5Si_3 和 α-Nb_5Si_3 组成，与前面 XRD 和 BSE 分析结果一致。图 3-15（b）所示为 3Zr-5Cr 合金的晶体学取向，结合 Nbss、γ-Nb_5Si_3 和 α-Nb_5Si_3 相的反极图，可知 3Zr-5Cr 合金中各相的取向较为杂乱，没有明显的择优生长方向，这可能与激光立体成形制备 Nb-23Ti-14Si 基合金使用的是单质元素混合粉末有关。图 3-15（c）所示为 3Zr-5Cr 合金中 Nbss、γ-Nb_5Si_3 和 α-Nb_5Si_3 相的极图，显示 Nbss 与 γ-Nb_5Si_3 相之间的晶体学取向关系为 $\{100\}_{Nbss}//\{10\bar{1}0\}_{\gamma}$，Nbss 相与 α-Nb_5Si_3 相之间的晶体学取向关系为 $\{111\}_{Nbss}//\{110\}_{\alpha}$。同理，图 3-15（d）所示为 6Zr-5Cr 合金的

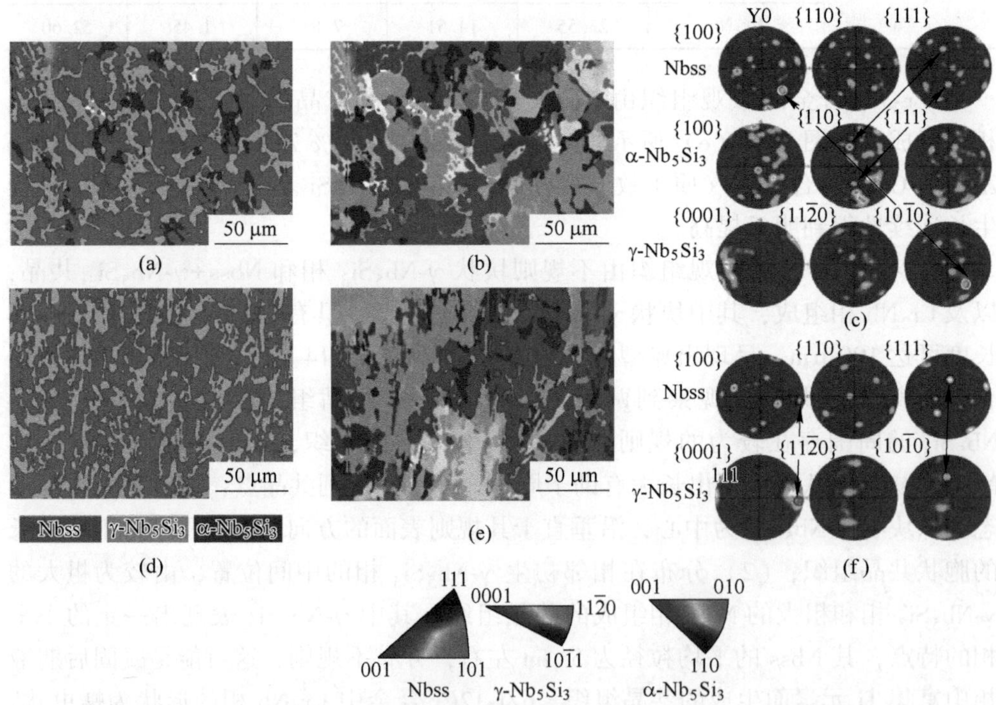

图 3-15　EBSD 分析 3Zr-5Cr 合金(a~c)和 6Zr-5Cr 合金(d~f)微观组织

（a）（d）3Zr-5Cr 合金和 6Zr-5Cr 合金的相分布图；（b）（e）Y0 方向取向成像图；（c）（f）Nbss、α-Nb_5Si_3 和 γ-Nb_5Si_3 相的极图

相分布图，由 Nbss 和 γ-Nb_5Si_3 相组成。此时，Nbss 相与 γ-Nb_5Si_3 相之间的晶体学取向关系为 $\{100\}_{Nbss}//\{0001\}_{\gamma}$和 $\{111\}_{Nbss}//\{10\bar{1}0\}_{\gamma}$，如图 3-15（f）所示。说明当合金中 Cr 含量（原子数分数）为 5%时，Zr 合金化不仅抑制了 α-Nb_5Si_3 相的形成，还改变了 Nbss 相与 γ-Nb_5Si_3 相之间的晶体学取向关系。

图 3-16 所示为 3Zr-10Cr 合金和 6Zr-12Cr 合金的相分布图，沿沉积方向（Y0）的取向成像图，以及主要相 Nbss、α-Nb_5Si_3、γ-Nb_5Si_3 和 Cr_2Nb 的极图。由图 3-16（a）和（d）可知，3Zr-10Cr 合金由 Nbss、α-Nb_5Si_3、γ-Nb_5Si_3 和 C15-Cr_2Nb 组成，而 6Zr-12Cr 合金由 Nbss、γ-Nb_5Si_3 和 Cr_2Nb 组成，这与前述分析结果相一致。由图 3-16（c）可知，3Zr-10Cr 合金中，Nbss 相与 α-Nb_5Si_3 相之间的晶体学取向关系为 $\{110\}_{Nbss}//\{110\}_{\alpha}$，而 Nbss 相与 γ-$Nb_5Si_3$ 相之间的无明显的晶体学取向关系，Nbss 相与 Cr_2Nb 相之间的晶体学取向关系为 $\{111\}_{Nbss}//\{111\}_{Cr_2Nb}$。同样的，在 6Zr-12Cr 合金中，Nbss 相与 γ-Nb_5Si_3 相之间的晶体学取

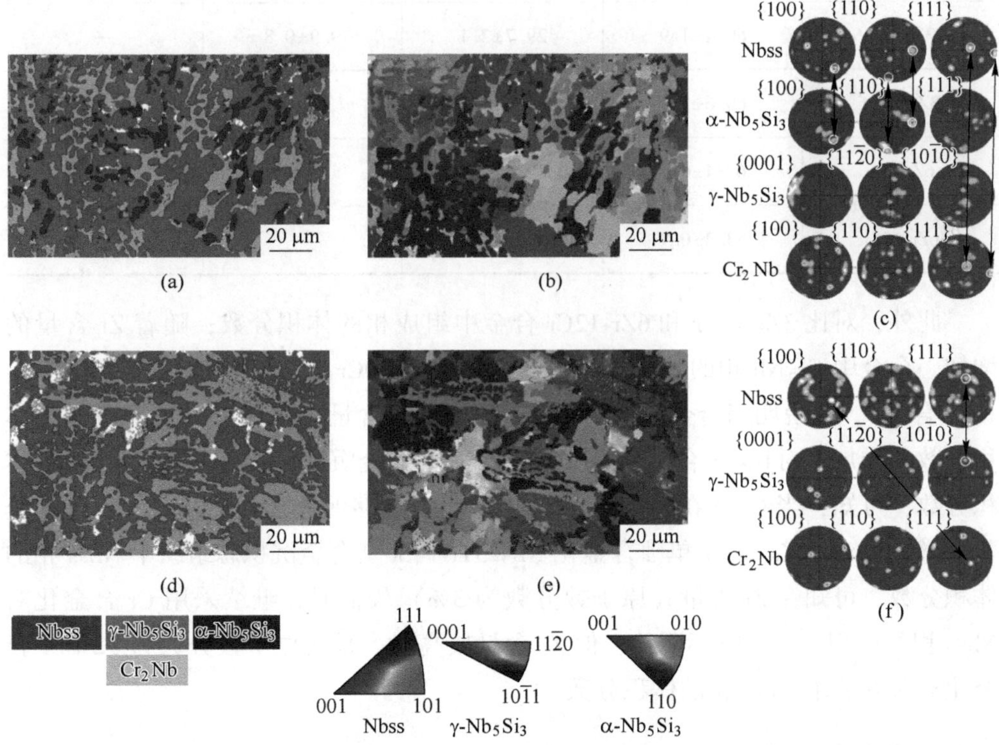

图 3-16　EBSD 分析 3Zr-10Cr 合金（a~c）和 6Zr-12Cr 合金（d~f）微观组织[119]

（a）（d）3Zr-10Cr 合金和 6Zr-12Cr 合金的相分布图；（b）（e）Y0 方向取向成像图；

（c）（f）Nbss、α-Nb_5Si_3、γ-Nb_5Si_3 和 Cr_2Nb 相的极图

向关系为 $\{111\}_{Nbss}//\{10\bar{1}0\}_{\gamma}$，而 Nbss 相与 Cr_2Nb 相之间的晶体学取向关系为 $\{100\}_{Nbss}//\{111\}_{Cr_2Nb}$。这说明当 Cr 含量（原子数分数）达到 10%~12%时，随着 Zr 含量的增加，不仅抑制了 α-Nb_5Si_3 相的形成，还改变了 Nbss 相与 γ-Nb_5Si_3 相以及 Cr_2Nb 相之间的晶体学取向关系。

表 3-8 所列为 Zr 和 Cr 复合金化 Nb-23Ti-14Si 基合金沉积态组织中相体积分数的统计表。对比 3Zr-5Cr 和 3Zr-10Cr 合金中组成相的体积分数可知，随着 Cr 含量的增加，合金中 α-Nb_5Si_3 相的体积分数由 9.9%（3Zr-5Cr 合金）增加到 13.2%（3Zr-10Cr 合金），还形成了体积分数约 1.5%的 Cr_2Nb 相，这说明 Cr 含量的增加能够促进 α-Nb_5Si_3 相和 Cr_2Nb 相的形成。

表 3-8　Zr 和 Cr 复合金化 Nb-23Ti-14Si 基合金沉积态组织中相体积分数

合金	体积分数/%			
	Nbss	γ-Nb_5Si_3	α-Nb_5Si_3	Cr_2Nb
3Zr-5Cr	60.4±1.9	29.7±2.1	9.9±0.8	—
3Zr-10Cr	60.6±2.4	24.9±3.1	13.2±1.9	1.5±0.5
6Zr-5Cr	67.4±0.7	32.6±2.6	—	—
6Zr-12Cr	53.2±0.9	37.8±1.4	—	8.9±1

此外，对比 3Zr-10Cr 和 6Zr-12Cr 合金中组成相的体积分数，随着 Zr 含量的增加，合金中 Cr_2Nb 相的体积分数由 1.5%（3Zr-10Cr 合金）增加到 8.9%（6Zr-12Cr 合金），这说明当合金中 Cr 含量较高时，Zr 含量的增加促进了 Cr_2Nb 相体积分数的增加。对比 Cr 合金化 Nb-23Ti-14Si 基合金沉积态组织中 Cr_2Nb 相的体积分数，可知，当 Cr 存在时，高含量的 Zr 元素能够促进合金中 Cr_2Nb 相体积分数的增加。对比 Zr 和 Cr 单独合金化 Nb-23Ti-14Si 基合金沉积态组织中 Nbss 相的体积分数，可知在 Zr 含量（原子数分数为 3%）较低时，继续采用 Cr 合金化对 Nbss 相的体积分数影响不明显，但 Zr 含量较高时，采用原子数分数为 12%Cr 合金化显著降低了 Nbss 相的体积分数。

3.3.3　沉淀相分析

图 3-17 所示为 3Zr-5Cr 合金中 Nbss 相中的沉淀相 TEM 图。黑色沉淀相的形状为规则的六边形，其尺寸为 0.1~0.4 μm，如图 3-17（b）所示。

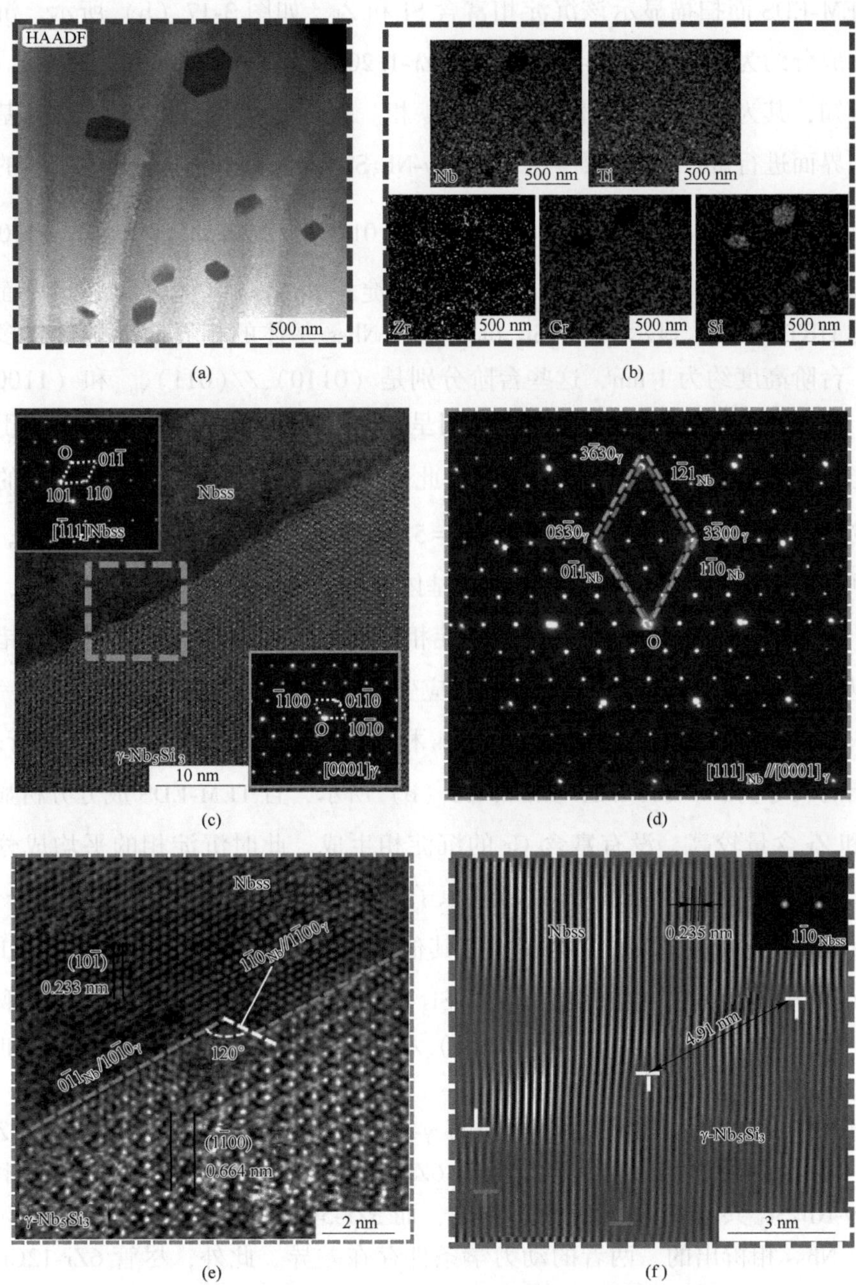

图 3-17 3Zr-5Cr 合金中 Nbss 相内部颗粒状沉淀相的 TEM 表征[110]

（a）HAADF 像；（b）元素面分布图；（c）γ-Nb_5Si_3 沉淀相与 Nbss 相界面处的 HRTEM；（d）γ-Nb_5Si_3 沉淀相与 Nbss 相界面处的 SAED；（e）图(c)中方框的局部放大图；（f）图(c)中方框处的 IFFT 图

TEM-EDS 面扫描显示该沉淀相富含 Si 和 Zr，如图 3-17（b）所示。沉淀相的平均成分约为 Nb-26. 37Ti-41. 5Si-9. 17Zr-1. 20Cr（原子数分数/%），结合 SAED 分析可知，其为密排六方结构的 γ-Nb_5Si_3 相。对 γ-Nb_5Si_3 沉淀相和 Nbss 基体之间的相界面进行 SAED 分析，可以发现 γ-Nb_5Si_3 沉淀相和 Nbss 基体之间的晶体学取向关系为：$[0001]_{\gamma}//[111]_{Nbss}$，$(01\bar{1}0)_{\gamma}//(1\bar{1}0)_{Nbss}$ 和 $(1\bar{2}10)_{\gamma}//(1\bar{2}1)_{Nbss}$。图 3-17（e）所示为 γ-$Nb_5Si_3$ 沉淀相和 Nbss 基体之间的相界面局部放大的 HRTEM 图，显示 γ-Nb_5Si_3 沉淀相和 Nbss 基体的相界面上包含较多原子台阶，台阶高度约为 1 nm，这些台阶分别是 $(0\bar{1}10)_{\gamma}//(01\bar{1})_{Nbss}$ 和 $(1\bar{1}00)_{\gamma}//(1\bar{1}0)_{Nbss}$ 晶面，这些原子台阶相互之间呈 120°，这种台阶形的界面有助于降低应变能，从而提高系统的稳定性[121]。此外，γ-Nb_5Si_3 沉淀相与 Nbss 相的相界面上的错配度[16] $\delta = (3d_{Nbss} - d_{\gamma}) / d_{\gamma} = 5.3\%$，说明其界面为近共格界面，通过 IFFT 可得，在 γ-Nb_5Si_3 沉淀相和 Nbss 基体的相界面上存在少量刃型位错，如图 3-17（f）所示。此外，在 γ-Nb_5Si_3 沉淀相内部也存在刃型位错，这种位错的存在可以缓解由界面位错而导致的位移和应变。

图 3-18 所示为 6Zr-12Cr 合金的 Nbss 相内部的黑色沉淀相的 TEM 分析表征。沉淀相的尺寸为 50~100 nm，如图 3-18（b）所示，且 TEM-EDS 成分分析显示其中 Si 和 Zr 含量较高，没有富含 Cr 的沉淀相生成。此时沉淀相的平均成分约为 Nb-27. 39Ti-29. 78Si-14. 95Zr-2. 92Cr（原子数分数/%），结合 SAED 和成分分析，确认沉淀相为 γ-Nb_5Si_3 沉淀相，且无其他沉淀相。沉淀相 γ-Nb_5Si_3 与 Nbss 的相界面为平直界面，SAED 显示 γ-Nb_5Si_3 沉淀相与 Nbss 相之间的晶体学取向关系为：$[\bar{2}\bar{1}10]_{\gamma}//[011]_{Nbss}$ 和 $(0\bar{1}10)_{\gamma}//(\bar{2}00)_{Nbss}$，如图 3-18（e）和（f）所示。

值得注意的是，6Zr-12Cr 合金中的 γ-Nb_5Si_3 沉淀相的尺寸明显小于 3Zr-5Cr 合金中的沉淀相尺寸，这可能是由于 6Zr-12Cr 合金中的 γ-Nb_5Si_3 沉淀相是从 Nbss+γ-Nb_5Si_3 共晶中的 Nbss 相析出的，而 3Zr-5Cr 合金中的 γ-Nb_5Si_3 沉淀相是从初生 Nbss 相析出的，两者的动力学条件存在差异。此外，尽管 6Zr-12Cr 合金的 Nbss 相中固溶了原子数分数高达 13. 28%的 Cr 元素，但是并未在 Nbss 相中形成 Cr_2Nb 沉淀相，可能是由于 γ-Nb_5Si_3 沉淀相形成的吉布斯自由能低于 Cr_2Nb 沉淀相，因此在此体系中，γ-Nb_5Si_3 沉淀相形成使体系的能量更低，更趋于稳定。

图 3-18 6Zr-12Cr 合金的 Nbss 相中颗粒状沉淀相的 TEM 分析表征[119]

(a) TEM-BF 像；(b) 图(a)中方框对应的 HAADF 像和元素面分布图；

(c) HRTEM 像；(d) 沉淀相 γ-Nb_5Si_3 与 Nbss 相界面处的 HRTEM；

(e) 沉淀相 γ-Nb_5Si_3 与 Nbss 相界面处的 SAED；(f) 模拟 SAED 花样

3.4　Zr 和 Mo 复合合金化的组织特征

3.4.1　相组成

图 3-19 所示为 Zr 和 Mo 复合合金化 Nb-23Ti-14Si 基合金沉积态组织的 XRD 衍射图谱。采用 3%Zr+4%合金化（原子数分数）时，合金中存在 Nbss、Nb_3Si 和 γ-Nb_5Si_3 相的衍射峰，随着 Zr 含量（原子数分数）增加到 6%和 Mo 含量（原子数分数）增加到 9%，合金中的 Nb_3Si 相的衍射峰消失，仅存在 Nbss 和 γ-Nb_5Si_3 相的衍射峰，即 3Zr-9Mo、6Zr-4Mo 和 6Zr-9Mo 合金中仅存在 Nbss 和 γ-Nb_5Si_3 两相的衍射峰，这也说明高含量的 Zr 和 Mo 合金化有助于 γ-Nb_5Si_3 相形成，而抑制 Nb_3Si 相的形成。值得注意的是，即使在 Mo 含量较高的合金（3Zr-9Mo 和 6Zr-9Mo）中的衍射图谱中也并未出现 α-Nb_5Si_3 相的衍射峰，仍然只存在 γ-Nb_5Si_3 相衍射峰。对比 Mo 单独合金化，可知 Zr 和 Mo 合金化抑制了 Nb-23Ti-14Si 基合金中 α-Nb_5Si_3 相的形成。

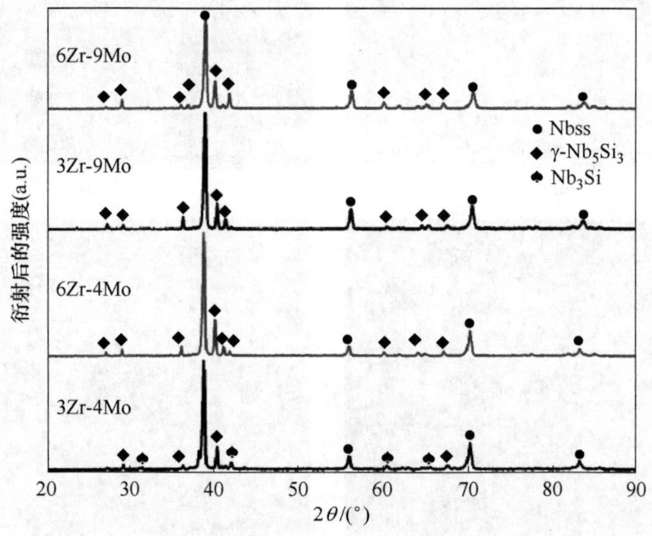

图 3-19　Zr 和 Mo 复合合金化 Nb-23Ti-14Si 基合金沉积态试样的 XRD 图谱

3.4.2　组织形貌和相成分分析

图 3-20 所示为 Zr 和 Mo 复合合金化 Nb-23Ti-14Si 基合金沉积态组织的 BSE 图像。由图 3-20 可知，所有沉积态合金的微观组织均呈现亚共晶组织特征。结合 XRD 衍射图谱和组成相的成分分析（见表 3-9），可知 3Zr-4Mo 合金由 Nbss、

γ-Nb_5Si_3 和 Nb_3Si 组成，如图 3-20（a）所示。相比 3Zr 合金（见图 3-6）和 2Mo 合金（见图 3-10），3Zr-4Mo 合金的微观组织仍是一种典型的共晶枝晶组织，即 Nbss 和 Nb_3Si 以共晶枝晶形态生长，在初生共晶枝晶的枝晶间区域也出现了层片状的共晶组织，这与 3Zr 合金中出现的层片状 Nbss+γ-Nb_5Si_3 共晶组织相类似，但是其体积分数明显比 3Zr 合金中 Nbss+γ-Nb_5Si_3 共晶组织要大。

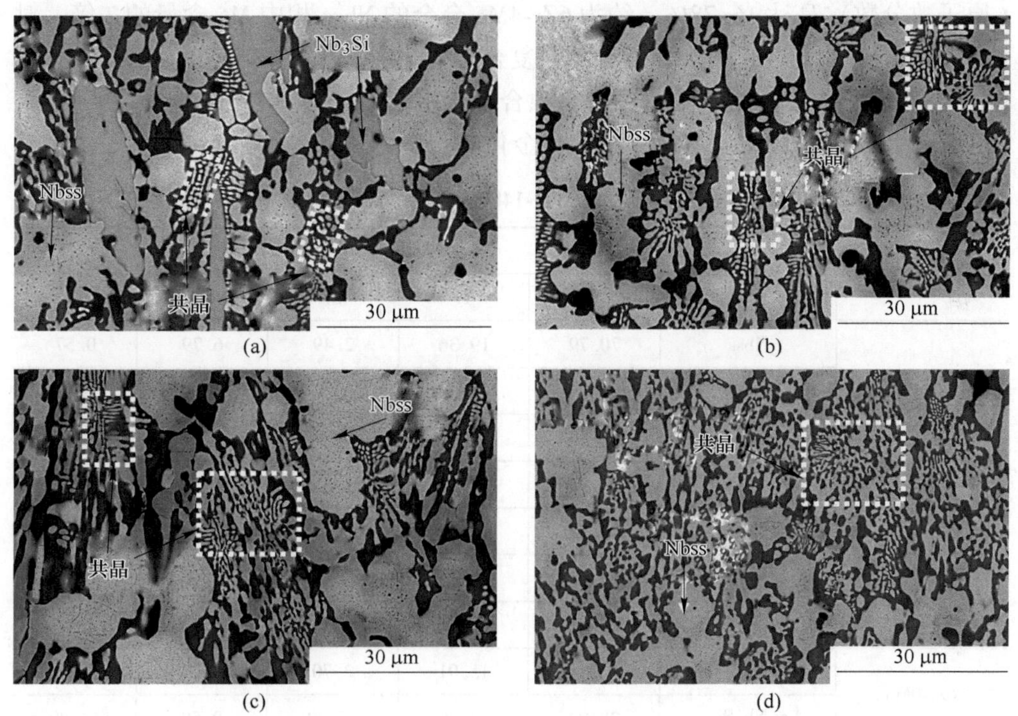

图 3-20 Zr 和 Mo 复合合金化 Nb-23Ti-14Si 基合金沉积态组织的 BSE 图像[120]

（a）3Zr-4Mo；（b）6Zr-4Mo；（c）3Zr-9Mo；（d）6Zr-9Mo

随着 Mo 和 Zr 含量的增加，沉积态合金中 Nb_3Si 相消失，枝晶间存在大量的不规则的 Nbss+γ-Nb_5Si_3 共晶，即由层片状转变为鱼骨状或花瓣状共晶，如图 3-20（b）~（d）所示。Ma 等人[121]研究发现，在 Nb-Si 基合金中，Mo、Zr 等合金元素可以通过改变组成相的形核、扩散动力学、原子附着和生长动力学来改变其共晶形貌。Zr 和 Mo 复合合金化 Nb-23Ti-14Si 合金沉积态组织中 Nbss 相的内部同样存在大量颗粒状的沉淀相。对比 3Zr-9Mo 和 6Zr-9Mo 合金的微观组织，可以看到，当 Mo 含量相同时，增加 Zr 含量，合金中初生 Nbss 相发生了明显的细化，但是 Nbss+γ-Nb_5Si_3 共晶组织的体积分数增加。同理，对比 6Zr-4Mo 和 6Zr-9Mo 合金的微观组织，当合金中 Zr 含量相同时，增加 Mo 含量，也能够在一定程度上细化组织。此外，6Zr-9Mo 合金中的初生 Nbss 枝晶的体积分数最小，共晶的体积分数最大，这说明高含量的 Zr 和 Mo 合金化有助于 Nbss+γ-Nb_5Si_3 共晶点向富 Nb 一侧移动。

表 3-9 所列为 Zr 和 Mo 复合合金化 Nb-23Ti-14Si 基合金沉积态组织中组成相的成分。Zr 仍主要富集在 γ-Nb_5Si_3 相中，而 Mo 仍主要富集在 Nbss 中。Zr 含量的增加，促进 Nbss 相所固溶的 Mo 含量增加，6Zr-9Mo 合金的 Nbss 相中 Mo 含量（原子数分数）高达 16.78%，约为 6Zr-4Mo 合金的 Nbss 相中 Mo 含量的 2 倍。对比 Zr 和 Cr 单独合金化可知，Zr 和 Mo 复合合金化时，γ-Nb_5Si_3 相的成分与 Zr 单独合金化相近，其 Ti 含量低于 Mo 单独合金化中 γ-Nb_5Si_3 相中 Ti 的含量；此外，Nbss 相的 Mo 含量明显高于 Mo 单独合金化的合金中 Nbss 相的 Mo 含量。

表 3-9 Zr 和 Mo 复合合金化 Nb-23Ti-14Si 基合金沉积态组织中各组成相的成分

合金	组成相	成分（原子数分数）/%				
		Nb	Ti	Si	Mo	Zr
3Zr-4Mo	Nbss	70.79	19.36	2.49	6.79	0.57
	Nb_3Si	56.01	15.43	24.97	1.99	1.60
	γ-Nb_5Si_3	32.94	25.48	35.66	0.16	5.76
6Zr-4Mo	Nbss	70.95	19.01	1.65	7.48	0.92
	γ-Nb_5Si_3	24.55	26.78	35.63	0.88	13.02
3Zr-9Mo	Nbss	67.17	16.37	2.50	13.21	0.75
	γ-Nb_5Si_3	29.86	26.28	35.00	0.40	8.46
6Zr-9Mo	Nbss	63.44	15.91	2.70	16.78	1.18
	γ-Nb_5Si_3	28.84	22.79	33.89	0.58	13.89

图 3-21（a）所示为 3Zr-4Mo 合金微观组织中沉淀相的 BSE 图像。可以看到沉淀相主要分布在 Nbss 枝晶臂的中心位置。图 3-21（d）所示为 TEM-EDS 元素面扫描成分布图，可知沉淀相主要富集 Zr 和 Si 元素，其平均成分为 Nb-21.92Ti-35.17Si-0.86Mo-15.86Zr（原子数分数/%），结合沉淀相的 SAED 可知，其仍然为 γ-Nb_5Si_3 沉淀相。通过对 γ-Nb_5Si_3 沉淀相和 Nbss 界面进行 SAED 发现，此时两相之间的晶体学取向关系为：$[\bar{1}112]_\gamma//[001]_{Nbss}$ 和 $(01\bar{1}0)_\gamma//(110)_{Nbss}$。

图 3-22 所示为 Zr 和 Mo 复合合金化 Nb-23Ti-14Si 基合金沉积态组织的 EBSD 图。由图 3-22（a）可知，3Zr-4Mo 合金中，Nbss 和 Nb_3Si 相之间的晶体学取向关系为：$\{100\}_{Nbss}//\{100\}_{Nb_3Si}$ 和 $\{110\}_{Nbss}//\{111\}_{Nb_3Si}$，这也佐证了 Nbss+$Nb_3Si$ 共晶枝晶的存在。此外，Nbss 和 γ-Nb_5Si_3 相之间的晶体学取向关系为：$\{100\}_{Nbss}//\{0001\}_\gamma$。同样的，6Zr-4Mo 合金中，Nbss 和 γ-Nb_5Si_3 相之间的取向

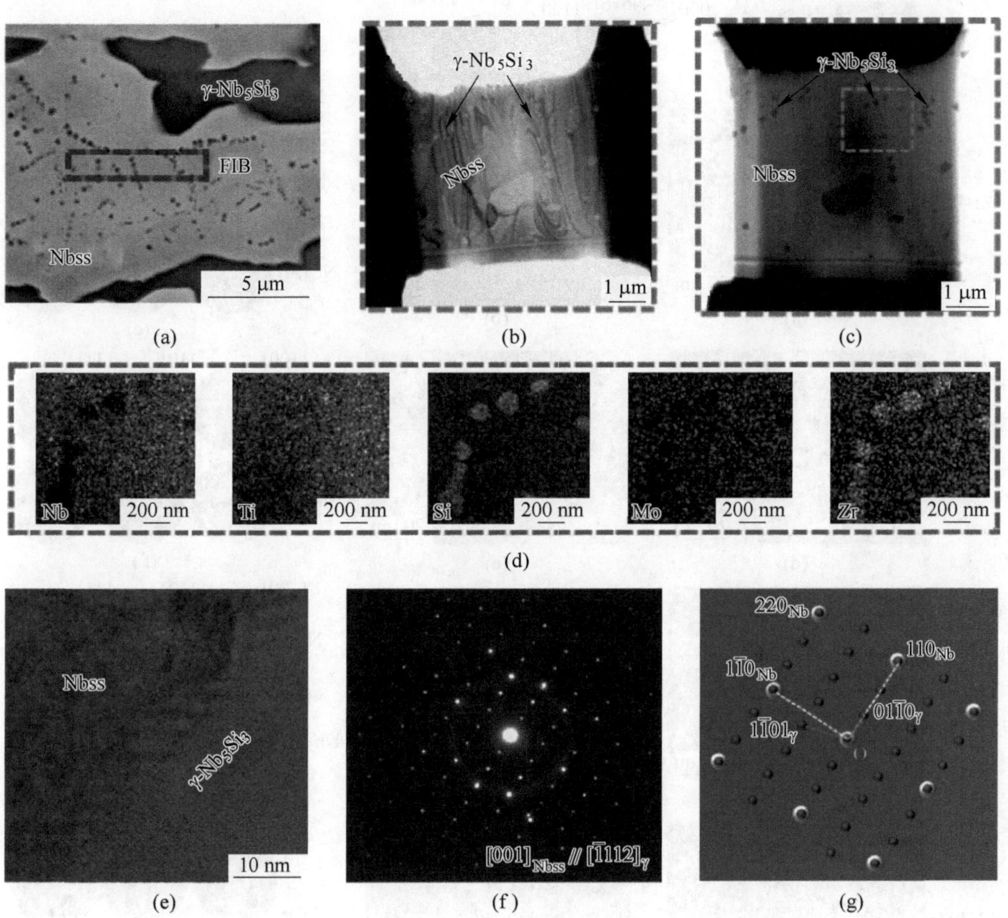

图 3-21　TEM 表征沉积态 6Zr-4Mo 合金微观组织[120]

（a）Nbss 相及黑色颗粒状沉淀相的 BSE 图；（b）图(a)中方框处的 FIB-TEM；
（c）图(a)中方框处的 HAADF 像；（d）图(c)中方框处的元素面分布图；
（e）γ-Nb_5Si_3 沉淀相与 Nbss 相界面的 HRTEM 图；（f）相界面处的 SAED 花样；
（g）γ-Nb_5Si_3 沉淀相与 Nbss 相之间取向关系的示意图

关系为：$\{110\}_{Nbss}//\{10\bar{1}0\}_{\gamma}$。3Zr-9Mo 合金中，Nbss 和 γ-$Nb_5Si_3$ 相之间的晶体学取向关系为：$\{100\}_{Nbss}//\{0001\}_{\gamma}$ 和 $\{111\}_{Nbss}//\{10\bar{1}0\}_{\gamma}$，而 6Zr-9Mo 合金中，Nbss 和 γ-$Nb_5Si_3$ 相之间的晶体学取向关系为：$\{100\}_{Nbss}//\{0001\}_{\gamma}$ 和 $\{110\}_{Nbss}//\{10\bar{1}0\}_{\gamma}$。

表 3-10 所列为 Zr、Cr 和 Mo 合金化 Nb-23Ti-14Si 基合金沉积态组织中 Nbss 和 γ-Nb_5Si_3 相取向关系统计表。

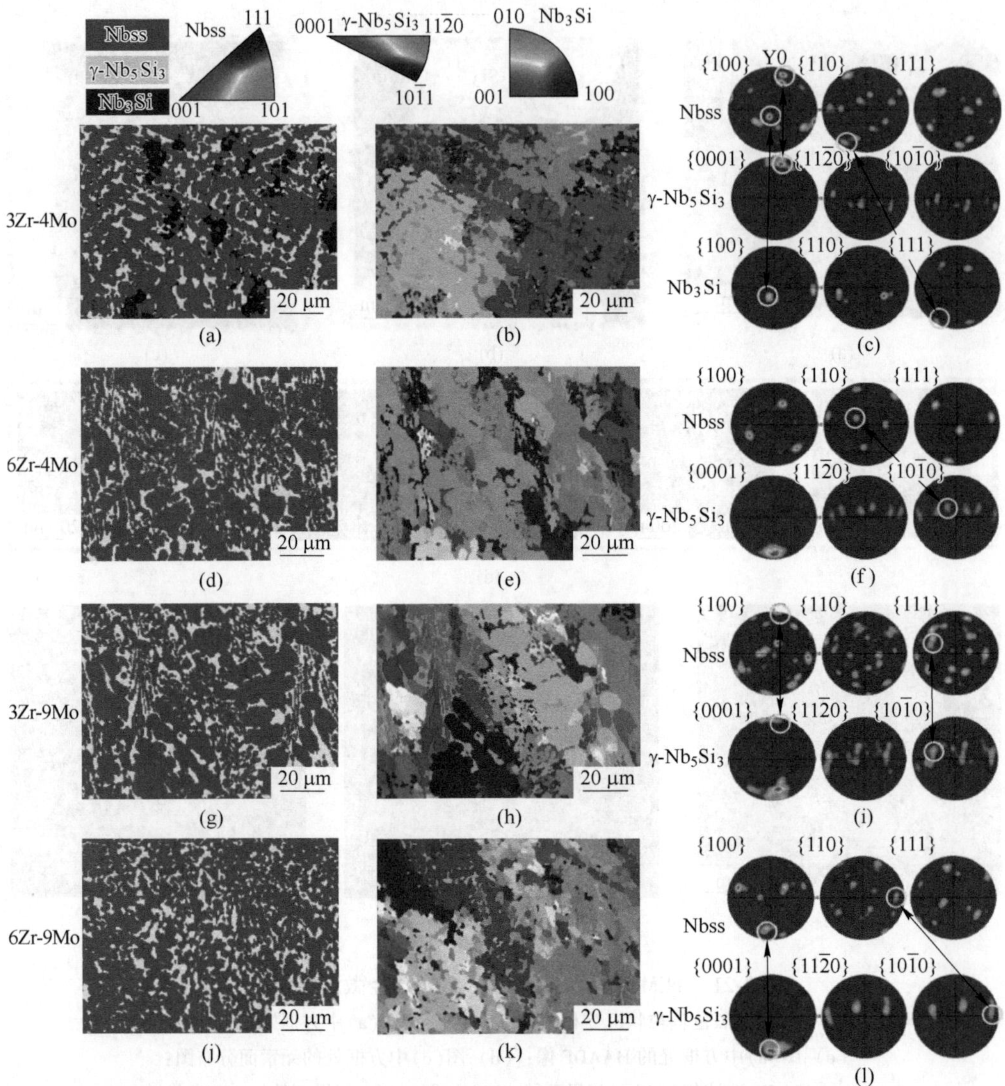

图 3-22 EBSD 分析 Zr 和 Mo 复合合金化 Nb-23Ti-14Si 基合金[120]

(a)(d)(g)(j) Zr 和 Mo 复合合金化 Nb-23Ti-14Si 基合金沉积态组织的 EBSD 相分布图；(b)(e)(h)(k) Y0 方向取向成像图；(c)(f)(i)(l) Nbss、Nb_3Si 和 γ-Nb_5Si_3 相的极图

表 3-10 Zr、Cr 和 Mo 合金化 Nb-23Ti-14Si 基合金沉积态组织中 Nbss 和 γ-Nb_5Si_3 相取向关系统计

合金	表征手段	取 向 关 系
3Zr	TEM	$[1\bar{2}16]_{\gamma}//[011]_{Nbss}$，$(10\bar{1}0)_{\gamma}//(0\bar{1}1)_{Nbss}$ and $(\bar{1}2\bar{1}1)_{\gamma}//(\bar{2}00)_{Nbss}$

续表 3-10

合金	表征手段	取向关系
3Zr-5Cr	TEM	$[0001]_{\gamma}//[111]_{Nbss}$，$(01\bar{1}0)_{\gamma}//(1\bar{1}0)_{Nbss}$ and $(1\bar{2}10)_{\gamma}//(1\bar{2}1)_{Nbss}$
6Zr-12Cr	TEM	$[2\bar{1}\bar{1}0]_{\gamma}//[011]_{Nbss}$，$(0\bar{1}10)_{\gamma}//(\bar{2}00)_{Nbss}$
6Zr-4Mo	TEM	$[\bar{1}112]_{\gamma}//[001]_{Nbss}$，$(01\bar{1}0)_{\gamma}//(110)_{Nbss}$
3Zr-5Cr	EBSD	$\{100\}_{Nbss}//\{10\bar{1}0\}_{\gamma}$
6Zr-5Cr	EBSD	$\{100\}_{Nbss}//\{0001\}_{\gamma}$，$\{111\}_{Nbss}//\{10\bar{1}0\}_{\gamma}$
6Zr-12Cr	EBSD	$\{111\}_{Nbss}//\{10\bar{1}0\}_{\gamma}$
3Zr-4Mo	EBSD	$\{100\}_{Nbss}//\{0001\}_{\gamma}$
6Zr-4Mo	EBSD	$\{110\}_{Nbss}//\{10\bar{1}0\}_{\gamma}$
3Zr-9Mo	EBSD	$\{100\}_{Nbss}//\{0001\}_{\gamma}$，$\{111\}_{Nbss}//\{10\bar{1}0\}_{\gamma}$
6Zr-9Mo	EBSD	$\{100\}_{Nbss}//\{0001\}_{\gamma}$，$\{110\}_{Nbss}//\{10\bar{1}0\}_{\gamma}$

3.4.3 组织稳定性分析

图 3-23 所示为 Zr 和 Mo 复合合金化时 Nb-23Ti-14Si 基合金热处理（1400 ℃，30 h/炉冷）态合金的 XRD 衍射图谱。热处理后，在 Zr 含量（原子数分数）为 3%且 Mo 含量（原子数分数）低于 9%的合金衍射谱中出现了 α-Nb_5Si_3 相的衍射峰。此外，3% Zr+4% Mo 复合合金化（原子数分数）的合金中 Nb_3Si 相的衍射峰消失了，这说明经过热处理（1400 ℃，30 h/炉冷）Nb_3Si 相发生了共析分解反应，且部分 γ-Nb_5Si_3 发生向 α-Nb_5Si_3 转变；但是在 Zr 含量（原子数分数）为 6%且 Mo 含量（原子数分数）低于 9%的合金中，组成相在热处理过程中未发生明显变化。这说明 Zr 和 Mo 复合合金化时，高含量的 Zr 合金化使得其微观组织的稳定性提高。

图 3-24 所示为 Zr 和 Mo 复合合金化 Nb-23Ti-14Si 基合金热处理态组织的 BSE 图像。对比其沉积态组织可知，热处理后，Zr 和 Mo 复合合金化 Nb-23Ti-14Si 基合金中的枝晶间层片状或者花瓣状的共晶组织变得模糊甚至消失，Nbss 相发生了明显的粗化，且其连续性增加。在 3Zr-4Mo 合金中，Nb_3Si 相消失，出现 α-Nb_5Si_3 相，如图 3-24（a）所示。根据 Nb-Si 二元相图可知，Nb_3Si 通过共析分解反应会生成 Nbss+α-Nb_5Si_3 相，但是该共析组织并未呈现典型的层片状形态。Jia 等人[122]在 Nb-24Ti-12Si-10Cr-2Al-2Hf（原子数分数/%）合金经过热处理（1400 ℃，10 h/炉冷）后也发现了类似的组织特征。可能的原因是共析 Nbss 相依附在枝晶

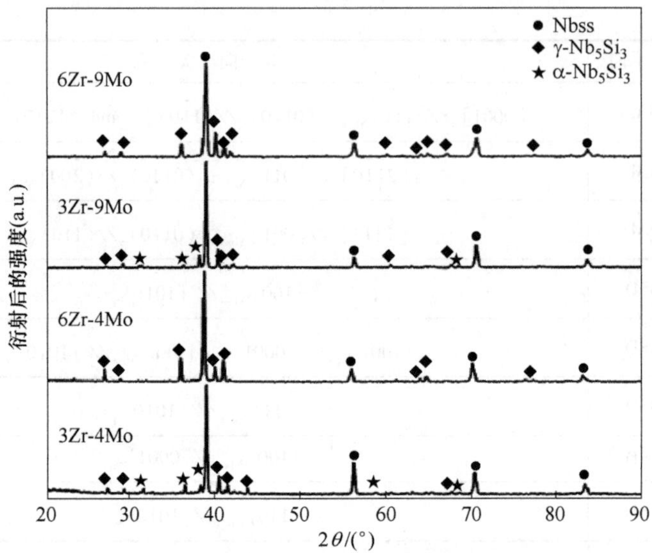

图 3-23　Zr 和 Mo 复合合金化 Nb-23Ti-14Si 基合金热处理（1400 ℃，30 h/炉冷）态试样的 XRD 衍射图谱

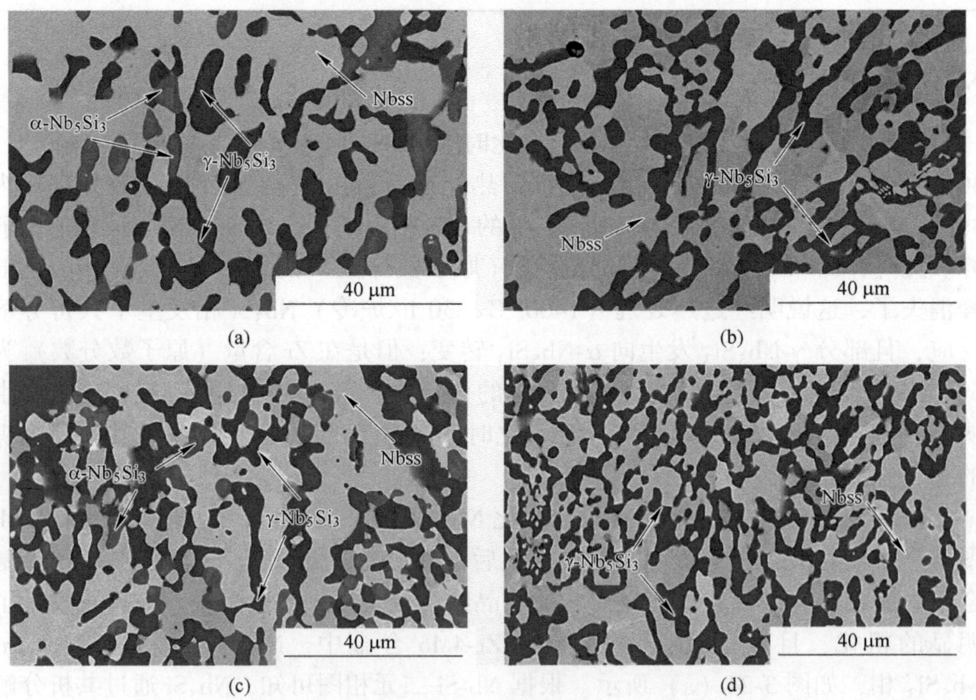

图 3-24　Zr 和 Mo 复合合金化 Nb-23Ti-14Si 基合金热处理（1400 ℃，30 h/炉冷）态组织的 BSE 图像[120]

（a）3Zr-4Mo；（b）6Zr-4Mo；（c）3Zr-9Mo；（d）6Zr-9Mo

Nbss 相形核生长，而 α-Nb_5Si_3 相独立生长，此外，Zr 合金化有助于 Nb_3Si 相快速发生共析分解反应[36]，同时，长时间的热处理使得共析组织长大并熟化，最终以这种不规则的共析组织形态存在。在 Zr 含量（原子数分数）为 3%且 Mo 含量（原子数分数）低于 9%的合金中，热处理后出现了衬度相差较大的两种 Nb_5Si_3 型硅化物。对比 3Zr-9Mo 合金沉积态组织，推测 3Zr-9Mo 合金热处理态组织中出现的 α-Nb_5Si_3 相应是由部分 γ-Nb_5Si_3 相发生同素异构转变导致的。此外，Zr 和 Mo 复合合金化 Nb-23Ti-14Si 基合金中的 γ-Nb_5Si_3 沉淀相在热处理过程中消失了。根据 Ma 等人[117]报道 γ-Nb_5Si_3 沉淀相的溶解温度约为 1250 ℃。因此，在此热处理过程中 γ-Nb_5Si_3 沉淀相发生了回溶。

图 3-25 所示为热处理态 3Zr-4Mo 合金微观组织的元素面扫描分布图（EPMA）。由 Ti 和 Zr 元素的面分布图可知，黑色衬度的硅化物相富含 Zr 和 Ti 元素，相比之下，灰色衬度的硅化物相中 Ti 和 Zr 元素较为贫瘠。

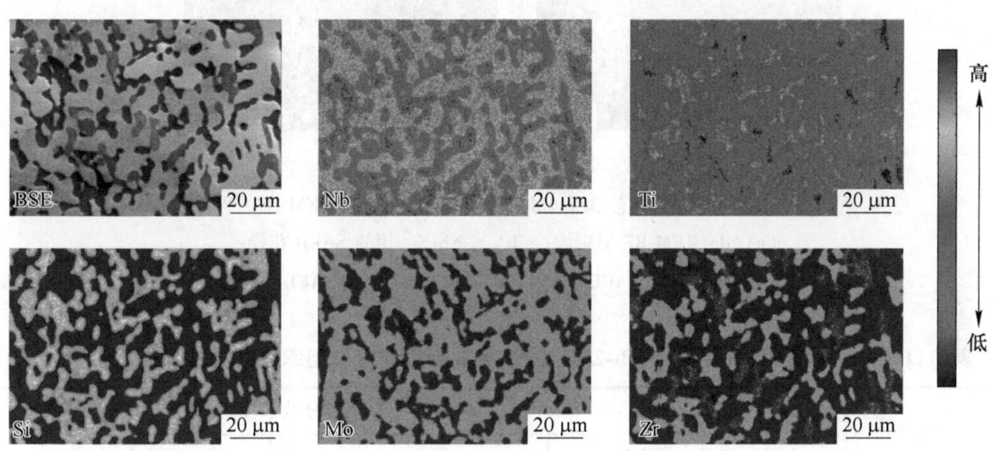

图 3-25 热处理(1400 ℃, 30 h/炉冷)态 3Zr-4Mo 合金的元素面扫描分布图（EPMA）

图 3-26 所示为热处理态 3Zr-4Mo 合金的 TEM 图。根据 SAED 分析可知，黑色硅化物相为 γ-Nb_5Si_3 相（见图 3-26（b）），而灰色相硅化物相为 α-Nb_5Si_3 相（见图 3-26（e））。结合图 3-25 中组成相的元素分布，γ-Nb_5Si_3 相富集 Zr 和 Ti 元素，而 α-Nb_5Si_3 相中的 Zr 和 Ti 含量较低。Zhang 等人[123]发现电弧熔炼 Nb-22Ti-16Si-5Cr-3Al-4Hf（原子数分数/%）多元合金热处理（1450 °C，50 h/炉冷）态组织中也出现了这种成分衬度的 γ-Nb_5Si_3 和 α-Nb_5Si_3 相，但是在 Nb-22Ti-16Si-5Cr-3Al（原子数分数/%）合金中两种不同衬度的硅化物都是 γ-Nb_5Si_3 相，只是成分上有一定的差异。

表 3-11 给出了 Zr 和 Mo 复合合金化 Nb-23Ti-14Si 基合金热处理态组织中组成相的成分分析。

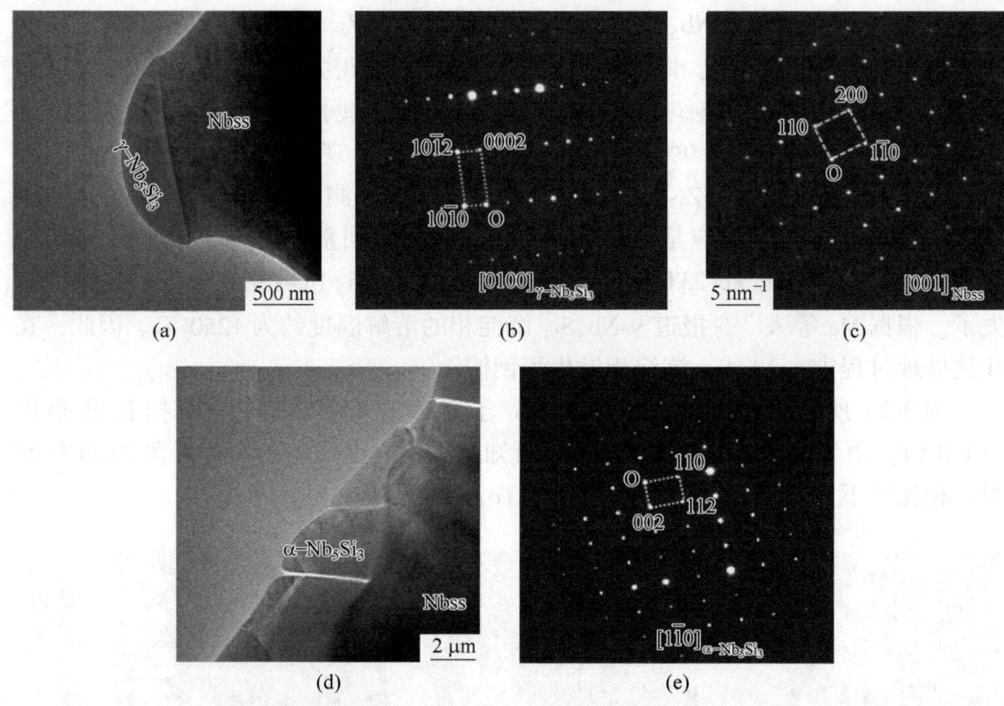

图 3-26 热处理态 3Zr-4Mo 合金中组成相的 TEM 图[120]

(a)(d) TEM-BF 形貌像；(b) γ-Nb_5Si_3 相的 SAED 花样；

(c) Nbss 相的 SAED 花样；(e) α-Nb_5Si_3 相的 SAED 花样

表 3-11 Zr 和 Mo 复合合金化 Nb-23Ti-14Si 基合金热处理态组织中各组成相的成分分析

合金	组成相	成分（原子数分数）/%				
		Nb	Ti	Si	Mo	Zr
3Zr-4Mo	Nbss	70. 67	22. 45	1. 21	5. 74	0. 00
	α-Nb_5Si_3	46. 79	13. 59	36. 02	0. 66	2. 97
	γ-Nb_5Si_3	32. 00	24. 04	35. 70	—	7. 68
6Zr-4Mo	Nbss	70. 80	22. 45	0. 87	5. 58	0. 35
	γ-Nb_5Si_3	26. 95	22. 89	35. 46	—	14. 65
3Zr-9Mo	Nbss	65. 94	20. 46	0. 81	12. 79	—
	α-Nb_5Si_3	44. 48	16. 40	35. 81	0. 68	2. 64
	γ-Nb_5Si_3	30. 48	25. 80	35. 63	0. 50	7. 59
6Zr-9Mo	Nbss	64. 70	21. 50	0. 82	12. 84	0. 14
	γ-Nb_5Si_3	25. 09	23. 62	35. 48	0. 25	15. 56

对比沉积态合金中各组成相的成分（见表 3-9），高温均匀化热处理后，Nbss 相中的 Ti 含量增加而 Zr 含量减少，γ-Nb_5Si_3 相中 Ti 含量减少而 Zr 含量增加。此外，通过对比热处理态合金中 γ-Nb_5Si_3 相的 Ti 和 Zr 含量发现，由表 3-11 可知，低 Zr 含量合金（3Zr-4Mo 和 3Zr-9Mo 合金）中 γ-Nb_5Si_3 相的 Nb/(Ti+Zr) 原子比分别约为 1.00 和 0.91，而在高 Zr 含量的合金（6Zr-4Mo 和 6Zr-9Mo 合金）中 γ-Nb_5Si_3 相的 Nb/(Ti+Zr) 原子比分别约为 0.72 和 0.62，这说明 Nb/(Ti+Zr) 原子比值越低，合金中的 γ-Nb_5Si_3 相越稳定。Zhang[23] 在研究 Hf 合金化对电弧熔炼 Nb-Si 基多元合金的微观组织的热稳定性影响时，也发现 Nb/(Ti+Hf) 原子比值越低，γ-Nb_5Si_3 相越稳定。

图 3-27 所示为 Zr 和 Mo 复合合金化 Nb-23Ti-14Si 基合金热处理态组织的 EBSD 分析结果。对比沉积态合金中 Nbss 和 γ-Nb_5Si_3 相的极图可以发现，热处理后，Nbss 相与 γ-Nb_5Si_3 相之间的晶体学取向关系消失了，这可能与热处理态的组织均匀性提高相关。此外，热处理后，3Zr-4Mo 合金中，Nbss 和 α-Nb_5Si_3 相之间存在一定的晶体学取向关系：$\{100\}_{Nbss}//\{100\}_{\alpha}$ 和 $\{111\}_{Nbss}//\{111\}_{\alpha}$，如图 3-27（c）所示，这也佐证了部分 Nbss 和 α-Nb_5Si_3 相是由 Nb_3Si 相共析分解转变而来。Miura 等人[36] 在 Nb-25Si-1.5Zr 中也发现共析 Nbss 和 α-Nb_5Si_3 相之间存在一定的取向关系：$(110)_{Nbss}//(110)_{\alpha}$。同时，在 3Zr-4Mo 合金中，γ-$Nb_5Si_3$ 和 α-Nb_5Si_3 相之间的晶体学取向关系为：$\{10\bar{1}0\}_{\gamma}//\{111\}_{\alpha}$，而在热处理态 3Zr-9Mo 合金中，γ-$Nb_5Si_3$ 和 α-Nb_5Si_3 相之间的晶体学取向关系为：$\{11\bar{2}0\}_{\gamma}//\{110\}_{\alpha}$ 和 $\{10\bar{1}0\}_{\gamma}//\{111\}_{\alpha}$，这说明，热处理过程中部分 γ-$Nb_5Si_3$ 相转变成了 α-Nb_5Si_3 相。

图 3-28 所示为 Zr 和 Mo 复合合金化 Nb-23Ti-14Si 基合金热处理前后的各组成相体积分数的统计。在沉积态合金中，3Zr-4Mo 合金中 Nbss、Nb_3Si 和 γ-Nb_5Si_3 相的体积分数分别约为 50.5%、19.2%和 30.3%，对比 3Zr 合金和 2Mo 合金中各相的体积分数，表明 4%Mo+3%Zr 复合合金化（原子数分数）能够显著降低 Nb_3Si 相的体积分数，但是促进 γ-Nb_5Si_3 相的形成。热处理后，3Zr-4Mo 合金中 Nbss、Nb_3Si 和 γ-Nb_5Si_3 相的体积分数分别约为 61.3%、0 和 27.8%，且 α-Nb_5Si_3 相的体积分数约为 10.9%。3Zr-9Mo 合金沉积态组织中 Nbss 和 γ-Nb_5Si_3 相体积分数分别为 61.9%和 38.1%。热处理后，3Zr-9Mo 合金中 Nbss、γ-Nb_5Si_3 和 α-Nb_5Si_3 相体积分数分别为 62.5%、29.1%和 8.4%。对比发现，热处理前后 6Zr-4Mo 合金和 6Zr-9Mo 合金中的组成相的体积分数变化不显著（在误差范围内），说明其组织的稳定性较好。Zr 和 Mo 复合合金化后，对比 3Zr-4Mo 合金中各组成相的体积分数可知，高含量的 Zr 或者 Mo 都能够抑制 Nb_3Si 相的形成，促

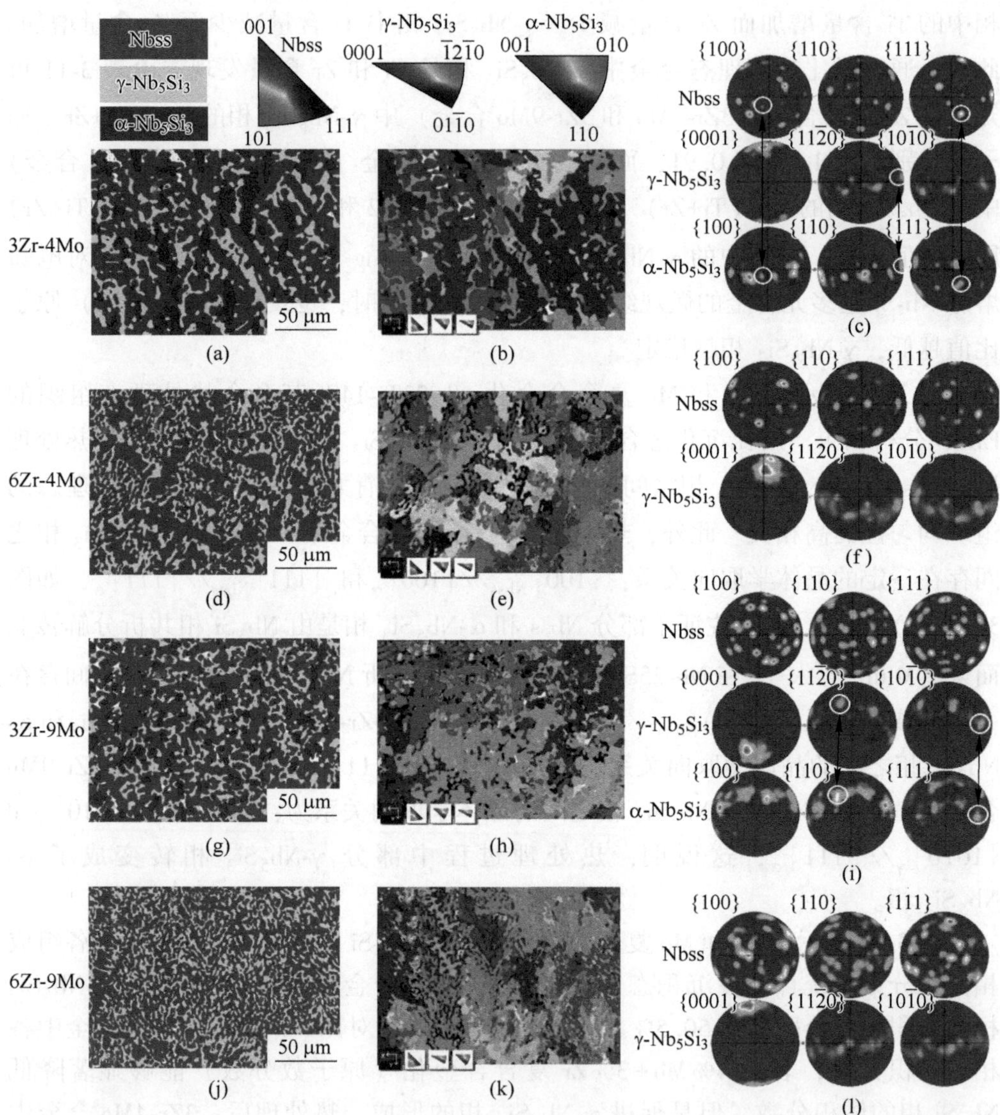

图 3-27 Zr 和 Mo 复合合金化 Nb-23Ti-14Si 基合金热处理态组织的 EBSD 表征[120]
(a)(d)(g)(j) 相分布图；(b)(e)(h)(k) Y0 方向取向成像图；
(c)(f)(i)(l) Nbss、α-Nb_5Si_3 和 γ-Nb_5Si_3 相的极图

进 Nbss 和 γ-Nb_5Si_3 相体积分数的增加。此外，Zr 和 Mo 复合合金化 Nb-23Ti-14Si 基合金沉积态组织的演化行为与 Zr 单独合金化时相似，这也说明，Zr 和 Mo 复合合金化时，组织的演化行为主要以 Zr 合金化为主导。

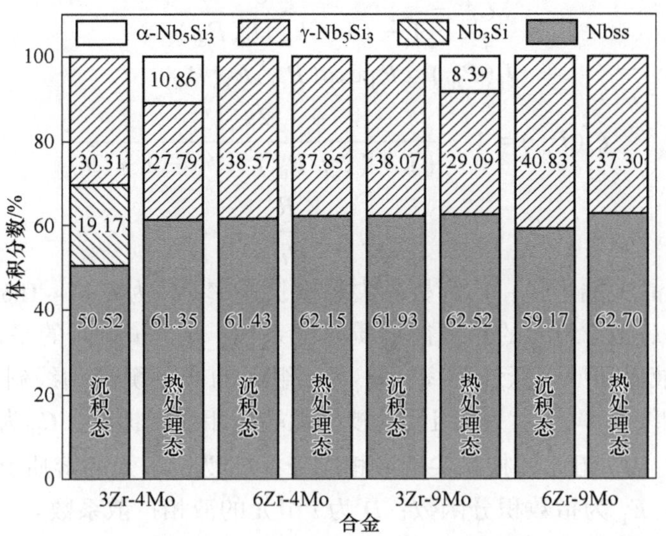

图 3-28　Zr 和 Mo 复合合金化激光立体成形 Nb-23Ti-14Si 基合金热处理前后的相体积分数的统计[120]

3.5　熔池凝固行为分析

3.5.1　Nbss 相枝晶生长

在 LSF 制备过程，熔池凝固的冷却速率较大，并且，熔池温度梯度具有明显的方向性，使 Nbss 相呈现典型的柱状枝晶生长。为此，本节进一步采用林等人[124]所发展出多元合金凝固枝晶生长模型对熔池凝固过程中 Nbss 相的枝晶尖端半径 R 进行估算，主要公式如下：

$$\sum_{i=1}^{m} m_{vi} G_{Ci} \xi_{Ci}(P_{di}) - G = \frac{4\pi^2 \Gamma}{R^2} \tag{3-1}$$

其中

$$m_{vi} = m_i F(k_{vi}) \tag{3-2}$$

$$F(k_{vi}) = 1 + \frac{k_i - k_{vi}[1 - \ln(k_{vi}/k_i)]}{1 - k_i} \tag{3-3}$$

$$k_{vi} = \frac{k_i + (a_0 V_d / D_i)}{1 + (a_0 V_d / D_i)} \tag{3-4}$$

$$G_{Ci} = -\frac{(1 - k_{vi}) V_d C_i^*}{D_i} \tag{3-5}$$

$$C_i^* = \frac{C_{0i}}{1 - (1 - k_{vi}) I_v(P_{di})} \tag{3-6}$$

$$I_v(P_{di}) = P_{di} \exp(P_{di}) E_1(P_{di}) \tag{3-7}$$

$$\xi_c(P_{di}) = 1 - \frac{2k_{vi}}{[1 + (2\pi/P_{di})^2]^{1/2} - 1 + 2k_{vi}} \tag{3-8}$$

$$P_{di} = \frac{V_d R}{2D_i} \tag{3-9}$$

式中，R 为枝晶尖端半径；V_d为枝晶尖端生长速率；Γ 为 Gibbs-Thomson 常数；G 为温度梯度；k_{vi}为 i 组元的非平衡溶质分配系数；k_i为 i 组元的平衡溶质分配系数；a_0为固/液界面原子跃迁距离；m_{vi}为 i 组元的非平衡液相线斜率；m_i为 i 组元的平衡液相线斜率；G_{Ci}为 i 组元的枝晶尖端液相浓度梯度；C_{0i}为 i 组元的初始液相浓度；C_i^* 为 i 组元的枝晶尖端液相成分；P_{di}为 i 组元的溶质 Peclet 数；I_v为 Ivantsov 函数；E_1 为指数积分函数；D_i为 i 组元的液相扩散系数。

通过 Thermo-Calc 软件计算，可以得到各合金的液相线温度 T_L、各组元的平衡分配系数 k_i和液相线斜率 m_i等相图参数（见表 3-12）。此外，合金的热物性参数见表 3-13。

表 3-12 Nb-23Ti-14Si 基合金的相图参数

合金	T_L/K	k_{Ti}	k_{Si}	k_{Zr}	k_{Cr}	k_{Mo}	m_{Ti}	m_{Si}	m_{Zr}	m_{Cr}	m_{Mo}
Nb-23Ti-14Si	2182	0. 58	0. 17	—	—	—	-6. 52	-38. 69	—	—	—
3Zr	2157	0. 57	0. 16	0. 26	—	—	-6. 68	-40. 64	-14. 48	—	—
7Zr	2062	0. 53	0. 14	0. 27	—	—	-7. 45	-44. 97	-15. 46	—	—
5Cr	2077	0. 59	0. 21	—	0. 57	—	-6. 94	-42. 57	—	-23. 74	—
10Cr	1885	0. 57	0. 28	—	0. 66	—	-7. 64	-49. 11	—	-25. 53	—
2Mo	2179	0. 53	0. 17	—	—	2. 93	5. 97	-35. 98	—	—	18. 69
6Mo	2257	0. 54	0. 15	—	—	2. 20	-5. 83	-32. 09	—	—	9. 64
3Zr-5Cr	2004	0. 56	0. 20	0. 25	0. 61	—	-7. 19	-46. 43	-16. 26	-25. 07	—
3Zr-10Cr	1841	0. 55	0. 27	0. 23	0. 67	—	-7. 88	-51. 41	-18. 11	-25. 94	—
6Zr-5Cr	1910	0. 53	0. 19	0. 25	0. 67	—	-7. 98	-50. 17	-17. 12	-26. 39	—
6Zr-12Cr	1718	0. 54	0. 27	0. 24	0. 73	—	-9. 10	-55. 34	-18. 98	-27. 19	—
3Zr-4Mo	2213	0. 53	0. 15	0. 27	—	2. 61	-5. 90	-34. 64	-11. 90	—	13. 90
3Zr-9Mo	2271	0. 53	0. 13	0. 30	—	2. 07	-5. 82	-32. 15	-10. 74	—	7. 42
6Zr-4Mo	2164	0. 51	0. 13	0. 27	—	3. 06	-6. 23	-36. 47	-12. 28	—	17. 92
6Zr-9Mo	2194	0. 49	0. 11	0. 31	—	2. 38	-6. 07	-34. 60	-11. 09	—	8. 20

表 3-13 Nb-23Ti-14Si 基合金的热物性参数

固液界面原子跃迁距离 a_0/m	Gibbs-Thompson 系数 Γ /K · m	声速 V_0 /m · s^{-1}	温度梯度 G/K · m^{-1}	扩散系数 D(2073 K)/$m^2 \cdot s^{-1}$				
				D_{Ti}	D_{Si}	D_{Zr}	D_{Cr}	D_{Mo}
3.00×10^{-10}	1.9×10^{-7} [127]	3480	1×10^6	1.2×10^{-9}	1.32×10^{-9}	6.55×10^{-10}	6.84×10^{-10}	5.64×10^{-10}

根据林等人[124]的模型计算，可以得到 Nbss 相的枝晶尖端半径 R 与枝晶尖端生长速率 V_d之间的关系。而根据 Kurz 等人[125-126]的枝晶模型，Nbss 相的枝晶尖端半径 R 与一次枝晶臂间距 λ_1 之间存在关系为：

$$\lambda_1 = (3\Delta T_d R/G)^{\frac{1}{2}} \tag{3-10}$$

式中，ΔT_d 为尖端温度与枝晶间残余液相的熔点之差。

根据式（3-10），可获得 Nbss 相的一次枝晶臂间距 λ_1 与枝晶尖端生长速率 V_d之间的关系，如图 3-29 所示。按照枝晶尖端生长速率 V_d 达到激光扫描速率 12 mm/s 作为参照，采用林等人的模型计算 Nb-23Ti-14Si 基合金中 Nbss 相一次枝晶臂间距 λ_1，如图 3-29 所示，计算结果如图 3-30 所示。可以看到，Nb-23Ti-14Si 合金中 Nbss 相一次枝晶臂间距 λ_1 为 16.2 μm；Zr 单独合金化后，Nbss 相一次枝晶臂间距 λ_1 随着 Zr 含量（原子数分数）增至 3%时略增大到 16.5 μm，而后当 Zr 含量（原子数分数）进一步增加到 7%，λ_1 又减小到 14.6 μm；而对于 Cr 单独合金化，合金中 Nbss 相一次枝晶臂间距 λ_1 随着 Cr 含量增加不断减小。当 Cr 含量（原子数分数）增至 10%时，λ_1 减少到 6.8 μm。至于 Mo 单独合金化，合金 Nbss 相一次枝晶臂间距 λ_1 随着 Mo 含量（原子数分数）增至 2%时先略减小到 15.7 μm，随后当 Mo 含量（原子数分数）继续增至 6%时，λ_1 又再增大到 17.5 μm。

需要指出的是，一次枝晶间距 λ_1 的实验测量值总体要比林等人的模型预测要大，如图 3-30 所示。如实验测量的 Nb-23Ti-14Si 合金中 Nbss 相一次枝晶间距 λ_1 为 22.8 μm，比模型预测值大 39.3%。其一方面的原因可能是由于相关相图参数和热物性参数存在一定偏差；另一方面，由于激光立体成形 Nb-23Ti-14Si 基合金的柱状晶生长方向较为紊乱，本章采用了垂直于扫描速率方向的横截面微观组织中呈平行生长的柱状枝晶一次臂的间距来估算的 Nbss 相的一次枝晶间距，考虑到截面效应，这种测量所得到的一次枝晶间距 λ_1 一般比真实的一次枝晶间距要大。但可以看到，模型预测的一次枝晶间距 λ_1 随 Zr、Cr 和 Mo 含量的变化趋势与实验测量结果基本保持一致，如图 3-30（a）所示。相比 Nb-23Ti-14Si 合金，随着 Zr 含量增加，实验测量的 Nbss 相一次枝晶臂间距 λ_1 随着 Zr 含量（原

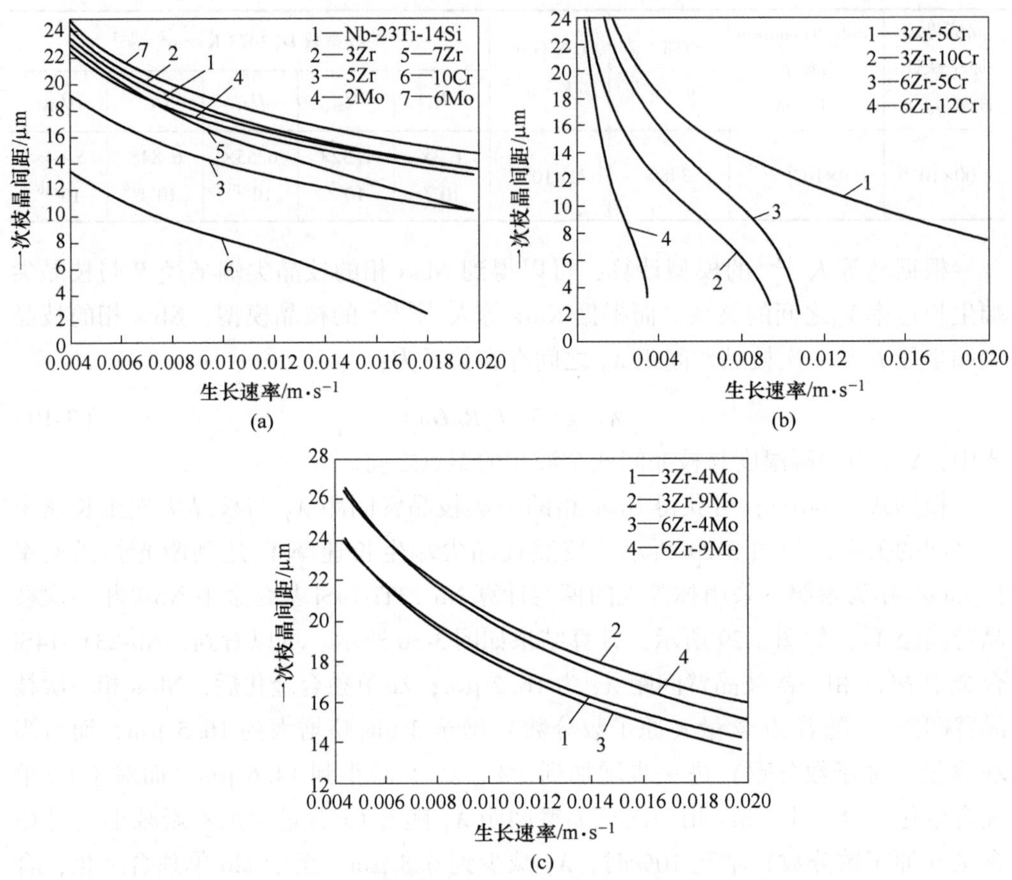

图 3-29　Nbss 相的一次枝晶臂间距 λ_1 与枝晶尖端生长速率 V_d 之间的关系

（a）Zr、Cr 和 Mo 单独合金化的 Nb-23Ti-14Si 基合金试样；
（b）Zr 和 Cr 复合合金化 Nb-23Ti-14Si 基合金试样；
（c）Zr 和 Mo 复合合金化 Nb-23Ti-14Si 基合金试样

子数分数）增至 3%先略微增大到 25.6 μm，而后随着 Zr 含量（原子数分数）进一步增至 7%，一次枝晶臂间距 λ_1 又减小到 18.9 μm；而随着 Cr 含量（原子数分数）增至 10%，实验测量的 λ_1 仅减小到 16.2 μm；而 λ_1 会随着 Mo 含量的增加同样呈现先减小后增大的趋势，当 Mo 含量（原子数分数）增加到 2%时，λ_1 减小到 15.6 μm，而当 Mo 含量（原子数分数）增加到 6%时，λ_1 又增大到 21.2 μm。

在 Zr 和 Cr 复合合金化 Nb-23Ti-14Si 基合金试样中，模型计算的 3Zr-5Cr 合金中 Nbss 相一次枝晶臂间距 λ_1 为 11.2 μm，随着 Zr 和 Cr 含量的增加，模型计算显示在当前的激光扫描速率下，熔池凝固有可能接近 Nbss 相非平衡凝固绝对稳定性的极限，导致 Nbss 枝晶消失，如图 3-29（b）所示。此时，一次枝晶间距的实验测量值与模型预测值相差较大，如图 3-30（b）所示。实验测量的 3Zr-5Cr、3Zr-10Cr 和 6Zr-5Cr 合金沉积态试样的 Nbss 相一次枝晶间距 λ_1 分别为 28. 2 μm、27. 3 μm 和 30. 5 μm，而 6Zr-12Cr 合金沉积态组织为过共晶合金，未发现 Nbss 枝晶。可以判断，对于 Zr 和 Cr 复合合金化的 Nb-23Ti-14Si 基合金试样中实验测量值与模型预测之间的较大偏差，很可能是由于此时合金成分范围处于亚共晶合金向过共晶合金转变区间，初生枝晶相发生了转变所致。

在 Zr 和 Mo 复合合金化的 Nb-23Ti-14Si 基合金试样中，模型计算的 3Zr-4Mo 合金中 Nbss 相一次枝晶臂间距 λ_1 为 17. 2 μm，随着 Zr 和 Mo 含量的增加，3Zr-9Mo、6Zr-4Mo 和 6Zr-9Mo 合金中 Nbss 相一次枝晶臂间距 λ_1 分别为 19. 2 μm、16. 9 μm 和 18. 7 μm，如图 3-29（c）所示。而实验测量的 3Zr-4Mo、3Zr-9Mo、6Zr-4Mo 和 6Zr-9Mo 合金沉积态组织中 λ_1 分别为 15. 6 μm、22. 6 μm、24. 8 μm 和 20. 5 μm，总体要比模型预测要大，但是两者随成的变化趋势基本保持一致，如图 3-30（b）所示。

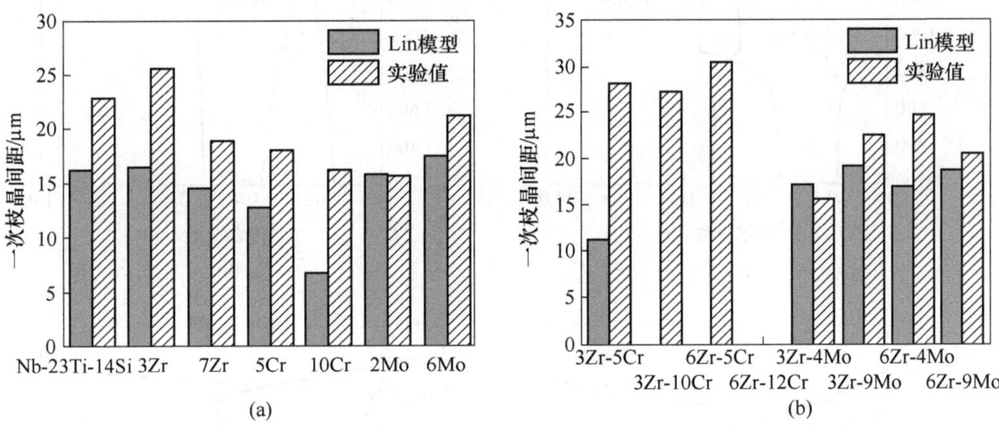

图 3-30 模型计算的激光立体成形 Nb-23Ti-14Si 基合金的一次枝晶臂间距的理论值与实际值的对比图

（a）Zr、Cr 和 Mo 单独合金化的合金试样；（b）Zr、Cr 和 Mo 复合合金化合金试样

3.5.2 相分数

图 3-31 所示为 Zr、Cr 和 Mo 单独合金化 Nb-23Ti-14Si 基合金的平衡相图。Nb-23Ti-14Si 合金在室温下的平衡组成相（摩尔分数）主要由 Nbss（52%）、Nb_3Si（30%）和 γ-Nb_5Si_3（18%）组成，如图 3-31（a）所示。采用（原子数分数）为 3% Zr 合金化时，Nb_3Si 相的摩尔分数有所升高，达 35%，Nbss 的相摩尔

分数有所降低，达 50%，而 γ-Nb_5Si_3 相消失，但 α-Nb_5Si_3 相开始形成，其相摩尔分数达 15%，如图 3-31（b）所示。但当 Zr 含量（原子数分数）继续增大到 7%时，Nb_3Si 相消失，Nbss 相和 α-Nb_5Si_3 相的摩尔分数增加，分别达 60% 和 40%，如图 3-31（c）所示。对比前文实验结果可见，熔池快速凝固对最终组成相影响极大，一方面，激光立体成形 Nb-23Ti-14Si 合金中，γ-Nb_5Si_3 相的形成被抑制；另一方面，Zr 合金化后，α-Nb_5Si_3 相的形成被抑制，反而出现了 γ-Nb_5Si_3 相，同时随着 Zr 含量的增大，合金中 Nbss 相的体积分数也呈现增加趋势，如图 3-32（b）所示。这意味着，在 Nb-23Ti-14Si 基合金的激光立体成形过程中，熔池的快速凝固过程会抑制平衡硅化物相的析出，促进亚稳硅化物的析出，这在一定程度上可能促进了 Nbss 相体积分数的增大。

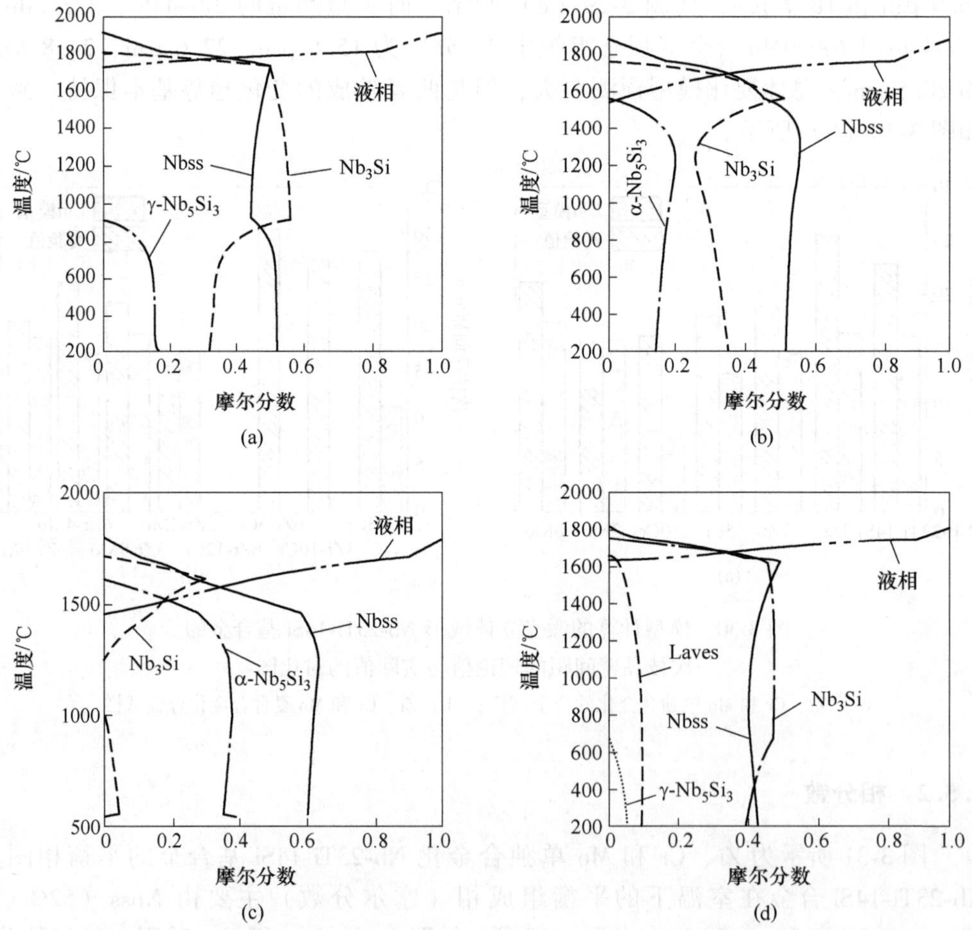

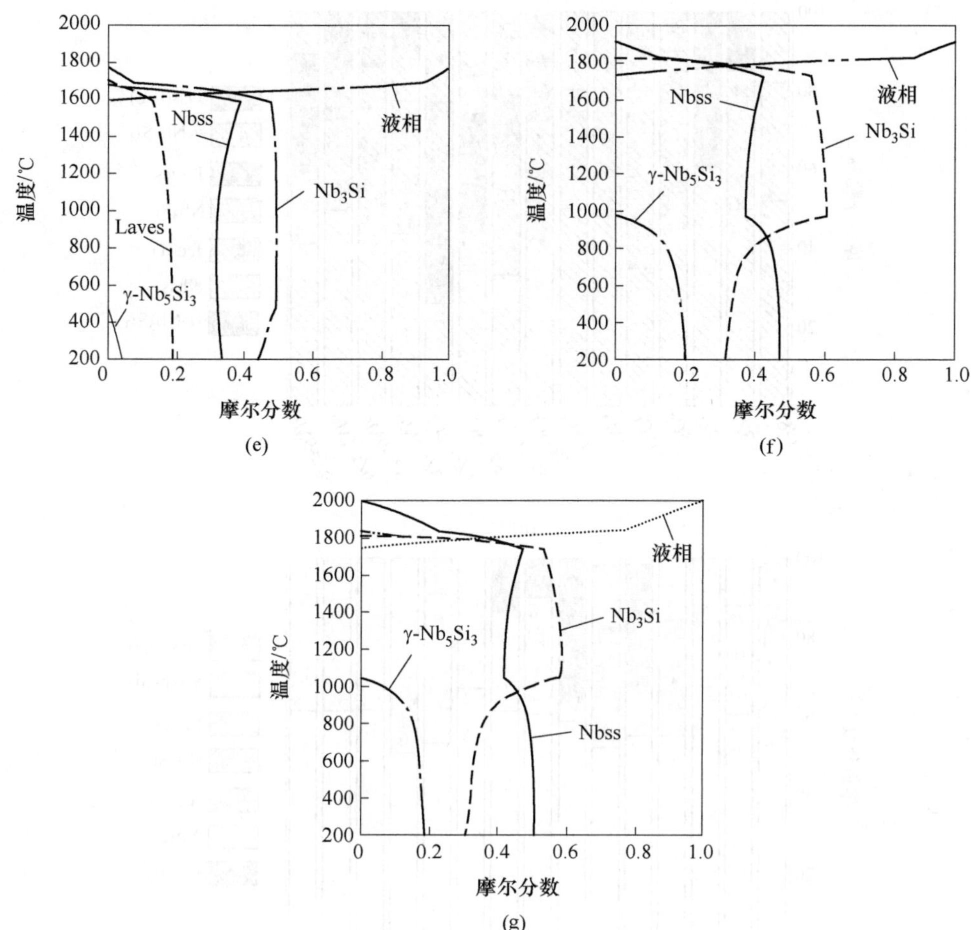

图 3-31 Zr、Cr 和 Mo 单独合金化 Nb-23Ti-14Si 基合金的平衡相图

(a) Nb-23Ti-14Si; (b) 3Zr; (c) 7Zr; (d) 5Cr; (e) 10Cr; (f) 2Mo; (g) 6Mo

对于 Cr 单独合金化，当 Cr 含量（原子数分数）增加到 5%时，Nb-23Ti-14Si 基合金室温下的平衡组成相（摩尔分数）主要由 Nbss（45%）、Nb_3Si（40%）、γ-Nb_5Si_3（5%）和 Laves（10%）组成，如图 3-31（d）所示。随着 Cr 含量（原子数分数）增加到 10%，Nbss 相的摩尔分数下降到 35%，而 Nb_3Si 和 Laves 相的摩尔分数分别增加到 45%和 17%，如图 3-31（f）所示。对比前文实验结果可见，在熔池快速凝固条件下，采用 5%Cr 合金化（原子数分数）时，并无 Laves 相的形成，仅当 Cr 含量（原子数分数）增加到 10%时，才形成少量的 Laves 相，此时，Nb_3Si 相的形成被抑制，同时形成了 α-Nb_5Si_3 相。此外，当 Cr 含量（原子数分数）由 5%增加到 10%时，合金中 Nbss 相的体积分数略有降低，如图 3-32（a）所示。

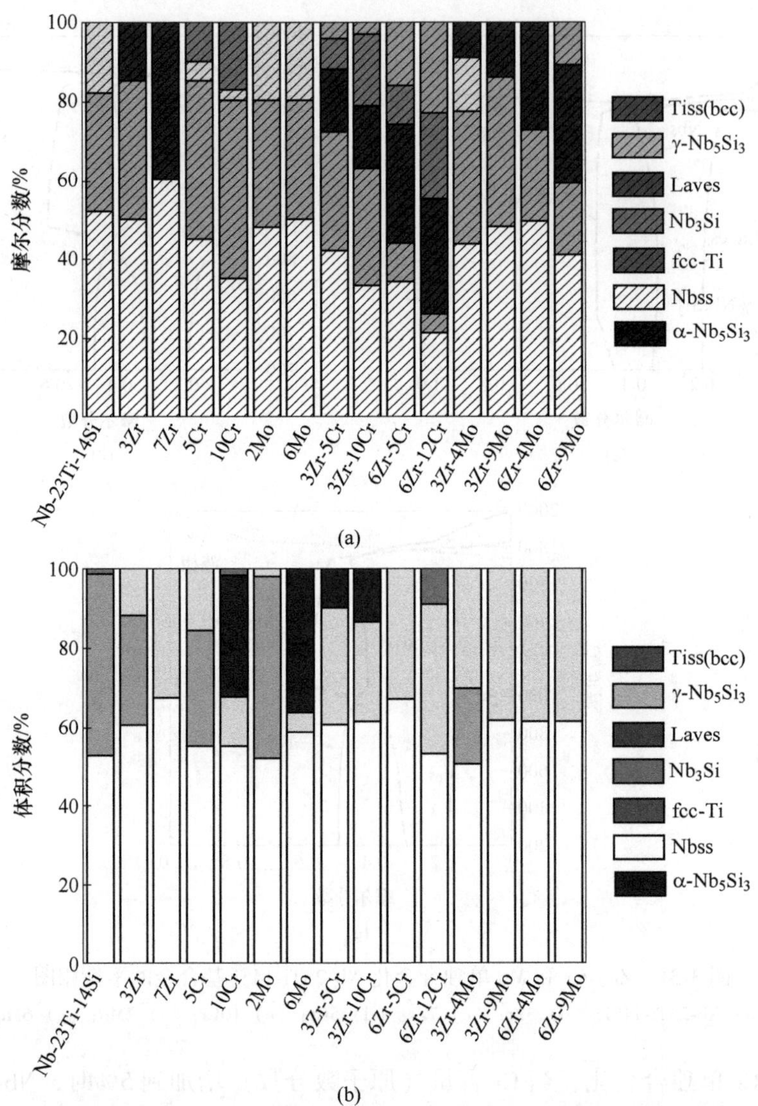

图 3-32　Zr、Cr 和 Mo 合金化 Nb-23Ti-14Si 基合金的组成相分数

（a）平衡相图计算的摩尔分数；（b）实际测量的体积分数

至于 Mo 单独合金化，采用原子数分数为 2% Mo 合金化时，Nb-23Ti-14Si 基合金在室温下的平衡组成相（摩尔分数）主要由 Nbss（48%）、Nb_3Si（32%）和 γ-Nb_5Si_3（20%）组成，如图 3-31（f）所示。随着 Mo 含量（原子数分数）增加到 6%，Nbss 相（摩尔分数）分数略有增加，达 50%，如图 3-31（g）所示。对比前文实验结果可见，在熔池快速凝固条件下，原子数分数为 2% Mo 合金化的组成相与平衡条件下的相同；随着 Mo 含量（原子数分数）继续增加到 6%，

Nb_3Si 相的形成被抑制，反而形成了 α-Nb_5Si_3 相。此外，随着 Mo 含量增加 Nbss 和 γ-Nb_5Si_3 相的体积分数明显增加，如图 3-32（b）所示。

图 3-33 所示为 Zr、Cr 和 Mo 复合合金化 Nb-23Ti-14Si 基合金的平衡相图。Zr 和 Cr 复合合金化时，3Zr-5Cr 合金在室温下的平衡组成相（摩尔分数）主要由 Nbss（42%）、Nb_3Si（30%）、α-Nb_5Si_3（16%）、Laves（8%）和 Tiss（4%）组成，如图 3-33（a）所示。相比 3Zr-5Cr 合金，随着 Cr 含量（原子数分数）增大到 10%，3Zr-10Cr 合金中 Nbss 相的摩尔分数减小到 33%，而 Laves 相的摩尔分数增加到 18%，如图 3-33（b）所示。同理相比 3Zr-5Cr 合金，当 Zr 含量（原子数分数）增加到 6%时，6Zr-5Cr 合金中 Nbss 和 Nb_3Si 相的摩尔分数分别下降到 34%和 10%，而 Laves、α-Nb_5Si_3 和 Tiss 相的摩尔分数分别升高到 10%、30%和 16%，如图 3-33（c）所示。当 Zr 含量（原子数分数）为 6%且 Cr 含量（原子数分数）达 12%时，Nbss 和 Nb_3Si 相的摩尔分数分别仅为 21%和 5%，而 Tiss 和 Laves 相的摩尔分数分别为 23%和 22%，如图 3-33（d）所示。对比前文实验结果可见，在熔池快速凝固条件下，Zr 和 Cr 复合合金化时，合金中 Nb_3Si 和 Tiss 相的形成被抑制，转而形成了 γ-Nb_5Si_3 相。当 Zr 含量（原子数分数）为 3%～

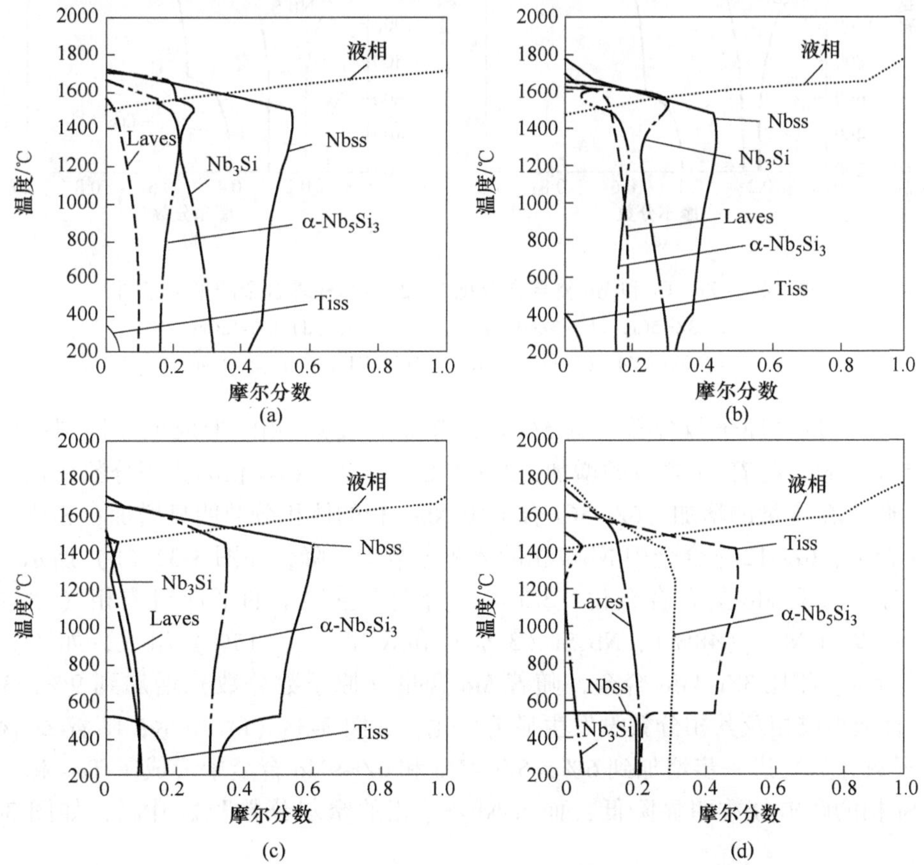

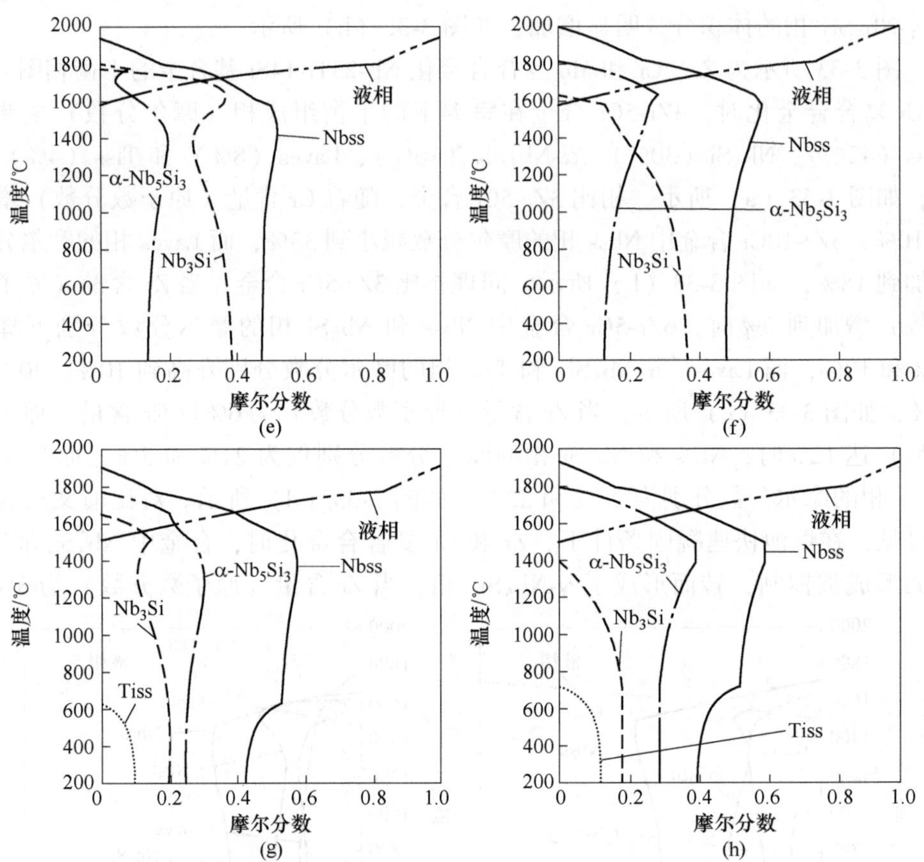

图 3-33　Zr、Cr 和 Mo 复合合金化 Nb-23Ti-14Si 基合金的平衡相图

（a）3Zr-5Cr；（b）3Zr-10Cr；（c）6Zr-5Cr；（d）6Zr-12Cr；

（e）3Zr-4Mo；（f）3Zr-9Mo；（g）6Zr-4Mo；（h）6Zr-9Mo

6%且 Cr 含量（原子数分数）为 5%时，合金中 Laves 相的形成也被抑制；相比 3Zr-5Cr 合金，随着 Cr 含量的增加，3Zr-10Cr 合金中 Nbss 相的体积分数变化不明显；随着 Zr 含量的增加，6Zr-5Cr 合金中 Nbss 相的体积分数明显增加；相比 3Zr-10Cr 合金，6Zr-12Cr 合金中 Nbss 相的体积分数也下降，如图 3-32（b）所示。

对于 Zr 和 Mo 复合合金化，3Zr-4Mo 合金在室温下的平衡组成相（摩尔分数）主要由 Nbss（48%）、Nb_3Si（37%）和 α-Nb_5Si_3（15%）组成，如图 3-33（e）所示。相比 3Zr-4Mo 合金，随着 Mo 含量（原子数分数）增加到 9%，3Zr-9Mo 合金组成相及其相分数没发生显著变化，如图 3-33（f）所示；随着 Zr 含量（原子数分数）进一步增加到 6%，6Zr-4Mo 和 6Zr-9Mo 合金中形成了 Tiss 相，但 Nb_3Si 相的摩尔分数明显降低，而 α-Nb_5Si_3 相的摩尔分数明显升高，如图 3-32

(a) 所示。对比前文实验结果可见，在熔池快速凝固条件下，Zr 和 Mo 复合合金化 Nb-23Ti-14Si 基合金中 α-Nb_5Si_3 相和 Tiss 相的形成被抑制，转而形成了较多的 γ-Nb_5Si_3 相。相比 3Zr-4Mo 合金，随着 Zr 或者 Mo 含量的增加，3Zr-9Mo、6Zr-4Mo 和 6Zr-9Mo 合金中 Nb_3Si 相消失，Nbss 相的体积分数增加，如图 3-32 (b) 所示。

3.5.3　凝固路径

图 3-34 所示为根据平衡凝固模型和 Scheil-Gulliver 凝固模型计算的 Zr、Cr 和 Mo 单独合金化 Nb-23Ti-14Si 基合金的凝固路径。

在 Scheil 凝固条件下，Nb-23Ti-14Si 合金的初生相为 Nbss，随着温度的降低，液相成分到达共晶温度发生共晶反应：L →Nbss+Nb_3Si 和 L →Nbss+γ-Nb_5Si_3，如图 3-34 (a) 所示。原子数分数为 3%Zr 合金化时，共晶反应 L →Nbss+γ-Nb_5Si_3 被抑制，出现了共晶反应 L →Nbss+α-Nb_5Si_3 和 L →Nbss+γ-Nb_5Si_3+α-Nb_5Si_3，如图 3-34 (b) 所示。随着 Zr 含量 (原子数分数) 增加到 7%，Nb-23Ti-14Si 基合

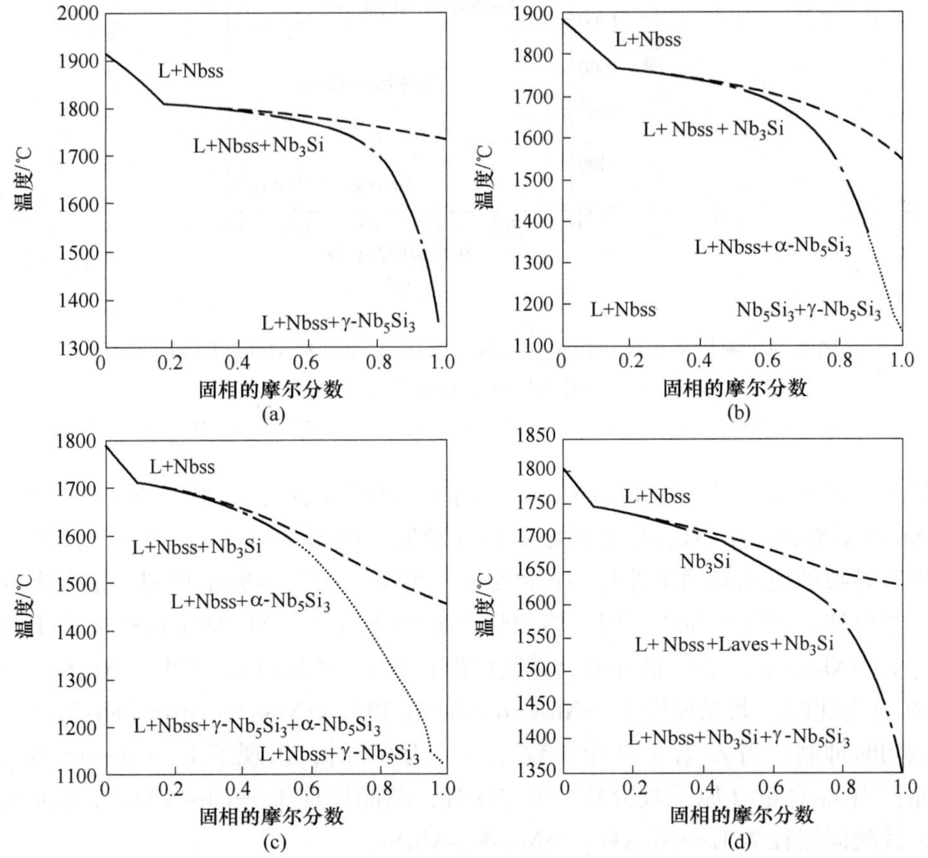

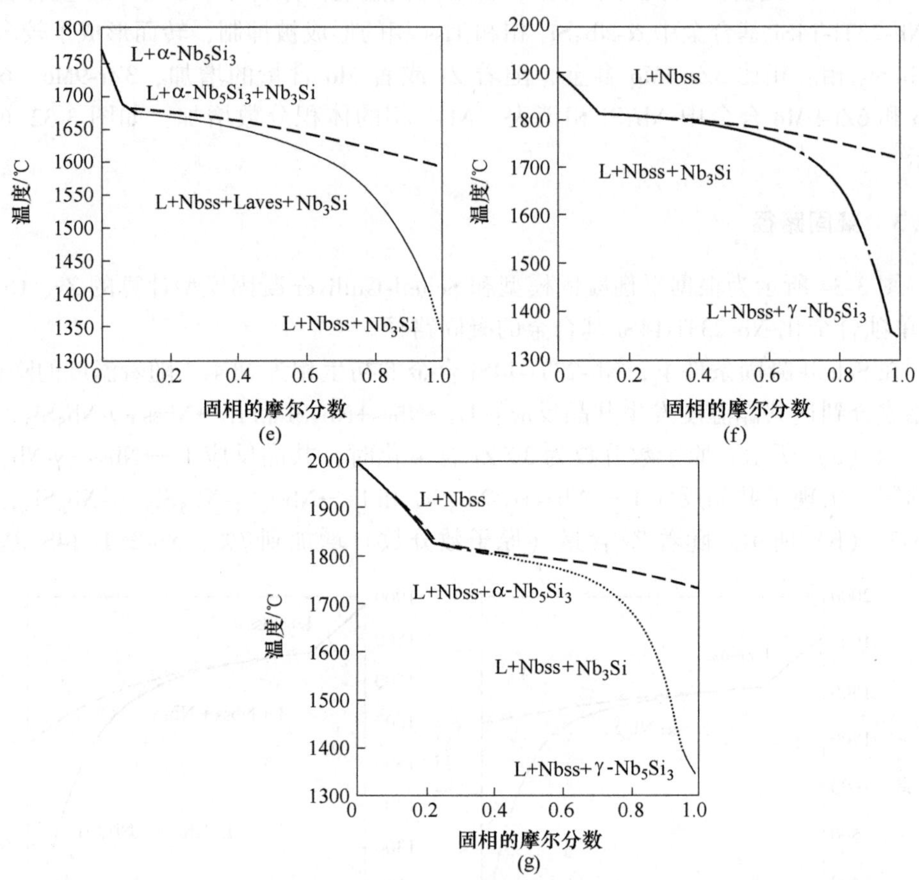

图 3-34　根据平衡凝固模型和 Scheil-Gulliver 凝固模型计算的 Zr、Cr 和 Mo 单独合金化 Nb-23Ti-14Si 基合金的凝固路径

(a) Nb-23Ti-14Si；(b) 3Zr；(c) 7Zr；(d) 5Cr；(e) 10Cr；(f) 2Mo；(g) 6Mo

金的初生相 Nbss 及共晶 Nbss+Nb_3Si 相的摩尔分数减小，而共晶 Nbss+α-Nb_5Si_3 和 Nbss+γ-Nb_5Si_3+α-Nb_5Si_3 相的摩尔分数增加，如图 3-34（c）所示。激光立体成形所导致的快速凝固条件与 Scheil 凝固模型中的条件不完全相同。结合微观组织观察可知，相比 Scheil 凝固，熔池快速凝固条件下，Nb-23Ti-14Si 合金中共晶反应 L→Nbss+γ-Nb_5Si_3 被抑制，其凝固路径为 L→Nbss+L_1→Nbss+Nb_3Si。当采用 Zr 合金化时，共晶反应 L→Nbss+α-Nb_5Si_3 和 L→Nbss+γ-Nb_5Si_3+α-Nb_5Si_3 可能被同时抑制。当 Zr 含量（原子数分数）为 3%时，出现了 L→Nbss+γ-Nb_5Si_3 共晶；当 Zr 含量（原子数分数）达 7%时，共晶反应 L→Nbss+Nb_3Si 被完全抑制，其凝固路径为 L→Nbss+L_1→Nbss+γ-Nb_5Si_3。

对于 Cr 单独合金化，在 Scheil 凝固条件下，原子数分数为 5%Cr 合金化时，合金的初生相仍为 Nbss，然后依次发生共晶反应：L →Nbss+Nb_3Si、L →Nbss+Nb_3Si+Laves 和 L →Nbss+Nb_3Si+γ-Nb_5Si_3，如图 3-34（d）所示。但是，随着 Cr 含量（原子数分数）增加到 10%，合金的初生相转变为 α-Nb_5Si_3，如图 3-34（e）所示。结合微观组织观察可知，相比 Scheil 凝固条件，熔池快速凝固可能导致初生 Nbss 相固溶了较多的 Cr 元素，从而导致原子数分数为 5% Cr 合金化时，共晶反应 L →Nbss+Nb_3Si+Laves 转变为共晶反应 L →Nbss+Nb_3Si；当 Cr 含量（原子数分数）达 10%时，初生相仍为 Nbss，共晶反应 L →Nbss+Nb_3Si+Laves 转变为 L →Nbss+Laves，且共晶反应 L →Nbss+Nb_3Si+γ-Nb_5Si_3 转变为 L →Nbss+α-Nb_5Si_3，其凝固路径为 L →Nbss+L_1 →Nbss+α-Nb_5Si_3+L_2 →Nbss+Cr_2Nb+L_3 →Nbss+γ-Nb_5Si_3。

至于 Mo 单独合金化，在 Scheil 凝固条件下，Nb-23Ti-14Si 基合金的初生相都为 Nbss。采用原子数分数为 2%Mo 合金化时，其凝固路径为 L →Nbss+L_1 →Nbss+Nb_3Si+L_2 →Nbss+γ-Nb_5Si_3，如图 3-34（f）所示。当 Mo 含量（原子数分数）增加到 6%时，初生相 Nbss 相的摩尔分数增加了，且出现了共晶反应 L →Nbss+α-Nb_5Si_3，但是 Nbss+Nb_3Si 共晶相的摩尔分数减小，如图 3-34（g）所示。相比 Scheil 凝固，在熔池快速凝固条件下，原子数分数为 2%Mo 合金化时，合金的凝固路径与 Scheil 凝固相同；但是，随着 Mo 含量（原子数分数）增加到 6%时，共晶反应 L →Nbss+Nb_3Si 被抑制，6Mo 合金凝固路径为 L →Nbss+L_1 →Nbss+α-Nb_5Si_3+L_2 →Nbss+γ-Nb_5Si_3。

图 3-35 所示为根据平衡凝固模型和 Scheil-Gulliver 凝固模型计算的 Zr、Cr 和 Mo 复合合金化 Nb-23Ti-14Si 基合金的凝固路径。

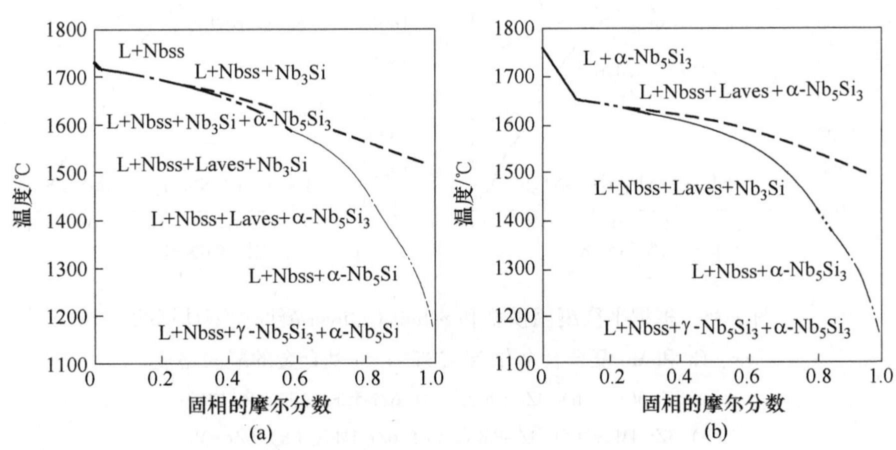

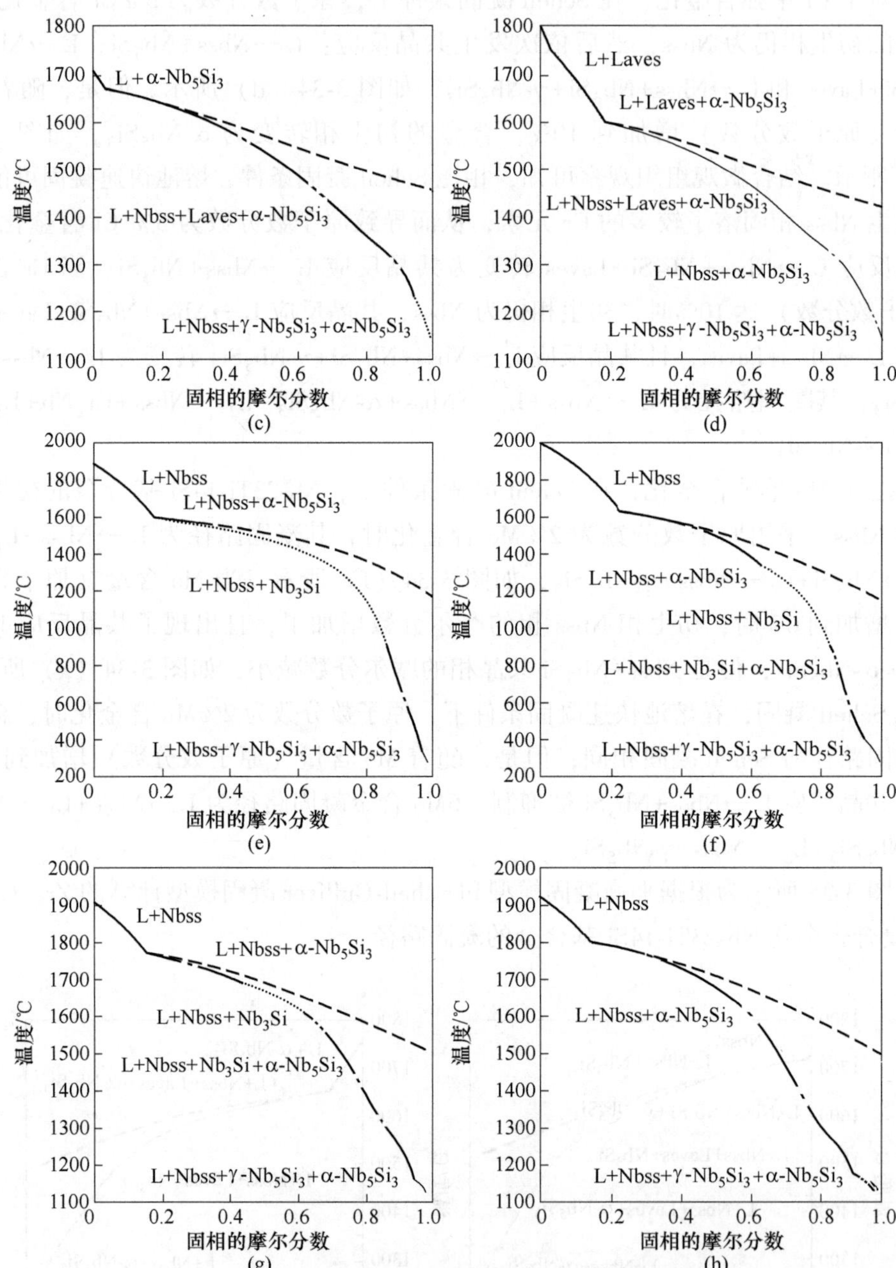

图 3-35　根据平衡凝固模型和 Scheil-Gulliver 凝固模型计算的 Zr、Cr 和 Mo 复合合金化 Nb-23Ti-14Si 基合金的凝固路径

(a) 3Zr-5Cr；(b) 3Zr-10Cr；(c) 6Zr-5Cr；(d) 6Zr-12Cr；
(e) 3Zr-4Mo；(f) 3Zr-9Mo；(g) 6Zr-4Mo；(h) 6Zr-9Mo

Zr和Cr复合合金化时，在Scheil凝固条件下，3Zr-5Cr合金的初生相为Nbss，依次发生共晶反应有：L→Nbss+Nb_3Si、L→Nbss+Nb_3Si+α-Nb_5Si_3、L→Nbss+Nb_3Si+Laves，L→Nbss+α-Nb_5Si_3+Laves、L→Nbss+α-Nb_5Si_3和L→Nbss+γ-Nb_5Si_3+α-Nb_5Si_3，如图3-35（a）所示。随着Cr含量（原子数分数）增加到10%，初生相由Nbss转变为α-Nb_5Si_3，即3Zr-10Cr合金的初生相变为α-Nb_5Si_3，如图3-35（b）所示；而当Zr含量（原子数分数）达6%且Cr含量（原子数分数）达5%，合金的初生相变为α-Nb_5Si_3，如图3-35（c）所示；当Zr含量（原子数分数）达6%且Cr含量（原子数分数）达12%时，合金的初生相转变为Laves，其凝固路径为L→L_1+Laves→L_2+Laves+α-Nb_5Si_3→L_3+Nbss+α-Nb_5Si_3+Laves→L_4+Nbss+α-Nb_5Si_3→Nbss+γ-Nb_5Si_3+α-Nb_5Si_3，如图3-35（d）所示。结合微观组织观察，相比Scheil凝固，熔池快速凝固使得3Zr-5Cr合金中共晶反应L→Nbss+Nb_3Si、L→Nbss+Nb_3Si+α-Nb_5Si_3、L→Nbss+Nb_3Si+Laves、L→Nbss+α-Nb_5Si_3+Laves和L→Nbss+α-Nb_5Si_3被抑制，而3Zr-10Cr合金的初生相由α-Nb_5Si_3转变为Nbss，且共晶反应L→Nbss+Nb_3Si+Laves和L→α-Nb_5Si_3+Nbss被抑制；6Zr-5Cr合金的初生相也转变为Nbss，且共晶反应L→Nbss+α-Nb_5Si_3、L→Nbss+α-Nb_5Si_3+Laves和L→Nbss+γ-Nb_5Si_3+α-Nb_5Si_3转变为L→Nbss+γ-Nb_5Si_3。当Zr含量（原子数分数）达6%且Cr含量（原子数分数）达12%时，6Zr-12Cr合金的初生相由Laves转变为γ-Nb_5Si_3相，且L→Laves+α-Nb_5Si_3、L→Nbss+α-Nb_5Si_3+Laves、L→Nbss+α-Nb_5Si_3和L→Nbss+γ-Nb_5Si_3+α-Nb_5Si_3转变为L→Nbss+γ-Nb_5Si_3和L→γ-Nb_5Si_3+Cr_2Nb。

对于Zr和Mo复合合金化时，在Scheil凝固条件下，3Zr-4Mo合金的凝固路径为L→L_1+Nbss→L_2+Nbss+α-Nb_5Si_3→L_3+Nbss+Nb_3Si→L_4+Nbss+Nb_3Si+α-Nb_5Si_3→Nbss+γ-Nb_5Si_3+α-Nb_5Si_3，如图3-35（e）所示。3Zr-9Mo和6Zr-4Mo合金的凝固路径与3Zr-4Mo合金的凝固路径相同，如图3-35（f）和（g）所示。当Zr含量（原子数分数）达6%且Mo含量（原子数分数）达9%时，共晶反应L→Nbss+Nb_3Si和L→Nbss+Nb_3Si+α-Nb_5Si_3被抑制，如图3-35（h）所示。结合微观组织观察，相比Scheil凝固，熔池快速凝固导致共晶反应L→Nbss+α-Nb_5Si_3、L→Nbss+Nb_3Si+α-Nb_5Si_3和L→Nbss+γ-Nb_5Si_3+α-Nb_5Si_3被抑制，发生了共晶反应L→Nbss+γ-Nb_5Si_3。因此，3Zr-4Mo合金的凝固路径为L→Nbss+L_1→Nbss+Nb_3Si+L_2→Nbss+γ-Nb_5Si_3，而随着Zr或者Mo含量的增加，共晶L→Nbss+Nb_3Si反应被抑制。

3.6 本章小结

本章研究了Zr、Cr和Mo单独和复合合金化对激光立体成形Nb-23Ti-14Si基合金微观组织的影响，重点分析了合金化对 Nb-23Ti-14Si 基合金中相组成与相结构、Nbss 相的分布形态、沉淀相类别、凝固路径、相稳定性和相转变的等影响。所得的主要结论如下：

（1）Nb-23Ti-14Si 合金沉积态组织主要由 Nbss 和 Nb_3Si 相组成，且形成了 fcc-Ti 和 α-Nb_5Si_3 沉淀相。fcc-Ti 沉淀相与 Nbss 基体之间的晶体学取向关系为 $[011]_{fcc\text{-}Ti}//[001]_{Nbss}$ 和 $(1\bar{1}1)_{fcc\text{-}Ti}//(\bar{1}10)_{Nbss}$，α-$Nb_5Si_3$ 沉淀相和 Nbss 基体之间的晶体学取向关系为 $[1\bar{2}0]_{\alpha}//[001]_{Nbss}$ 和 $(21\bar{3})\ \alpha//(1\bar{1}0)_{Nbss}$；沉淀相 fcc-Ti 与沉淀相 α-$Nb_5Si_3$ 之间的晶体学取向关系为 $[011]_{fcc\text{-}Ti}//[1\bar{2}0]_{\alpha}$ 和 $(1\bar{1}1)_{fcc\text{-}Ti}//(21\bar{3})_{\alpha}$，且沉淀相 fcc-Ti，α-$Nb_5Si_3$ 与 Nbss 相之间的界面都为共格关系。

（2）Zr、Cr 和 Mo 单独合金化都能够在一定程度上抑制 Nb_3Si 相的形成。Zr 单独合金化促进 Nbss+γ-Nb_5Si_3 共晶的形成和 Nbss 相的体积分数增加，在 Nbss 相内部形成 γ-Nb_5Si_3 沉淀相。当 Zr 含量（原子数分数）达 7%时，Nb_3Si 相消失，主要由 Nbss 和 γ-Nb_5Si_3 组成。Cr 单独合金化也促进形成 Nbss+γ-Nb_5Si_3 共晶，当 Cr 含量（原子数分数）达 10%时，Nb_3Si 相消失，合金中形成了 Nbss+α-Nb_5Si_3 以及少量的 Cr_2Nb 相。Mo 单独合金化时同样促进形成少量的 Nbss+γ-Nb_5Si_3 共晶，当 Mo 含量（原子数分数）达 6%时，合金中形成了 Nbss+α-Nb_5Si_3 共晶组织，且 Nbss+γ-Nb_5Si_3 共晶含量增加。

（3）激光立体成形 Nb-Si 基合金试样的中部组织经历的由激光热循环所形成的稳定温度区间为 875～1295 ℃，此温度区间正是 FCC-Ti 和 γ-Nb_5Si_3 沉淀相形核和长大所需的温度区间，加之近快速凝固所导致的过饱和 Nbss 相为沉淀相的析出提供了化学驱动力，综合导致沉淀相（FCC-Ti 和 γ-Nb_5Si_3）的形成。

（4）Zr 与 Cr 复合合金化((3%～6%)Zr+(5%～12%)Cr，原子数分数）时，合金中 Nb_3Si 相消失，Nbss 相内部析出了少量的 γ-Nb_5Si_3 沉淀相。当 Zr 含量（原子数分数）为 3%Zr 同时 Cr 含量（原子数分数）低于 10%时，合金中硅化物相主要由 α-Nb_5Si_3 和 γ-Nb_5Si_3 相组成，且随 Cr 含量（原子数分数）从 5%增加到 10%时，α-Nb_5Si_3 体积分数增加而 γ-Nb_5Si_3 体积分数减少；而当 Zr 含量（原子数分数）增加到 6%时，硅化物相仅余 γ-Nb_5Si_3 相，且随 Cr 含量（原子数分数）从 5%增加到 12%时，合金由亚共晶合金转变为过共晶合金，并形成了体积分数约 8.9%的 Cr_2Nb 相。

（5）Zr 与 Mo 复合合金化((3%～6%)Zr+(4%～9%)Mo，原子数分数）时，Nbss 相内部析出了大量的 γ-Nb_5Si_3 沉淀相。3%Zr+4% Mo 复合合金化（原子数分数）时，沉积态合金中硅化物相主要由 Nb_3Si 和 γ-Nb_5Si_3 组成；随 Zr 含量（原子数分数）增加到 6%和 Mo 含量（原子数分数）增加到 9%，Nbss 相体积分数增加且 Nb_3Si 相都消失。热处理（1400 ℃，30 h/炉冷）后，经 3%Zr+(4%～

9%)Mo 复合合金化（原子数分数）的 Nb-23Ti-14Si 基合金中部分 γ-Nb_5Si_3 会转变为 α-Nb_5Si_3 相，且会发生 $Nb_3Si \rightarrow Nbss + \alpha$-$Nb_5Si_3$ 共析转变；而经 6% Zr +(4%~9%)Mo 复合合金化（原子数分数）的 Nb-23Ti-14Si 基合金中 γ-Nb_5Si_3 相未发生晶型转变。

4 激光定向能量沉积 Nb-Si 基合金的高温氧化行为

4.1 概 述

作为在航空发动机热端部件中极具应用潜力的 Nb-Si 基原位自生复合材料，高温抗氧化性能对其应用尤为重要。Nb-Si 基合金作为一种典型的双相甚至多相合金，其氧化行为尤其复杂，不同组成相的成分、结构和不同合金元素的扩散等的差异使氧化膜结构和种类呈现多样性[127]。第 3 章的研究结果表明，不同含量的 Zr、Cr 和 Mo 单独和复合合金化导致 Nb-23Ti-14Si 基合金的相组成、分布及成分等不相同，这必然会对其高温抗氧化性能产生影响。因此，本章通过研究 Zr、Cr 和 Mo 单独和复合合金化对激光立体成形 Nb-23Ti-14Si 基合金的单位面积的氧化增重（氧化温度 1250 ℃，氧化时间为 1 h、4 h 和 20 h），氧化产物及氧化层微观结构的影响，结合其沉积态微观组织特征，进一步揭示 Zr、Cr 和 Mo 单独和复合合金化对激光立体成形 Nb-23Ti-14Si 基合金高温氧化行为的影响机制，以期为增材制造 Nb-Si 基合金的设计和开发奠定理论基础和实践依据。

4.2 Zr、Cr 和 Mo 单独合金化对高温氧化行为的影响

图 4-1 所示为 Zr、Cr 和 Mo 单独合金化 Nb-23Ti-14Si 基合金沉积态试样在 1250 ℃氧化不同时间（1 h、4 h 和 20 h）后的单位面积增重。可知，Nb-23Ti-14Si 合金在氧化 1 h、4 h 和 20 h 后的单位面积增重分别为 33.58 mg/cm^2、69.35 mg/cm^2 和 129.10 mg/cm^2。当采用 Zr 合金化时，沉积态合金单位面积的氧化增重减小，且随着 Zr 含量的增加氧化增重呈现先减小后上升的趋势，其中 3Zr 合金在氧化 1 h、4 h 和 20 h 后的单位面积增重分别为 22.53 mg/cm^2、37.46 mg/cm^2 和 75.43 mg/cm^2。

当采用 Cr 合金化时，沉积态合金单位面积的氧化增重减小，且随着 Cr 含量增加氧化增重呈现减小趋势，其中 10Cr 合金在氧化 1 h、4 h 和 20 h 后的单位面积增重分别为 10.53 mg/cm^2、19.79 mg/cm^2 和 32.52 mg/cm^2。当采用 Mo 合金化时，沉积态合金单位面积的氧化增重减小，且随着 Mo 含量增加氧化增重呈现

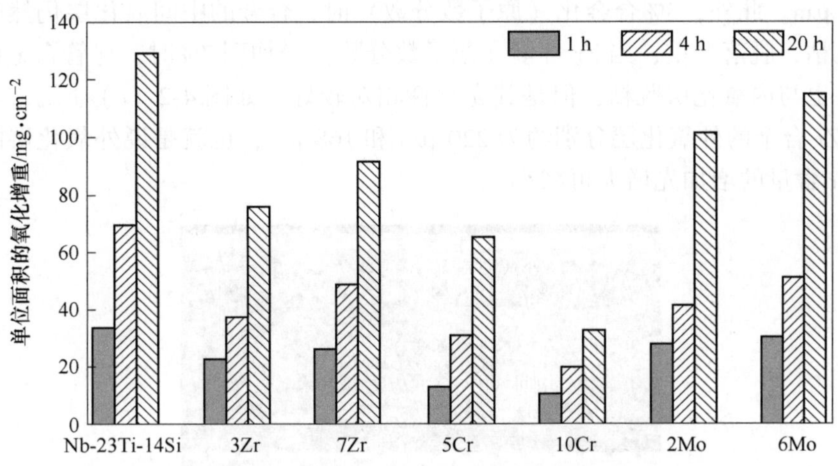

图 4-1 Zr、Cr 和 Mo 单独合金化 Nb-23Ti-14Si 基合金沉积态试样在 1250 ℃氧化 1 h、4 h 和 20 h 后单位面积增重[112]

先减小后上升的趋势，其中 2Mo 合金在氧化 1 h、4 h 和 20 h 后的单位面积增重分别为 27.95 mg/cm^2、41.48 mg/cm^2 和 101.59 mg/cm^2。以 Nb-23Ti-14Si 合金氧化 20 h 后单位面积的增重作为参考，采用 3%Zr、10%Cr 和 2%Mo 单独合金化（原子数分数）时，合金的单位面积增重分别下降了约 46%、72%和 21%。因此，Nb-23Ti-14Si 合金的抗氧化性能最差，Zr、Cr 和 Mo 单独合金化在不同程度上改善了 Nb-23Ti-14Si 基合金的抗氧化性能，其中 Cr 合金化显著改善了合金的高温抗氧化性能，其次是 Zr 合金化，而 Mo 合金化仅轻微地改善了合金的抗氧化性能。

图 4-2 所示为 Zr、Cr 和 Mo 单独合金化 Nb-23Ti-14Si 基合金沉积态试样经过 1250 ℃、4 h 氧化后横截面组织的 BSE 图像。由于 Nb-23Ti-14Si 基合金试样的氧化膜均发生了不同程度的脱落，因此在进行制样时，先将已经脱落的氧化膜粘贴在 Nb-Si 基合金的基体上，然后再进行镶嵌金相试样。对比 3.2 节中 Nb-23Ti-14Si 基合金的微观组织，可以发现 Zr、Cr 和 Mo 单独合金化 Nb-23Ti-14Si 基合金在氧化后的横截面组织出现了 3 种新的组织特征形态，按照距基体合金的距离，将其从近到远分别命名为：内氧化层、中间氧化层和外氧化层。此外，在氧化层内部及不同氧化层之间还存在大量的裂纹，因此在制备金相试样过程中容易嵌入大量的镶嵌粉（胶木粉），尤其是在中间氧化层，因此，中间氧化层的厚度很难准确测量。

Nb-23Ti-14Si 合金的内氧化层厚度约为 325 μm，外氧化层厚度约为 192 μm。由图 4-2（a）可知。当采用 Zr 合金化时，Nb-23Ti-14Si 基合金的内氧化层的厚度随着 Zr 含量的增加逐渐变薄，3Zr 合金和 7Zr 合金的内氧化层厚度分别为 187 μm

和 111 μm。此外，3%合金化（原子数分数）时，合金的中间氧化层仍然与内氧化层脱粘，脱落严重；当 Zr 含量（原子数分数）增加到 7%时，尽管合金的中间氧化层也与内氧化层脱粘，但是其完整性相对较好，如图 4-2（c）所示。3Zr 合金和 7Zr 合金的外氧化层分别约为 220 μm 和 168 μm，也就是说外氧化层的厚度随着 Zr 含量的增加先增大再减小。

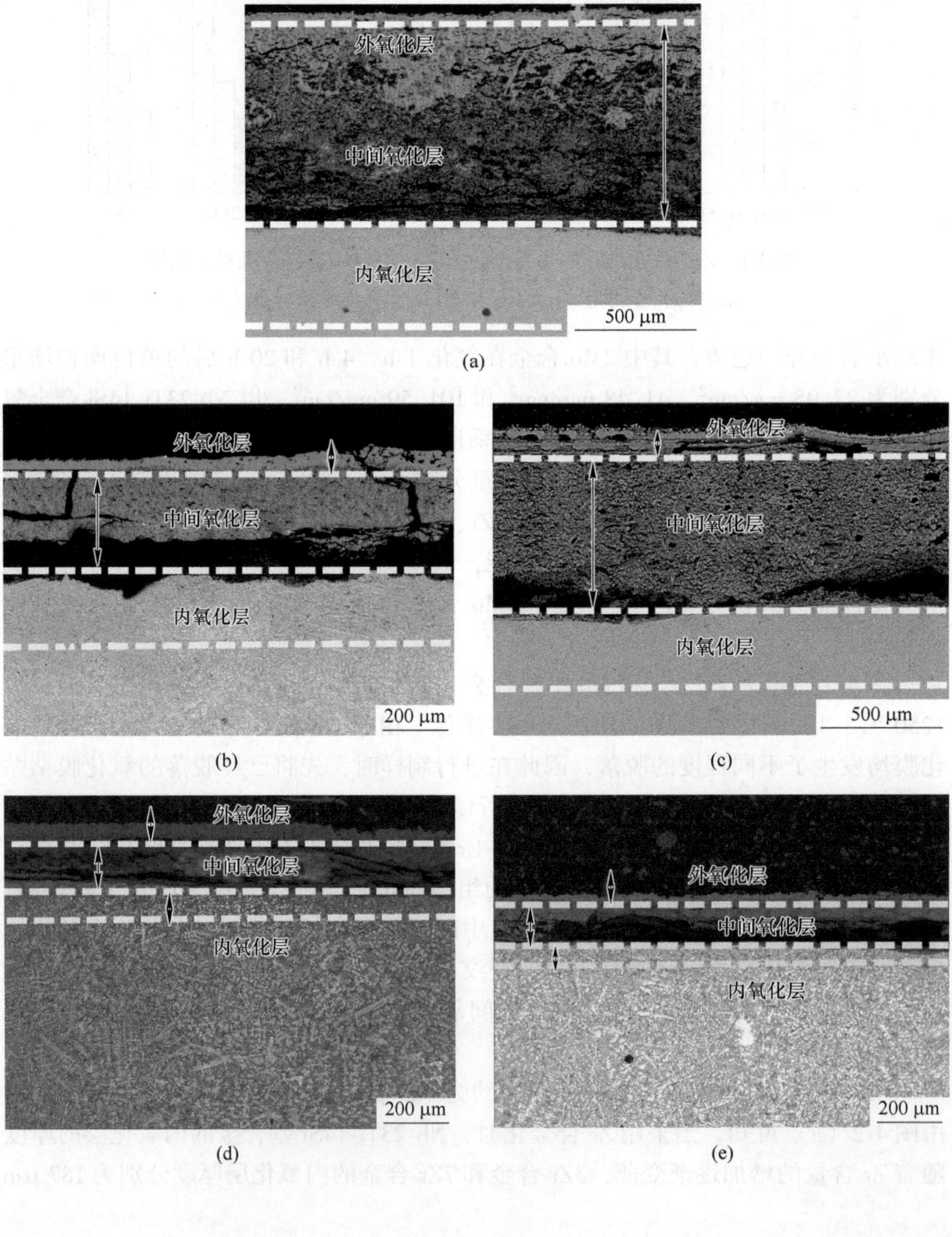

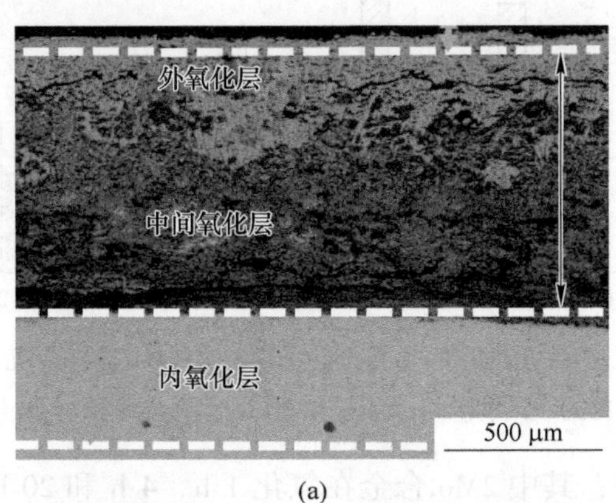

(a)

(b)

(c)

(d)

(e)

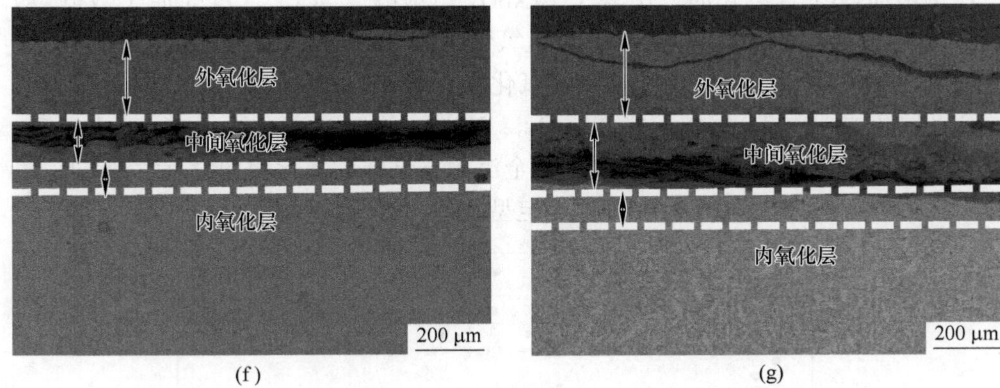

图 4-2 Zr、Cr 和 Mo 单独合金化 Nb-23Ti-14Si 基合金沉积态试样在 1250 ℃、4 h 氧化后的横截面组织的 BSE 图像[112]

(a) Nb-23Ti-14Si;(b) 3Zr;(c) 7Zr;(d) 5Cr;(e) 10Cr;(f) 2Mo;(g) 6Mo

相比 Nb-23Ti-14Si 合金各氧化层的厚度，当 Cr 合金化时，各氧化层的厚度显著减小，如图 4-2 (d) 和 (e) 所示，且随着 Cr 含量增加，各氧化层的厚度减小，这与 Cr 合金化使 Nb-23Ti-14Si 基合金的氧化增重下降的趋势相一致。尽管 Cr 合金化 Nb-23Ti-14Si 基合金的氧化膜厚度减小，但是中间氧化层与内氧化层之间黏附性仍然较差。5%Cr 合金化（原子数分数）时，内氧化层和外氧化层厚度分别为 85 μm和 127 μm，当 Cr 含量增加到 10%，合金的氧化层厚度分别为 60 μm 和 87 μm，可以看到，随着 Cr 含量的增加，外氧化层厚度的减小明显高于内氧化层。

当采用 Mo 合金化时，Nb-23Ti-14Si 基合金的外氧化层所占整个氧化膜的比例增加，如图 4-2 (f) 和 (g) 所示。2%Mo 合金化（原子数分数）时，与内氧化层连接的中间氧化层的厚度增加了，此时，脱粘主要发生在中间氧化层内部，如图 4-2 (f) 所示，这说明 Mo 合金化在一定程度上提高了中间氧化层与内氧化层之间的黏附性。此外，2%Mo 合金化（原子数分数）时，合金的内氧化层和外氧化层厚度分别约为 95 μm 和 225 μm，而 6% Mo 合金化（原子数分数）时，内氧化层和外氧化层厚度分别约为 81 μm 和 242 μm。

图 4-3 所示为 Zr、Cr 和 Mo 单独合金化 Nb-23Ti-14Si 基合金沉积态试样经过 1250 ℃、4 h 氧化后氧化膜的 XRD 衍射图谱。由图 4-3 可知，Nb-23Ti-14Si 合金的氧化膜主要由 $TiNb_2O_7$、$Ti_2Nb_{10}O_{29}$、Nb_5O_2 及 TiO_2 氧化物组成，并没有发现 SiO_2 的衍射峰。当采用 Zr 合金化时，随着 Zr 含量的增加 XRD 衍射谱中出现了 ZrO_2 的衍射峰，尤其是 7% Zr 合金化（原子数分数）的氧化膜更为明显；且相比 Nb-23Ti-14Si 合金，Zr 合金化时，合金氧化膜中 $TiNb_2O_7$ 的衍射峰的数量及所

占比例增加。Cr 合金化时，出现了 $CrNbO_4$ 衍射峰，当 Cr 含量（原子数分数）增加到 10%时，XRD 衍射谱中 $CrNbO_4$ 氧化物的衍射峰强度和数量均增加。对于 Mo 合金化时，Nb-23Ti-14Si 基合金的氧化膜中均未发现 Mo 的氧化物的衍射峰，氧化产物仍主要由 $TiNb_2O_7$、$Ti_2Nb_{10}O_{29}$、Nb_5O_2 及 TiO_2 氧化物组成。此外，Zr、Cr 和 Mo 单独合金化 Nb-23Ti-14Si 基合金沉积态试样的氧化膜均没有发现 SiO_2 氧化物的衍射峰，推测 SiO_2 可能是以无定型状态存在于氧化膜中。

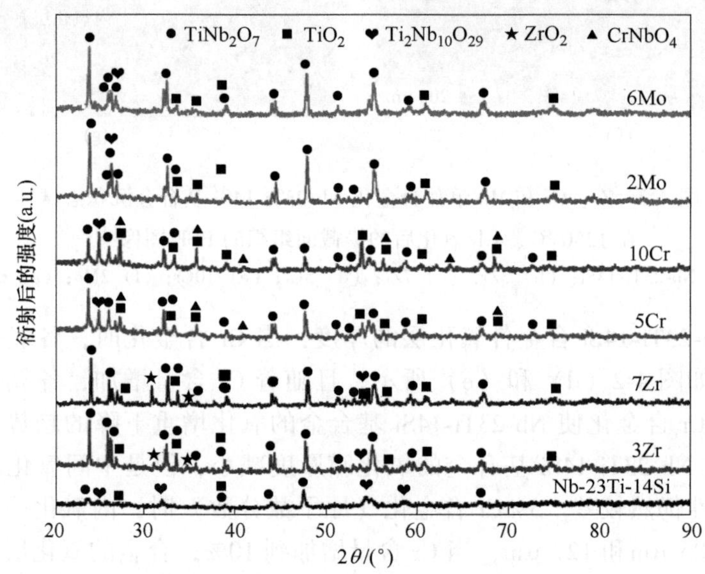

图 4-3 Zr、Cr 和 Mo 单独合金化 Nb-23Ti-15Si 基合金沉积态试样经过 1250 ℃、4 h 氧化后氧化膜的 XRD 图谱

4.2.1 Nb-23Ti-14Si 合金的氧化行为

图 4-4 所示为 Nb-23Ti-14Si 合金经过 1250 ℃、4 h 氧化后不同氧化层横截面的 BSE 图像。

相比 Nb-23Ti-14Si 合金的微观组织（见图 3-2），合金氧化后的内氧化层中 Nbss 相内部、Nbss 与 Nb_3Si 两相界面处均出现了大量的黑色相，结合 EDS 分析可知，其应为 TiO_2。此外，由表 4-1 可知，此时 Nbss 中所固溶的氧含量（原子数分数）约为 23.99%，而 Nb_3Si 相中所固溶的氧含量（原子数分数）约为 10.18%，且其内部并无明显氧化物的形成，但是出现了横向裂纹，如图 4-4（a）所示。内氧化层中 Nbss 相的氧含量约为 Nb_3Si 相的 2 倍，结合 Nbss 和 Nb_3Si 两相相界面处的 TiO_2 形成，说明氧优先从 Nbss 相及 Nbss 与 Nb_3Si 的相界面进入基体内部与其发生反应，且 Nb_3Si 相的抗氧化性能明显要优于 Nbss 相的抗氧化性能。

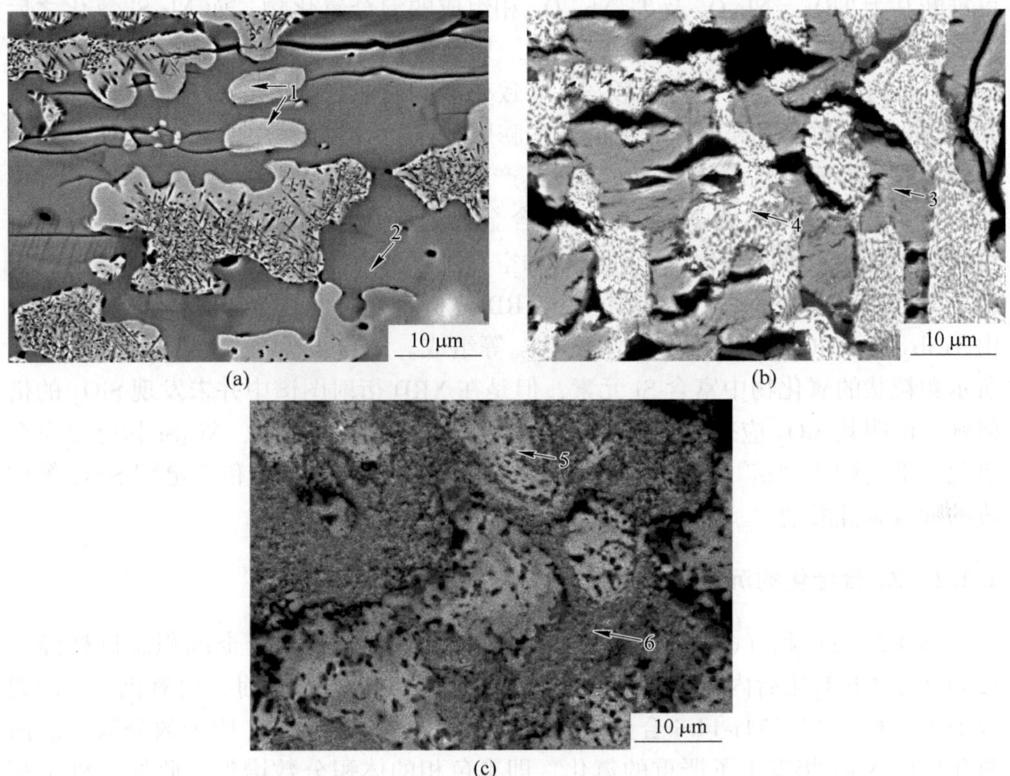

图 4-4 Nb-23Ti-14Si 合金经过 1250 ℃、4 h 氧化后不同氧化层的横截面 BSE 图像[112]

(a) 内氧化层；(b) 中间氧化层；(c) 外氧化层

相比内氧化层，中间氧化层中裂纹和孔洞明显增多，如图 4-4 (b) 所示，这可能也是其与内氧化层脱粘的主要原因。在中间氧化层中，Nbss 相已经被完全氧化，其氧化后的区域如箭头“4”所指的区域所示，结合成分分析（见表 4-1）

表 4-1 Nb-23Ti-14Si 合金经过 1250 ℃、4 h 氧化后氧化层中各氧化物的成分

位置点	成分（原子数分数）/%			
	Nb	Ti	Si	O
1	52.62	22.74	0.66	23.99
2	47.02	21.99	20.81	10.18
3	19.63	9.6	7.77	63.00
4	25.43	9.41	0.48	64.71
5	13.04	7.51	0.23	79.22
6	6.49	2.78	9.07	81.66

可推断其为 TiO_2、Nb_2O_5 及 $Ti_2Nb_{10}O_{29}$ 相组成的混合氧化物，而 Nb_3Si 氧化之后的区域如箭头“3”所指的区域所示，其整体的氧含量（原子数分数）高达 63%，但仍然保持着硅化物的形态，导致变形协调能力较差，而氧化产物 Nb_2O_5 和 $Ti_2Nb_{10}O_{29}$ 的形成产生了较大的体积膨胀，这会对硅化物进行挤压，使硅化物沿着与氧化界面垂直的的偏转，导致其产生大量的裂纹和孔洞。

图 4-4（c）所示为 Nb-23Ti-14Si 合金的外氧化层横截面组织的 BSE 图像。可以看到，相比中间氧化层，其裂纹和空洞明显减少，说明外氧化层的致密性较高，但仍然存在大量细小的孔洞。由 XRD 分析可知（见图 4-3），外氧化层主要由 $TiNb_2O_7$、TiO_2、Nb_2O_5 及 $Ti_2Nb_{10}O_{29}$ 等组成。结合成分分析可知，箭头“6”所示颗粒状的氧化物中富含 Si 元素，但是在 XRD 衍射图谱中并未发现 SiO_2 的衍射峰，说明其 SiO_2 应是以无定型状态存在于氧化层中。此时，Nb_3Si 相已经完全氧化，推测箭头“6”所示区域为 TiO_2、Nb_2O_5、$Ti_2Nb_{10}O_{29}$ 和无定型 SiO_2 等构成的颗粒状硅酸盐。

4.2.2　Zr 合金化的沉积态合金氧化行为

图 4-5（a）和（d）所示为 Zr 合金化 Nb-23Ti-14Si 基合金沉积态试样经过 1250 ℃、4 h 氧化后内氧化层横截面的 BSE 图像。Zr 合金化时，内氧化层中的裂纹消失。相比 Nb-23Ti-14Si 合金的内氧化层，3% Zr 合金化（原子数分数）后内氧化层中 Nbss 相发生了严重的氧化，即黑色相的体积分数增加。此外，Nbss 相和 Nb_3Si 相界面处的黑色相尺寸也增加，且分布较为连续，结合 EDS 成分分析（见表 4-2）可知，黑色 TiO_2 相中还包含原子数分数约 3.2% Zr 元素。由图 4-5（a）所示，内氧化层中的 Nb_3Si 相发生氧化分解，形成由衬度为白色、灰色和黑色的相组成的层片状的组织，内氧化层中不存在裂纹，说明这种细小层片状的组织有助于缓解内氧化层中的应力集中。同理，γ-Nb_5Si_3 相也发生了氧化分解，变为类似花瓣状组织。当 Zr 含量（原子数分数）达 7%时，相界面处黑色相中 Zr 含量（原子数分数）约为 4.5%。

图 4-5（b）和（e）所示为中间氧化层的横截面的 BSE 图像。由图 4-5 可知，中间氧化层中存在大量的裂纹和孔洞。3Zr 合金的中间氧化层的孔洞尺寸明显大于 7Zr 合金，这可能是 3Zr 合金中间氧化层发生大量脱落的原因。3Zr 合金的中间氧化层中存在两种衬度不同的氧化物，如图 4-5（b）中点 4 和 5 所示，结合成分分析（见表 4-2）和组织观察可知，箭点 4 对应的灰白色区域富含 Nb 元素，应为 Nbss 相氧化后形成的区；而点 5 所对应的区域富含 Si 元素，为硅化物相（Nb_3Si 和 γ-Nb_5Si_3）氧化后所形成的区域。此时，硅化物中的组成元素与氧已经发生反应，但其依然保持着硅化物的块状形态。7Zr 合金的中间氧化层存在同样两种衬度相，如图 4-6（e）所示。

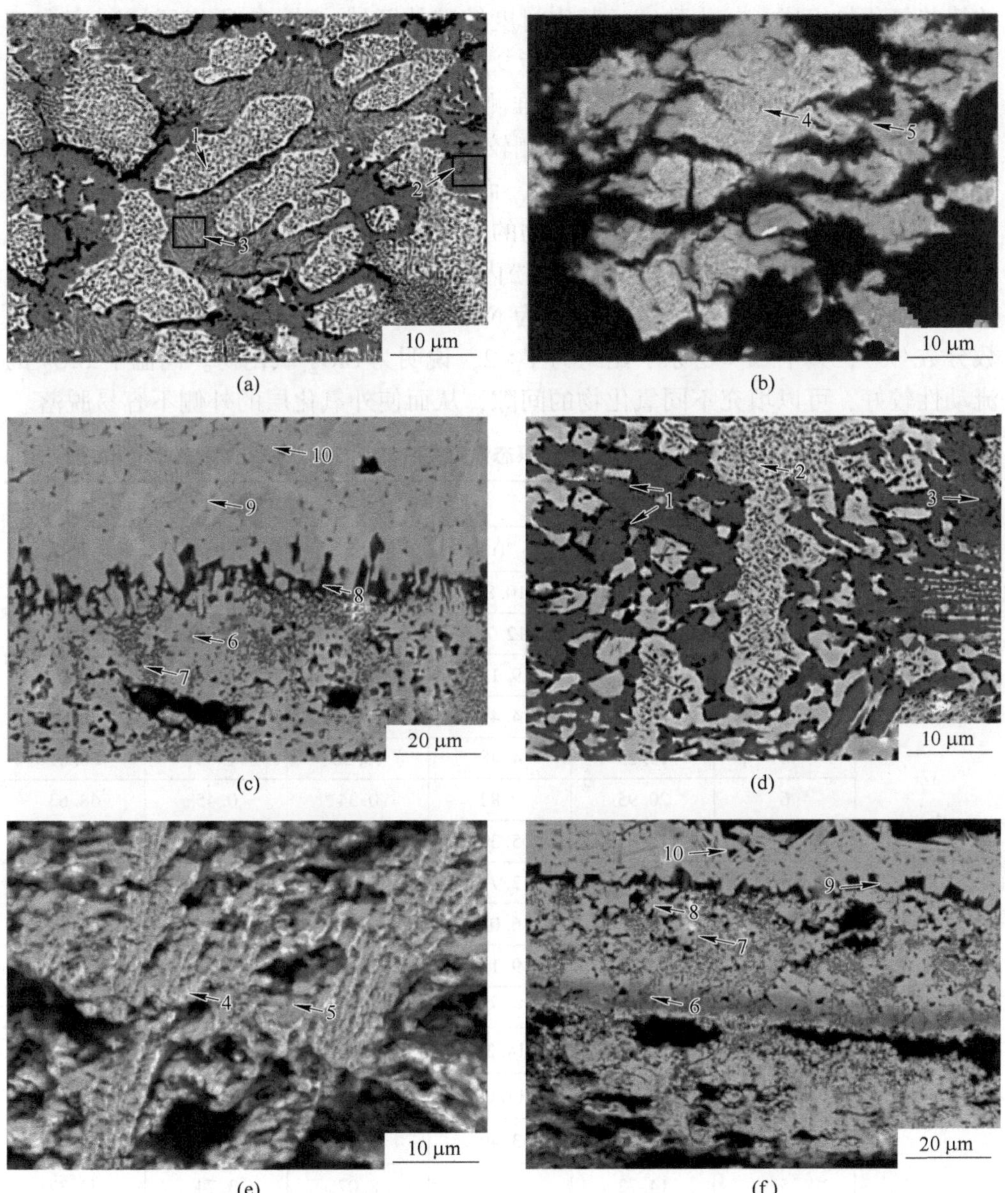

图 4-5 Zr 合金化 Nb-23Ti-14Si 基合金沉积态试样经过 1250 ℃、4 h 氧化后不同氧化层的横截面 BSE[112] 图像

（a）3Zr，内氧化层；（b）3Zr，中间氧化层；（c）3Zr，外氧化层；（d）7Zr，内氧化层；（e）7Zr，中间氧化层；（f）7Zr，外氧化层

图 4-5（c）和（f）所示为外氧化层横截面的 BSE 图像。3Zr 合金的外氧化层中存在两层氧化组织：外侧和内侧，如图 4-5（c）所示。外侧由类似外延生长

的棒状氧化物组成，较为致密，其中衬度较暗的区域（点 10 所指区域）富含 Ti 元素，而衬度较亮白色棒状的区域（点 9 所指区域）富含 Nb 元素，结合 XRD 衍射（见图 4-3）和 EDS 成分分析，可推测点 9 所指区域为 $Ti_2Nb_{10}O_{29}$ 和 Nb_2O_5，而点 10 所指区域可能为 $TiNb_2O_7$。内侧较为疏松多孔，其中点 6 所指的区域应为 $TiNb_2O_7$、$Ti_2Nb_{10}O_{29}$ 与 TiO_2 的混合物，而点 7 所指区域为对应的硅化物充分氧化后组成的细小硅酸盐颗粒，在混合物的内部还可以发现衬度为白色的纳米颗粒状的 ZrO_2 相。此外，在致密外侧和疏松内侧之间形成了较为连续分布的黑色相，如图 4-5（c）中点 8 所示。其成分约为 Nb-2. 71Ti-31. 39Si-0. 53Zr-54. 89O（原子数分数/%），其中 Si：O 原子比约为 1：2，说明为 SiO_2 氧化物。高温下 SiO_2 的流动性较好，可以填充不同氧化物的间隙，从而使外氧化层的外侧不容易脱落。

表 4-2　Zr 合金化 Nb-23Ti-14Si 基合金沉积态试样经 1250 ℃、4 h 氧化后各氧化物的成分

合金	位置点	成分（原子数分数）/%				
		Nb	Ti	Si	Zr	O
3Zr	1	53. 52	10. 85	1. 10	0	34. 63
	2	35. 14	12. 71	15. 66	0. 91	35. 78
	3	47. 52	9. 13	6. 65	2. 00	34. 91
	4	23. 31	4. 41	1. 33	0	70. 95
	5	15. 25	4. 48	10. 50	1. 33	68. 07
	6	20. 95	9. 82	0. 34	0. 45	68. 63
	7	11. 01	5. 30	12. 73	2. 14	68. 91
	8	10. 48	2. 71	31. 39	0. 53	54. 89
	9	25. 53	6. 08	0. 37	0. 21	68. 14
	10	20. 95	9. 11	0. 28	0. 97	68. 92
7Zr	1	21. 26	36. 97	4. 38	4. 47	32. 93
	2	62. 15	14. 38	1. 67	0. 58	21. 22
	3	22. 95	11. 09	18. 96	10. 17	36. 82
	4	12. 43	3. 40	4. 47	0. 98	75. 69
	5	14. 72	3. 65	8. 07	3. 74	72. 37
	6	26. 89	34. 95	0. 34	2. 17	35. 64
	7	12. 53	4. 52	10. 70	2. 85	69. 40
	8	21. 00	8. 32	0. 52	0. 75	69. 41
	9	9. 42	2. 61	36. 39	0. 89	50. 69
	10	19. 71	8. 89	0. 14	1. 38	69. 90

如图4-5（f）所示，当Zr含量（原子数分数）增加到7%，合金外氧化层外侧外延生长的氧化层厚度明显减小，而且在外氧化层的内侧形成了较为连续的孔洞，这可能是其氧化性较3Zr合金差的原因。7Zr合金外氧化层的外侧仍然由棒状和块状氧化物组成致密氧化层，外氧化层的内侧疏松多孔，但是在外氧化层内侧存在衬度较暗的条带状分布的氧化层，如点6所指的区域，其为富含Ti的氧化物，成分为Nb-34.95Ti-0.34Si-2.17Zr-35.64O（原子数分数/%），与连续分布的孔洞相邻，分布在孔洞的上方。7Zr合金的外氧化层中也形成了SiO_2层，如图4-5（f）中点9指的黑色区域应为SiO_2，可有效地将外氧化层的致密外层和疏松内层连接在一起。

图4-6所示为3Zr合金经过1250 ℃、4 h氧化后的横截面组织的元素面分布图。3Zr合金的外氧化层中存在连续的SiO_2层，如图4-6（d）和（f）所示。SiO_2层不仅能愈合部分孔洞，而且还能够有效地阻碍氧气进入基体。此外，根据Ti、Nb和Si元素的分布说明氧化过程中，不仅存在氧元素向基体合金的内扩散，还存在Ti与Si元素的外扩散。

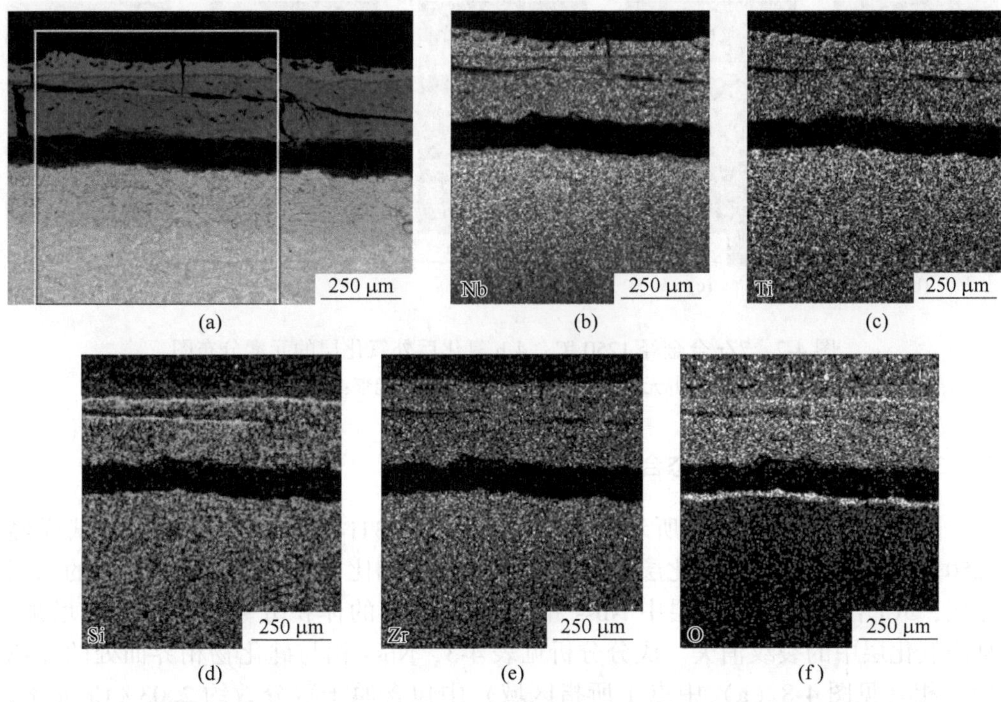

图4-6 3Zr合金经1250 ℃、4 h氧化后的横截面元素分布图

（a）横截面组织；（b）Nb元素；（c）Ti元素；（d）Si元素；（e）Zr元素；（f）O元素

图4-7所示为7Zr合金经1250 ℃、4 h氧化后外氧化层横截面的元素分布图。结合图4-7（d）和（f）中Si和O元素的面扫描分布图可知，在外氧化层中存在

较为连续的 SiO_2 层。在外氧化层中还存在富 Ti 元素的氧化层，其下方为较为连续的大尺寸孔洞，如图 4-7（c）所示。这种孔洞使 Ti 的外扩散速度下降，从而聚集在孔洞周围，而且 Ti 富集区的存在使外氧化层的外侧致密层的厚度减小。此外，在外氧化层的外侧还发现了少量的 Zr 元素的富集区，如图 4-7（e）所示。因为 ZrO_2 较为稳定，没有与其他氧化物反应，此外在氧化过程中 ZrO_2 颗粒聚集长大，导致部分外氧化层脱落。

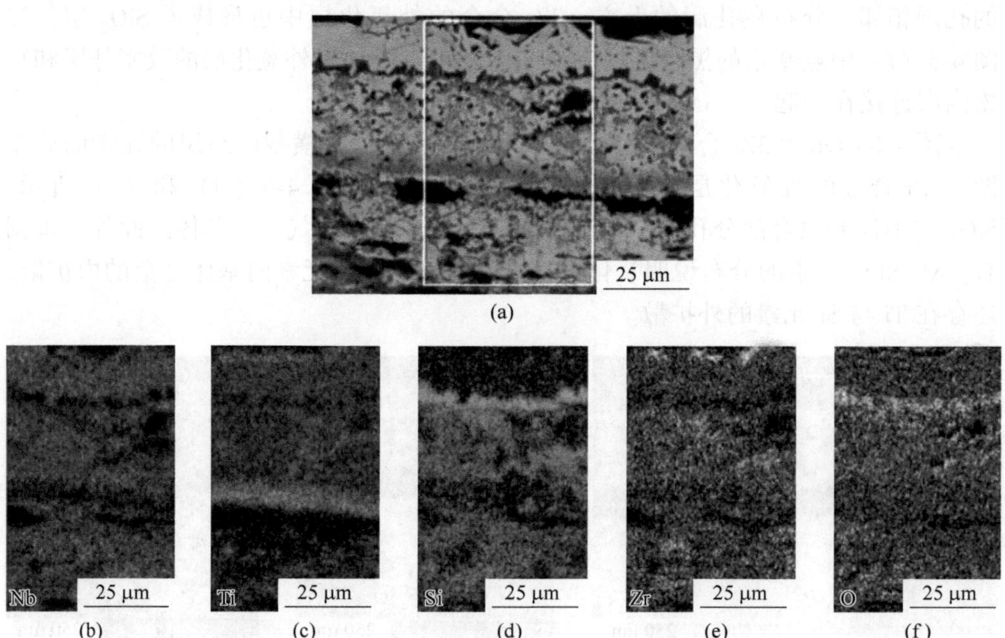

图 4-7　7Zr 合金经 1250 ℃、4 h 氧化后外氧化层的元素分布图

（a）横截面组织；（b）Nb 元素；（c）Ti 元素；（d）Si 元素；（e）Zr 元素；（f）O 元素

4.2.3　Cr 合金化的沉积态合金氧化行为

图 4-8（a）和（d）所示为 Cr 合金化 Nb-23Ti-14Si 基合金沉积态试样经 1250 ℃、4 h 氧化的内氧化层横截面的 BSE 像。相比 Nb-23Ti-14Si 基合金的内氧化层，5Cr 合金的内氧化层中 Nbss 相上黑色 TiO_2 的体积分数和尺寸明显增加，且内氧化层中的裂纹消失。成分分析见表 4-3，Nbss 相与硅化物相界面处的黑色 TiO_2 相（见图 4-8（a）中点 1 所指区域）中包含原子数分数约 2.03%Cr 元素，说明在氧化过程中发生了 Cr 从 Nbss 向 Nbss 与硅化物的相界面处扩散。而且氧化过程中 Nb_3Si 相和 γ-Nb_5Si_3 相也发生了氧化分解，其内部未出现裂纹。当 Cr 含量增加到 10%时，合金的内氧化层中 Nbss 相中的 TiO_2 相的体积增加，如图 4-8（d）所示，且此时相界面处的 TiO_2 氧化物中所固溶的 Cr 含量（原子数分数）约

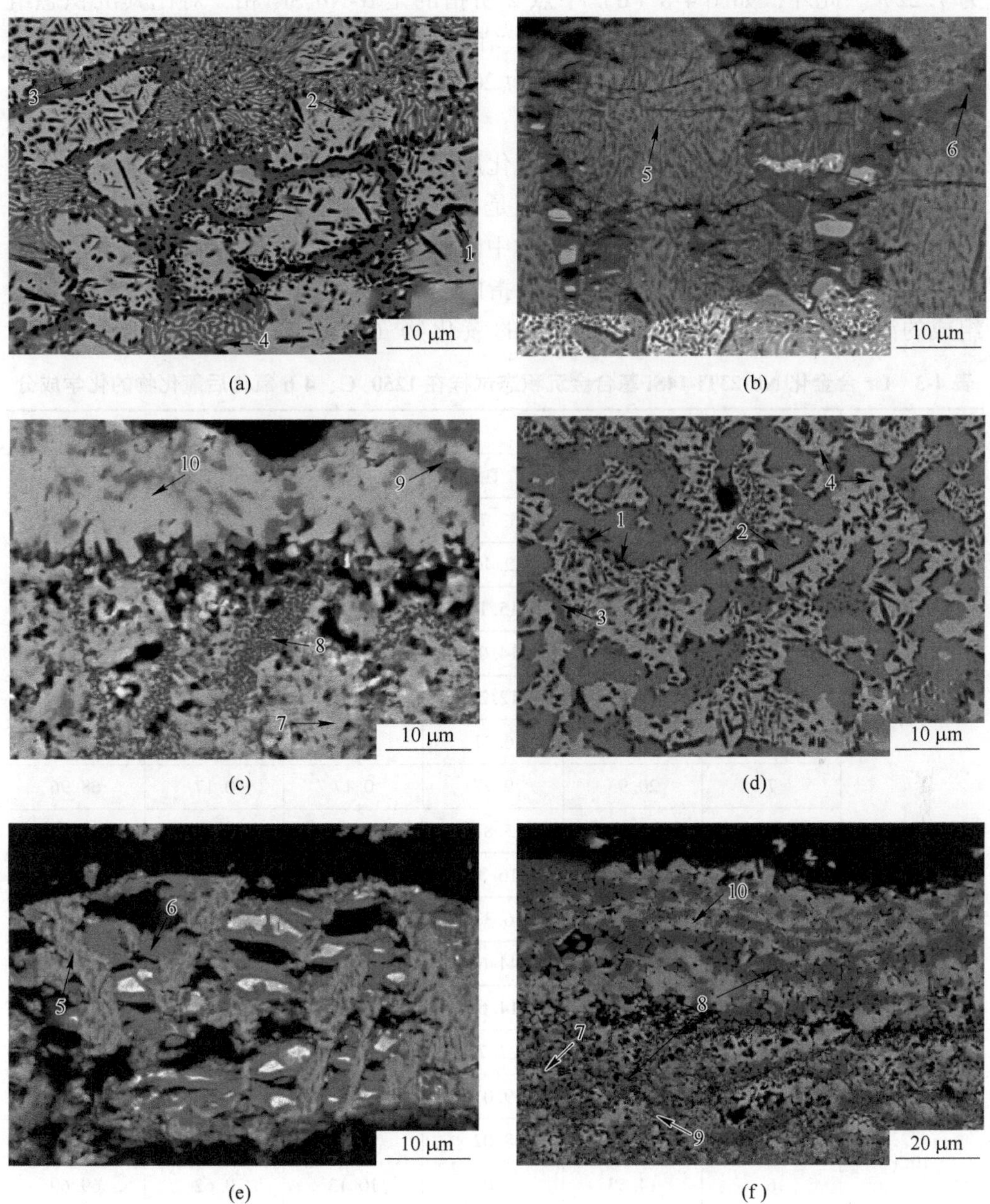

图 4-8 Cr 合金化 Nb-23Ti-14Si 基合金沉积态试样经过 1250 ℃、4 h 氧化后不同氧化层的横截面的 BSE 图像[112]

(a) 5Cr，内氧化层；(b) 5Cr，中间氧化层；(c) 5Cr，外氧化层；
(d) 10Cr，内氧化层；(e) 10Cr，中间氧化层；(f) 10Cr，外氧化层

为 7.22%。此外，如图 4-8（d）中点 2 所指的是 α-Nb_5Si_3 相，对比其沉积态组织，可以发现其氧化前后变化不明显，结合 EDS 分析可知，10Cr 合金的内氧化层中 α-Nb_5Si_3 相固溶了原子数分数约为 20%O，而 Cr_2Nb 相中固溶了原子数分数约为 19.58 %O。

图 4-8（b）和（e）所示为中间氧化层的横截面的 BSE 图像。5Cr 合金的中间氧化层也是呈现疏松多孔的形态，但是在硅化物的心部还存在未被充分氧化的区域，如图 4-8（b）所示。5Cr 合金的中间氧化层存在 3 种不同衬度的区域。结合表 4-3 中成分分析可知，其中点 5 所指的区域应是 TiO_2、Nb_2O_5 和 $Ti_2Nb_{10}O_{29}$ 组成的混合物氧化物，并未检测到 Cr 的氧化物（Cr_2O_3）。相比 5Cr 合金，10Cr

表 4-3　Cr 合金化 Nb-23Ti-14Si 基合金沉积态试样在 1250 ℃、4 h 氧化后氧化物的化学成分

合金	位置点	成分（原子数分数）/%				
		Nb	Ti	Si	Cr	O
5Cr	1	17.36	33.75	12.24	2.03	34.62
	2	64.57	2.46	0.34	7.15	25.47
	3	32.30	15.14	22.98	0.51	29.08
	4	42.00	14.02	23.65	1.21	19.13
	5	15.69	12.20	0.53	2.42	69.16
	6	14.53	6.31	9.25	0.62	69.29
	7	20.93	9.77	0.17	0.17	68.96
	8	12.08	3.87	14.82	0.74	68.48
	9	9.23	16.32	0.81	5.20	68.45
	10	21.53	6.37	0.12	0.55	71.42
10Cr	1	9.66	44.67	2.51	7.22	35.93
	2	35.60	14.66	29.07	0.35	20.31
	3	22.23	22.72	5.56	29.91	19.58
	4	53.63	9.07	0.49	6.36	30.45
	5	18.09	8.02	0.21	4.45	69.23
	6	14.53	5.03	10.13	0.62	69.69
	7	22.50	4.59	0.49	0.36	72.05
	8	8.81	13.73	0.13	8.71	69.24
	9	12.86	3.14	11.21	0.18	72.60
	10	21.69	5.57	0.12	0.68	71.94

合金中间氧化层的孔洞明显增加，其中间氧化层中同样存在 3 种不同衬度的区域，如图 4-8（e）所示，但此时硅化物中未被完全氧化的区域面积增加，这说明 Cr 含量的增加使得 Nb-23Ti-14Si 基合金的抗氧化性进一步提高。

图 4-8（c）和（f）所示为外氧化层的横截面的 BSE 图像。5Cr 合金的外氧化层同样存在内侧和外侧。结合表 4-3 中成分分析可知，5Cr 合金的外氧化层的内侧中点 7 所指的区域应是 Nbss 完全氧化后的产物，点 8 指的区域为硅化物完全氧化生成的无定型硅酸盐颗粒。5Cr 合金的外氧化层外侧主要存在两种衬度的氧化物，其中点 10 指的区域主要为 $TiNb_2O_7$ 相，而点 9 指的区域主要是富 Ti 元素的 $CrNbO_4$ 相，此时 $CrNbO_4$ 相分布较为弥散。10Cr 合金的外氧化层也是由致密的外层和疏松的内层组成，如图 4-8（f）所示。结合 EDS 分析可知，此时点 8 所指的区域中 Cr 含量明显增加，这也说明，此时混合氧化物中 $CrNbO_4$ 所占的比例增加。且其在外氧化层中的体积分数增加，而且细小硅酸盐颗粒（点 9）的分布也较为均匀。当 Cr 含量（原子数分数）由 5%增加到 10%，合金外氧化层的外侧中 $CrNbO_4$ 相的尺寸明显增加，且其所占的体积分数也较大，同时分布较为连续，能够有效地阻碍氧气的进入。

图 4-9 所示为 5Cr 合金经过 1250 ℃、4 h 氧化的外氧化层的元素面扫描分布图，结合 Si 和 O 元素的面分布图可知，外氧化层中存在较为连续的 SiO_2 层。此

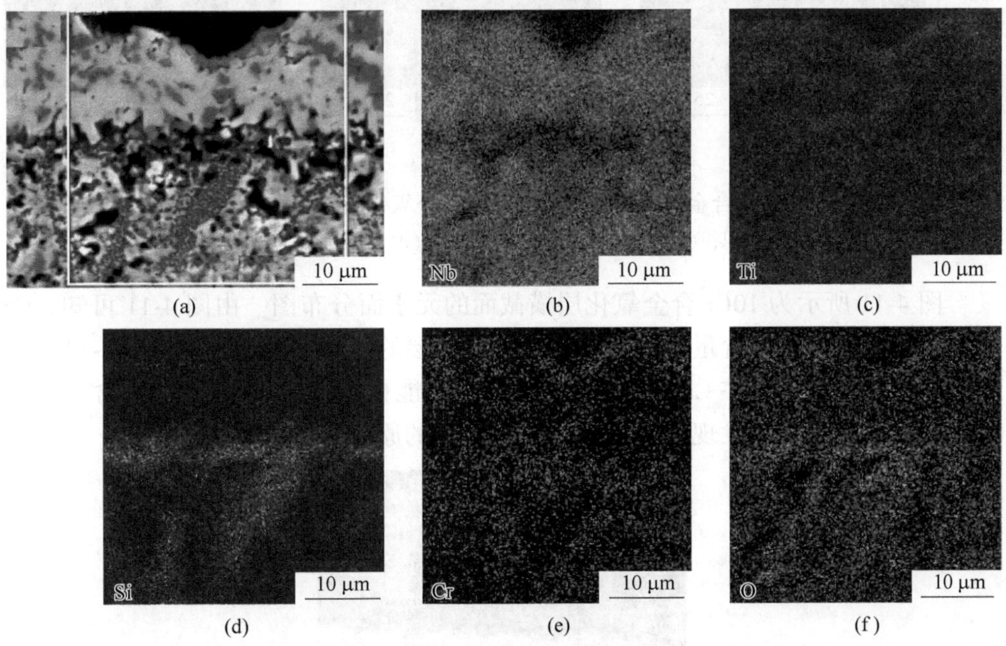

图 4-9 5Cr 合金氧化后外氧化层的元素分布图

（a）外氧化层微观组织；（b）Nb 元素；（c）Ti 元素；（d）Si 元素；（e）Cr 元素；（f）O 元素

外，由图 4-9（d）中 Si 的分布可知，连续 SiO_2 层是由内侧的硅化物完全氧化后形成的颗粒状硅酸盐中 SiO_2 聚集生长而来。

图 4-10 所示为 10Cr 合金外氧化层横截面的元素面分布图。由图 4-10 可知，外氧化层中的存在连续的 SiO_2 层，还存在连续分布的 $CrNbO_4$ 层，此时 $CrNbO_4$ 层中同样富含 Ti 元素。在外氧化层的内侧也存在富含 Ti 和 Cr 元素的区域，但是其分布较为分散。外侧的氧化物之间也分布着 SiO_2 颗粒，能够较好填充不同氧化物之间的缝隙。

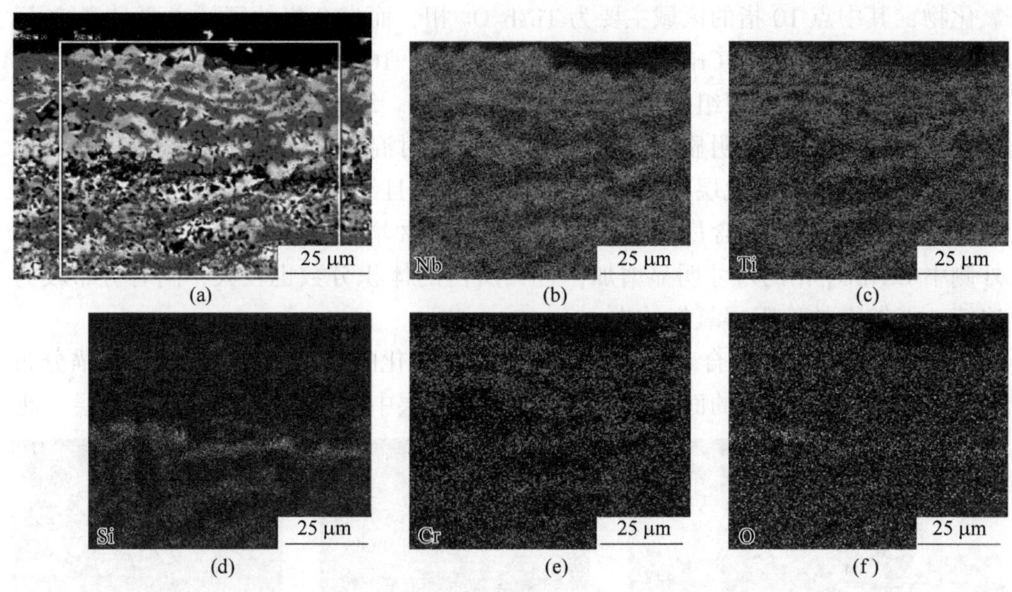

图 4-10　10Cr 合金在 1250 ℃、4 h 氧化后外氧化层横截面的元素分布图
（a）外氧化层横截面组织；（b）Nb 元素；（c）Ti 元素；（d）Si 元素；（e）Cr 元素；（f）O 元素

图 4-11 所示为 10Cr 合金氧化层横截面的元素面分布图。由图 4-11 可知，Cr 元素在中间氧化层的含量明显低于其在外氧化层的含量，这说明 Nb-23Ti-14Si 基合金在氧化过程中存在 Cr 元素的外扩散，这可能也是中间氧化层中 Cr 含量较低及在中间氧化层中未发现 Cr 氧化物（Cr_2O_3）的原因。

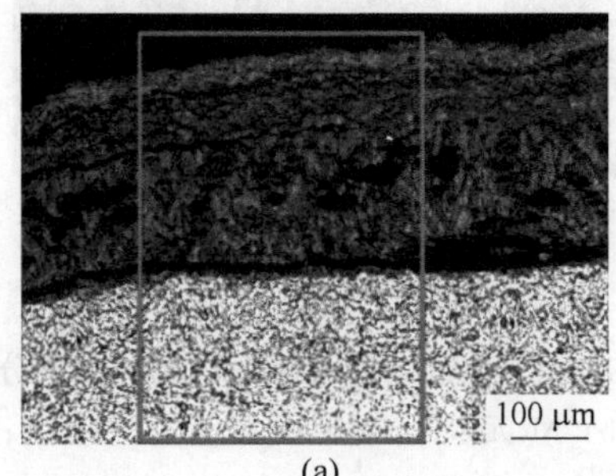

(a)

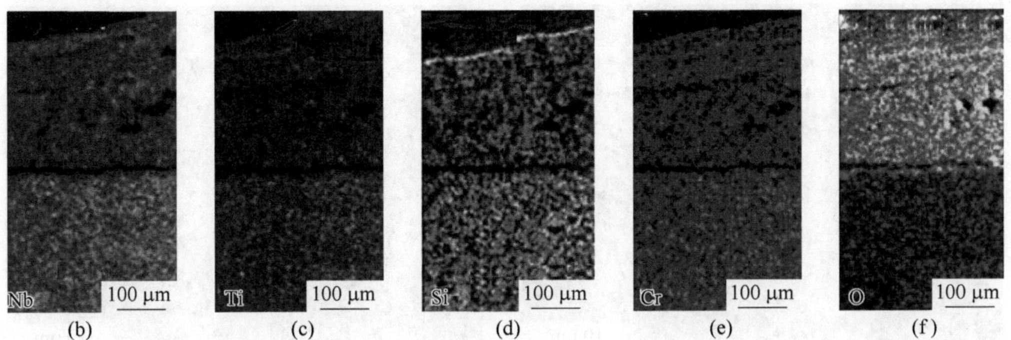

图 4-11 10Cr 合金经过 1250 ℃、4 h 氧化后氧化膜的横截面的元素分布图

（a）氧化膜横截面组织；（b）Nb 元素；（c）Ti 元素；（d）Si 元素；（e）Cr 元素；（f）O 元素

4.2.4 Mo 合金化的沉积态合金氧化行为

图 4-12（a）和（d）所示为 Mo 合金化 Nb-23Ti-14Si 基合金沉积态试样内氧化层横截面的 BSE 图像。相比 Nb-23Ti-14Si 合金的内氧化层（见图 4-4（a）），2Mo 合金的内氧化层中 Nbss 和 Nb_3Si 相界面处的 TiO_2 氧化物变得较为连续，且 Nb_3Si 相也发生氧化分解成为类似层片状的组织，但其尺寸为纳米尺度。相比 2Mo 合金，随着 Mo 含量增加，6Mo 合金的内氧化层中 Nbss 相上的 TiO_2 相的体积分数有增加的趋势，如图 4-12（d）所示。此外，内氧化层中的 α-Nb_5Si_3 相的变化不显著，结合成分分析（见表 4-4）可知，此时 α-Nb_5Si_3 相中固溶了原子数分数约为 11.31%O。

图 4-12（b）和（e）所示为中间氧化层横截面的 BSE 图像。2Mo 合金的中间氧化层中 Nbss 相已经完全氧化，而且出现了大量的细小孔洞，结合 EDS 分析可知，此时 Nbss 氧化后的产物中 Mo 含量（原子数分数）约为 1.1%，且并没有观察到 Mo 氧化物（MoO_3）的存在，推测这可能与 MoO_3 的挥发有关。由 Chattopadhyay 等人[128]研究表明，MoO_3 在 500 ℃以上开始蒸发，随着温度升高到 700 ℃，其饱和蒸气压从 10^{-2} Pa 急剧上升到 10^2 Pa。此时，中间氧化层中 Nb_3Si 相的氧化分解产物，即层片状组织发生了一定的粗化，而且其内部还出现了裂纹和孔洞。当 Mo 含量（原子数分数）增加到 6%时，合金的中间氧化层的孔洞密度较大，如图 4-12（e）所示，说明此时 MoO_3 的挥发更加严重。此外，Nbss 和 α-Nb_5Si_3 相在氧化过程由于体积膨胀而断裂成小块状，且块状之间存在较多的裂纹和孔洞。尽管还能够分辨出组织形态，但是结合成分分析可知，α-Nb_5Si_3 相在中间氧化层已经完全被氧化。

图 4-12（c）和（f）所示为外氧化层的横截面 BSE 图像。2Mo 合金外氧化

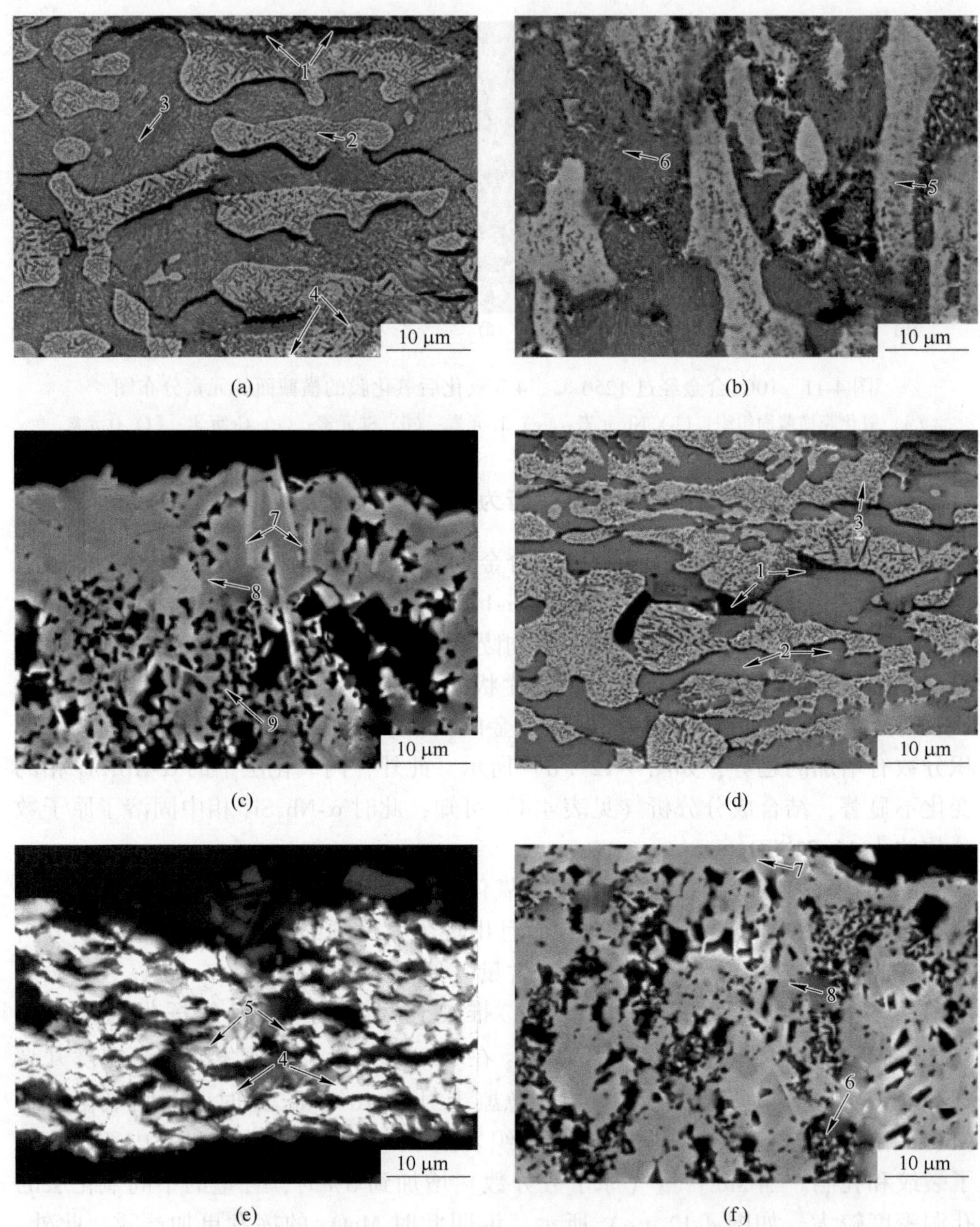

图 4-12　Mo 合金化 Nb-23Ti-14Si 基合金沉积态试样经 1250 ℃、4 h 氧化后不同氧化层横截面的 BSE 图像

(a) 2Mo，内氧化层；(b) 2Mo，中间氧化层；(c) 2Mo，外氧化层；(d) 6Mo，内氧化层；(e) 6Mo，中间氧化层；(f) 6Mo，外氧化层

层的外侧由块状和棒状的氧化物组成，结合成分分析（见表 4-4）及 XRD 衍射图谱（见图 4-2）分析可知，白色棒状的氧化物（见图 4-12（c）中点 7）主要为 $Ti_2Nb_{10}O_{29}$ 相，而点 8 所示的块状氧化物主要为 $TiNb_2O_7$，而外氧化层的内侧呈现疏松多孔的形貌。当 Mo 含量（原子数分数）增加到 6%时，合金的外氧化层厚度减小，这可能与 Mo 氧化物大量挥发而形成的孔洞有关，但是其外氧化层的外侧仍主要为白色棒状的 $Ti_2Nb_{10}O_{29}$ 相分布在块状 $TiNb_2O_7$ 相之间。外氧化层的内侧仍是疏松多孔，这种氧化层是由颗粒状的无定型硅酸盐、块状 $TiNb_2O_7$ 和棒状 $Ti_2Nb_{10}O_{29}$ 组成。

表 4-4 Mo 合金化 Nb-23Ti-14Si 基合金沉积态试样经 1250 ℃、4 h 氧化后各氧化物的化学成分

合金	位置点	成分（原子数分数）/%				
		Nb	Ti	Si	Mo	O
2Mo	1	8.23	33.39	2.17	0.81	55.40
	2	49.16	14.17	1.59	5.13	29.94
	3	38.04	14.87	18.02	1.60	27.47
	4	25.44	18.45	20.43	0.54	35.14
	5	22.91	7.00	0.59	1.11	68.39
	6	16.34	5.06	8.18	0.85	67.60
	7	14.38	7.46	13.15	0.32	64.70
	8	21.34	10.86	0.18	0.28	67.34
	9	15.69	7.68	0.58	0.18	72.88
6Mo	1	6.94	30.06	4.60	0.67	57.72
	2	42.82	12.49	32.06	1.33	11.31
	3	39.35	12.11	1.21	6.45	40.89
	4	20.13	8.12	0.10	2.22	69.23
	5	14.25	5.03	10.20	0.62	69.90
	6	13.23	4.72	10.17	0.21	71.68
	7	19.74	9.60	0.26	0.26	70.14
	8	22.27	5.57	0.49	0.32	71.35

图 4-13 所示为 2Mo 合金的内氧化中层片状组织的 TEM 图。由图 4-13（a）可知，内氧化层中层片状组织中包含三种颜色衬度的相，标记黑色相为点 1、白色相为点 2 和灰色相为点 3；其中黑色相富含 Ti 和 O 元素、白色相富含 Nb 和 Mo 元素，而灰色相富含 Si 元素，如图 4-13（b）所示。结合 SAED 分析可知，黑色

相、灰色相和白色相分别为 TiO、Nbss 和 α-Nb_5Si_3 相，这说明在内氧化层中 Nb_3Si 相氧化分解成为 TiO、Nbss 和 α-Nb_5Si_3 相。

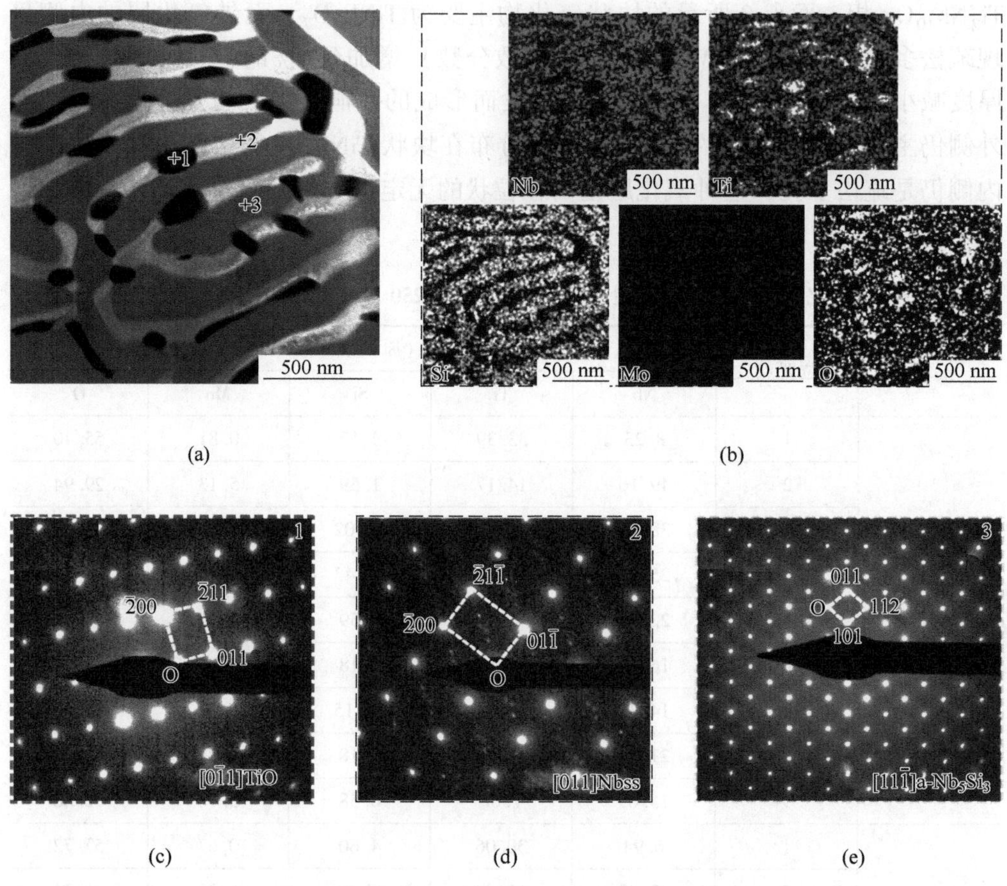

图 4-13　2Mo 合金的内氧化中层片状组织的 TEM 图[112]

（a）HAADF 像；（b）元素分布图；（c）TiO SAED 图；（d）Nbss SAED 图；（e）α-Nb_5Si_3 SAED 图

图 4-14 所示为 2Mo 合金经 1250 ℃、4 h 氧化后外氧化层横截面的元素分布图。由图 4-10 可知，Nb、Ti 和 Mo 元素的分布较为均匀，外氧化层中不存在连续分布的 SiO_2 层，且孔洞中并无 SiO_2 的存在。此时，硅酸盐颗粒较为分散，对氧的扩散阻碍能力有限。

图 4-15 所示为 2Mo 合金经过 1250 ℃、4 h 氧化后氧化膜横截面的元素分布图。

由图 4-15 可知，2Mo 合金的氧化层中不存在连续的 SiO_2 层，此外，中间氧化层和外氧化层中 Mo 含量明显低于内氧化层中的 Mo 含量，也证实了氧化过程中发生了 MoO_3 挥发。

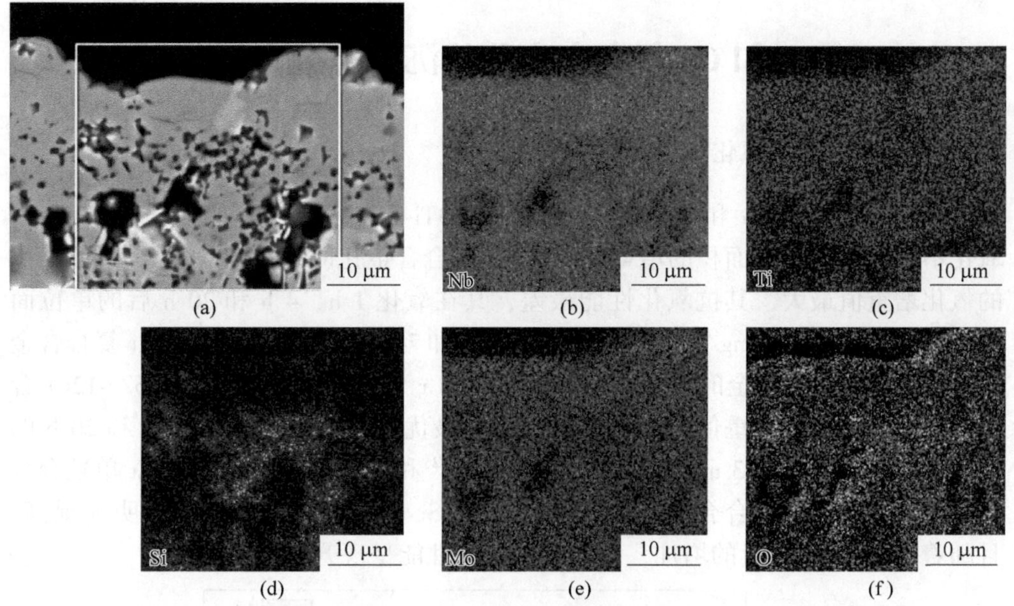

图 4-14 2Mo 合金经 1250 ℃、4 h 氧化后外氧化层的横截面的元素分布图

（a）外氧化层组织；（b）Nb 元素；（c）Ti 元素；（d）Si 元素；（e）Mo 元素；（f）O 元素

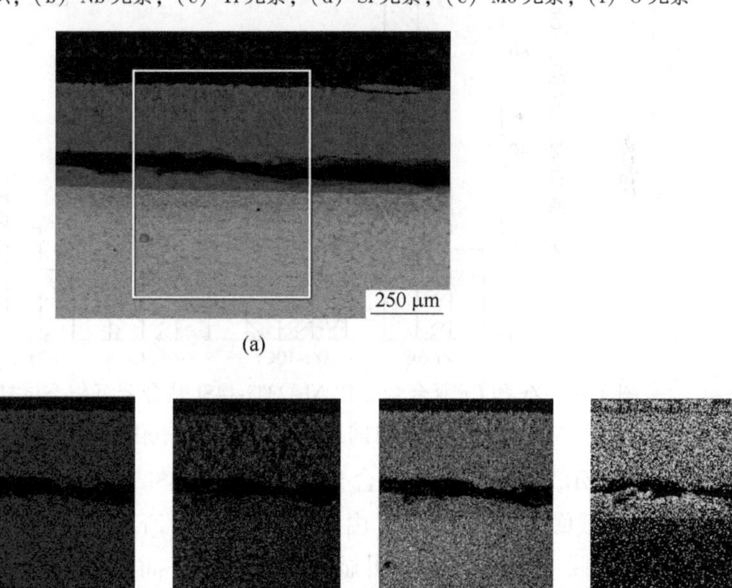

图 4-15 2Mo 合金经 1250 ℃、4 h 氧化后的氧化膜横截面的元素分布图

（a）横截面组织图；（b）Nb 元素；（c）Ti 元素；（d）Si 元素；（e）Mo 元素；（f）O 元素

4.3　Zr 和 Cr 复合合金化的沉积态合金氧化行为

4.3.1　单位面积的氧化增重

图 4-16 所示为 Zr 和 Cr 复合合金化 Nb-23Ti-14Si 基合金沉积态试样 1250 ℃氧化不同时间的单位面积的增重。Zr 和 Cr 复合合金化时，3Zr-5Cr 合金单位面积的氧化增重值最大，其抗氧化性能最差，其在氧化 1 h、4 h 和 20 h 后的单位面积增重分别为 33.58 mg/cm^2、34.45 mg/cm^2 和 74.11 mg/cm^2。Zr 和 Cr 复合合金化 Nb-23Ti-14Si 基合金的抗氧化性随着 Zr 和 Cr 含量的增加而增加，6Zr-12Cr 合金单位面积的氧化增重值最小，抗氧化性能最优，其在氧化 1 h、4 h 和 20 h 的单位面积增重为 14.93 mg/cm^2、23.91 mg/cm^2 和 34.67 mg/cm^2。与 Zr 单独合金化相比，Zr 和 Cr 复合合金化时，Nb-23Ti-14Si 基合金的抗氧化性能明显提高，且随着合金中 Cr 含量的增加，合金的抗氧化性能呈现升高趋势。

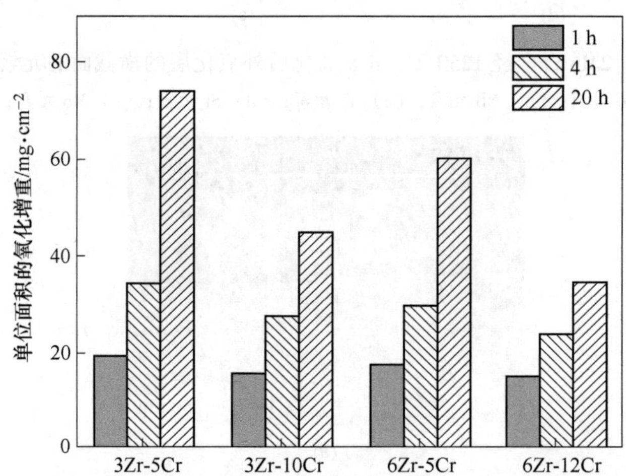

图 4-16　Zr 和 Cr 复合合金化 Nb-23Ti-14Si 基合金沉积态试样在 1250 ℃氧化不同时间后的单位面积的氧化增重[119]

图 4-17 所示为 Zr 和 Cr 复合合金化 Nb-23Ti-14Si 基合金沉积态试样经过 1250 ℃、4 h 氧化后横截面的 BSE 图像。由图 4-17 可知，Zr 和 Cr 复合合金化 Nb-23Ti-14Si 基合金的氧化膜中同样出现了明显的分层结构，而且不同氧化层之间中存在平行于氧化界面的裂纹，正是由于氧化膜中裂纹及疏松多孔等的缺陷存在，因此氧化膜会脱落。中间氧化层中孔洞较多，且脱落较为严重，其厚度无法准确测量。3Zr-5Cr 合金的内氧化层和外氧化层厚度分别约为 89 μm 和 128 μm，而 6Zr-5Cr 合金的内氧化层和外氧化层厚度分别约为 98 μm 和 115 μm，说明随着 Zr 含量的增加合金的内氧化层厚度呈现增加的趋势，但是外氧化层的厚度呈现减小的趋

势。3Zr-10Cr 合金的内氧化层和外氧化层厚度分别约为 72 μm 和 102 μm，而 6Zr-12Cr 合金的内氧化层和外氧化层厚度分别约为 45 μm 和 65 μm，说明随着 Zr 含量的增加，合金的内氧化层厚度和外氧化层的厚度都呈现减小的趋势。与 Zr 单独合金化相比，Zr 和 Cr 复合合金化时，Nb-23Ti-14Si 基合金的内氧化层和外氧化层厚度也显著减小，且随着合金中 Cr 含量的增加，内氧化层和外氧化层厚度呈现减小趋势。

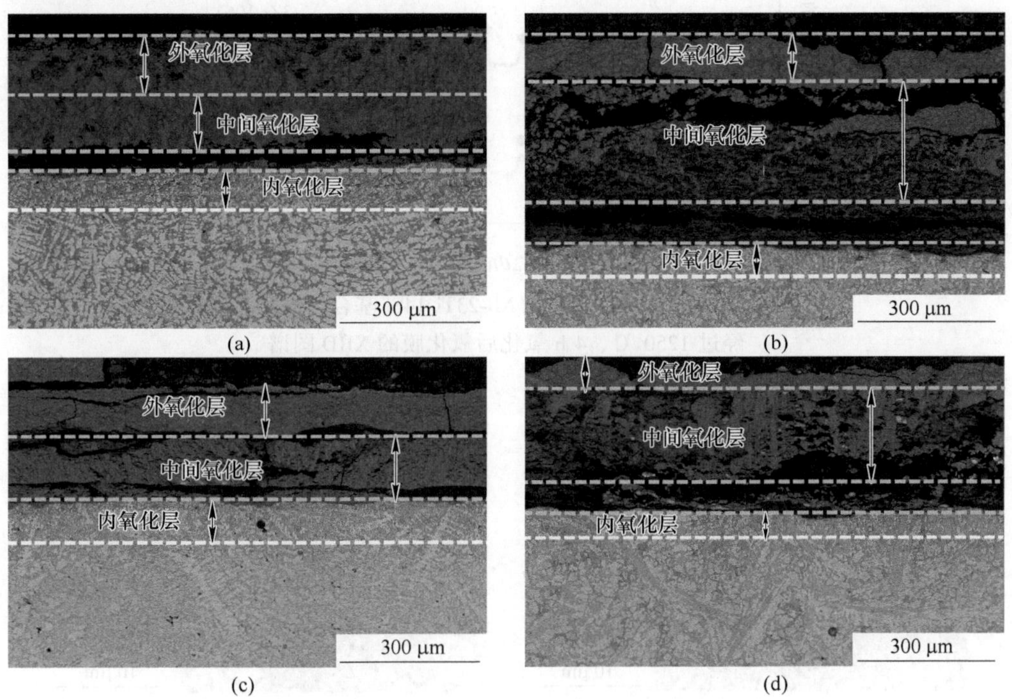

图 4-17 Zr 和 Cr 复合合金化 Nb-23Ti-14Si 基合金沉积态试样经过 1250 ℃、4 h 氧化后横截面的 BSE 图像[119]

(a) 3Zr-5Cr；(b) 3Zr-10Cr；(c) 6Zr-5Cr；(d) 6Zr-12Cr

图 4-18 所示为 Zr 和 Cr 复合合金化 Nb-23Ti-14Si 基合金沉积态试样经过 1250 ℃、4 h 氧化后的氧化膜的 XRD 图谱。

Zr 和 Cr 复合合金化 Nb-23Ti-14Si 基合金沉积态试样氧化膜主要由 $TiNb_2O_7$、$Ti_2Nb_{10}O_{29}$、Nb_2O_5、TiO_2 及 ZrO_2 等氧化物组成。此外，在 3Zr-10Cr 和 6Zr-12Cr 合金氧化膜的 XRD 衍射图谱中出现 $CrNbO_4$ 氧化物的衍射峰。

4.3.2 内氧化层组织特征及成分分析

图 4-19 所示为 Zr 和 Cr 复合合金化 Nb-23Ti-14Si 基合金沉积态试样经 1250 ℃、4 h 氧化后内氧化层横截面的 BSE 图像。

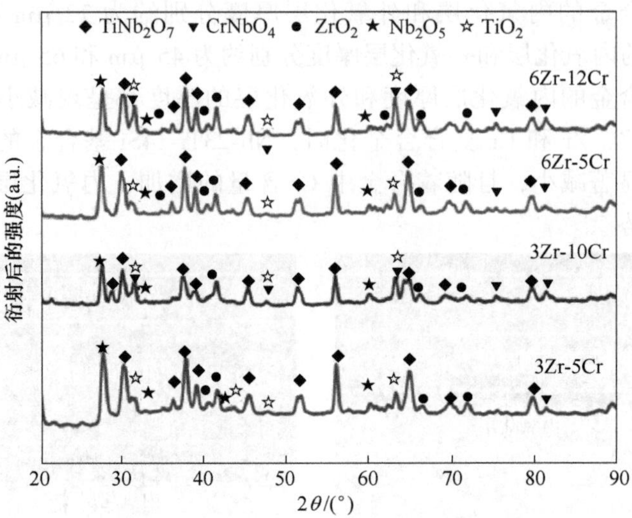

图 4-18　Zr 和 Cr 复合合金化 Nb-23Ti-14Si 基合金沉积态试样经过 1250 ℃、4 h 氧化后氧化膜的 XRD 图谱

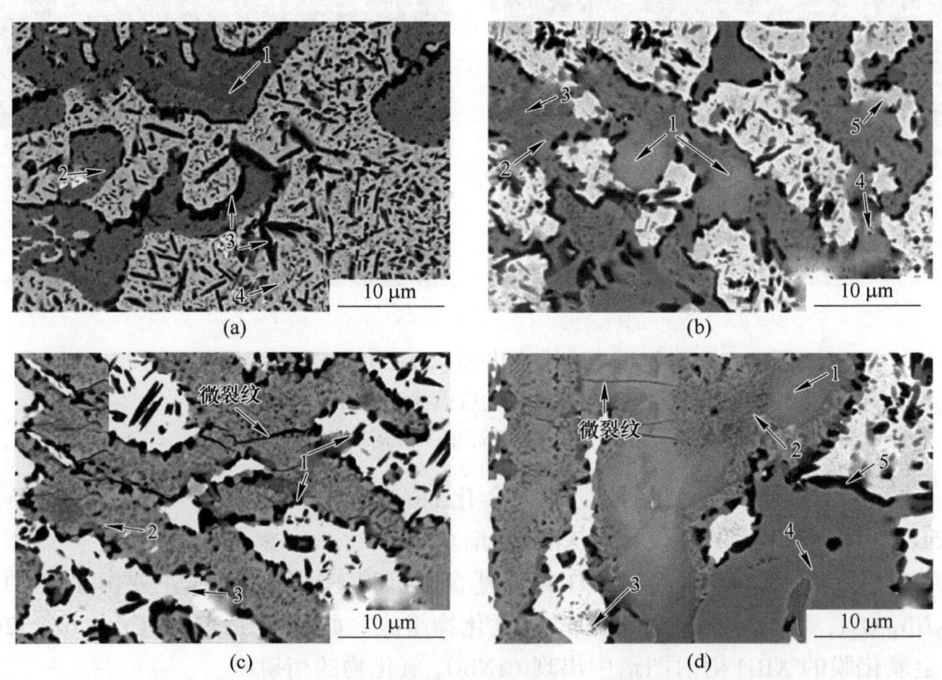

图 4-19　Zr 和 Cr 复合合金化 Nb-23Ti-14Si 基合金沉积态试样经过 1250 ℃、4 h 氧化后内氧化层横截面的 BSE 图像[119]

（a）3Zr-5Cr；（b）3Zr-10Cr；（c）6Zr-5Cr；（d）6Zr-12Cr

由图 4-19 可知，相比 Zr 单独合金化的合金内氧化层中 TiO_2 的尺寸和体积分数，Zr 和 Cr 复合合金化时，内氧化层中 TiO_2 相的尺寸较大，但是其体积分数相对较小。内氧化层中氧化物的尺寸和体积分数取决于氧化物的形核速率和生长速率，这说明在 Zr 存在时，继续采用 Cr 合金化可使得 TiO_2 形核速率降低，而生长速率增加。张松[123]研究 Cr 合金化对多元 Nb-Si 基合金抗氧化性能影响时发现，高含量的 Cr 合金化有利于 Ti 元素发生选择性氧化，但是在 Hf 存在时又会抑制 Ti 元素发生选择性氧化。Zr 元素与 Hf 元素属于同一主族元素，表现出来性质可能较为相似。所以，相比 Zr 单独合金化 Nb-23Ti-14Si 基合金的内氧化层，此时 Zr 和 Cr 复合合金化的合金内氧化层中 TiO_2 的体积分数呈现出上升趋势。对比 4 种 Zr 和 Cr 复合合金化的 Nb-23Ti-14Si 基合金的内氧化层，尤其是在高 Cr 含量的合金（3Zr-10Cr 和 6Zr-12Cr）中，Nbss 相在氧化初期伴随着黑色棒状 TiO_2 的形成还生成了浅灰色的相，如图 4-19（b）和（d）所示，而且在 Nbss 与硅化物的相界面也存在浅灰色的相，这是可能是由于 Nbss 相中固溶了大量的 Cr 元素，高含量的 Cr 元素使体系不稳定，因此在氧化过程，Nbss 相中形成少量的 Cr_2Nb 相，从而降低体系自由能。

由第 3 章可知，3Zr-5Cr 和 3Zr-10Cr 合金中存在两种硅化物相（γ-Nb_5Si_3 和 α-Nb_5Si_3）。结合图 4-19（a）和（b）可知，这两种硅化物相的氧化速率不同，具体表现为在 3Zr-5Cr 合金内氧化层中的 α-Nb_5Si_3 相形态基本无变化，仅仅固溶了原子数分数约 15%的氧，如图 4-19（a）中点 1 所示，而 γ-Nb_5Si_3 相已经发生了氧化分解，如图 4-19（a）中点 2 所示，由于析出相尺寸较小，无法精确测量其成分，但是内氧化层中 γ-Nb_5Si_3 相的整体氧成分（原子数分数）约为 23%。随着 Cr 含量的增加，3Zr-10Cr 合金内氧化层中 γ-Nb_5Si_3 相并未全部发生氧化分解反应，仅其边缘部分发生氧化分解，而其心部只是固溶了原子数分数约 10%的氧（见表 4-5），如图 4-19（b）所示。此外，对比 3Zr-5Cr 合金的内氧化层，3Zr-10Cr 合金内氧化层中 α-Nb_5Si_3 相中的氧含量也呈现下降趋势，这说明当合金中 Zr 含量相同时，随着 Cr 含量的增加能够降低内氧化层中的氧含量，且提高了硅化物相的抗氧化性。

表 4-5 Zr 和 Cr 复合合金化 Nb-23Ti-14Si 基合金沉积态试样经过 1250 ℃、4 h 氧化后内氧化层中各氧化物的化学成分

合金	位置点	成分（原子数分数）/%					
		Nb	Ti	Si	Zr	Cr	O
3Zr-5Cr	1	27.06	22.37	28.94	5.56	0.81	15.26
	2	30.77	17.40	22.25	7.60	0.30	23.27
	3	10.92	42.14	5.58	0.39	1.83	39.13
	4	56.06	10.48	0.96	0	5.72	26.78

续表 4-5

合金	位置点	成分（原子数分数）/%					
		Nb	Ti	Si	Zr	Cr	O
3Zr-10Cr	1	42.70	13.17	32.05	2.37	0.68	9.03
	2	24.25	13.63	19.70	10.33	10.3	31.79
	3	26.78	23.69	30.92	7.52	1.62	9.45
	4	25.59	7.14	7.82	0.70	48.91	9.84
	5	59.27	10.65	0.77	0	7.03	22.29
6Zr-5Cr	1	7.49	54.11	2.91	1.84	0.22	33.04
	2	26.62	10.68	19.71	9.67	2.00	31.74
	3	60.51	9.29	0.34	0	6.26	23.60
6Zr-12Cr	1	26.49	18.20	31.86	12.43	1.00	10.01
	2	25.65	13.18	20.91	11.20	0.60	28.46
	3	60.99	9.87	1.50	0	10.90	16.74
	4	23.92	11.21	8.93	2.12	51.50	2.32
	5	9.43	32.25	1.92	0.12	5.92	50.36

在高 Zr 含量的合金（6Zr-5Cr 和 6Zr-12Cr）的内氧化层中出现了微裂纹，这些微裂纹存在于 γ-Nb_5Si_3 相中且与氧化界面平行。此时，6Zr-5Cr 合金内氧化层中的 γ-Nb_5Si_3 相也已经全部发生氧化分解，而 6Zr-12Cr 合金中的初生 γ-Nb_5Si_3 相仅边缘发生了氧化分解，分解成为不规则的层片组织，如图 4-19（d）所示。相比 3Zr-10Cr 合金，6Zr-12Cr 合金内氧化层中未发生氧化分解的区域所占的比例增加。

图 4-20 所示为 6Zr-12Cr 合金经过 1250 ℃、4 h 氧化后内氧化层的 TEM 表征分析。块状 γ-Nb_5Si_3 相边缘部分由不规则的片层组织构成，分别标记为点 4 和点 5，心部无明显变化，标记为点 6，在 Nbss 相与 γ-Nb_5Si_3 相界面处存在灰色衬度的相，标记为点 2，相界面处黑色衬度标记为点 3，如图 4-20（c）所示。图 4-20（d）所示为图 4-20（c）中蓝色框所对应的元素分布的面扫描图，其中点 2 富含 Cr 元素，点 3 富含 Ti 和 O 元素，点 4 富含 Zr 和 O 元素。对各个位置点进行 SAED 分析，如图 4-20（e）~（j）所示，并结合成分分析可知（见表 4-6），点 1~点 6 分别为 Nbss 相、Cr_2Nb 相、TiO_2 相、α-ZrO_2 相、α-Nb_5Si_3 相和 γ-Nb_5Si_3 相。

结合 TEM 的 SAED 图，可以确定 Nbss 相中及 Nbss 与界面处的灰色衬度相为 Cr_2Nb 相，表明在氧化初期，6Zr-12Cr 合金中 Nbss 相不仅发生了 Ti 的选择性氧化，而且还生成了 Cr_2Nb 相，块状 γ-Nb_5Si_3 在氧化初期首先是边缘部分发生氧化分解生成 α-ZrO_2 相和 α-Nb_5Si_3 相，而心部仍然是 γ-Nb_5Si_3。

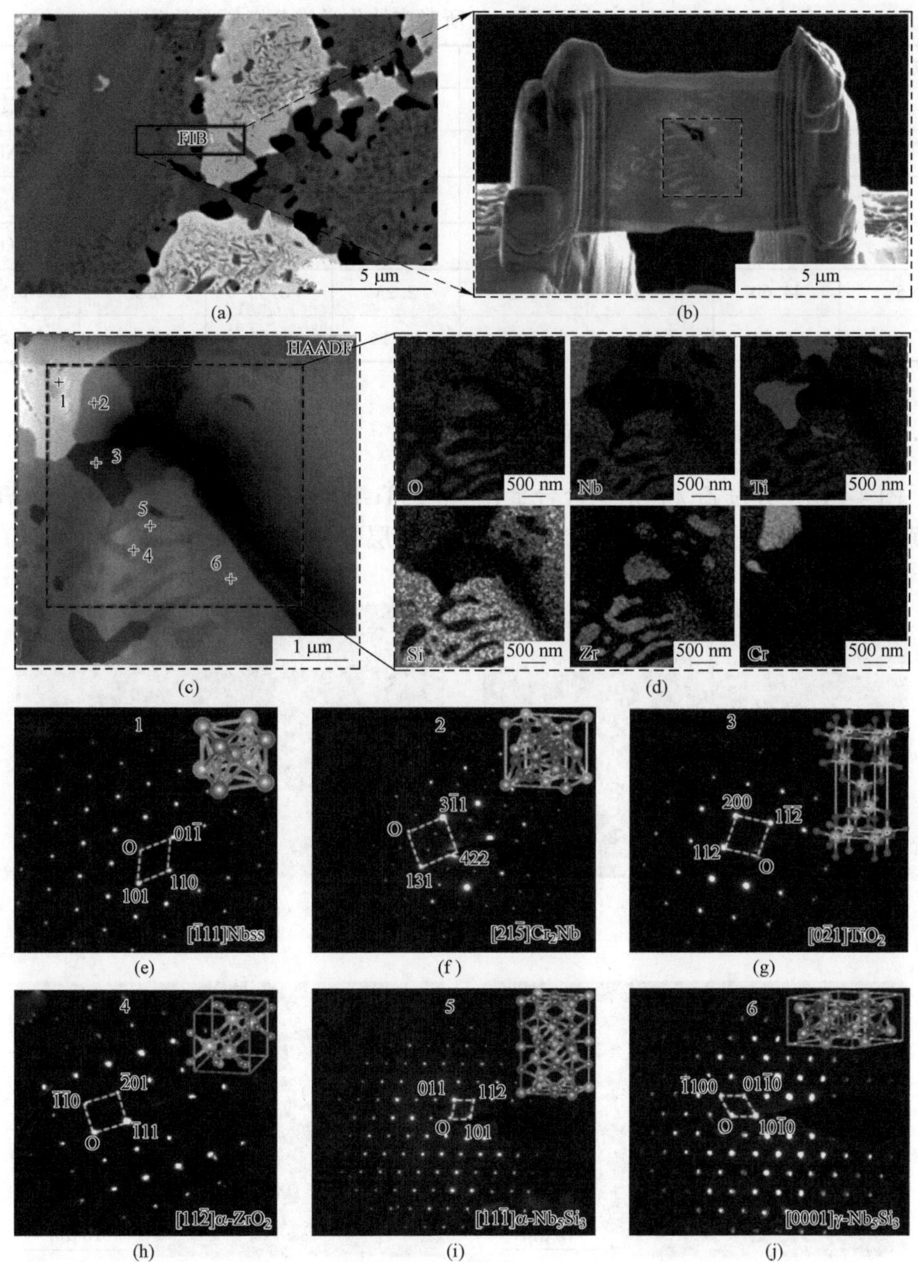

图 4-20 6Zr-12Cr 合金内氧化层微观组织[119]

(a) 6Zr-12Cr 合金经 1250 ℃、4 h 氧化后的内氧化层组织；(b) 图(a)中方框处的 FIB-TEM；(c) 图(b)中方框外的 HAADF 相；(d) 图(c)方框处的元素面分布图；(e) Nbss 相的 SAED；(f) C15-Cr_2Nb 相的 SAED；(g) TiO_2 相的 SAED；(h) α-ZrO_2 相的 SAED；(i) α-Nb_5Si_3 相的 SAED；(j) γ-Nb_5Si_3 相的 SAED

表 4-6 图 4-20(c) 中标记点 1~6 所对应的化学成分（原子数分数） (%)

位置点	Nb	Ti	Si	Zr	Cr	O	相
1	68. 03	13. 28	0. 61	2. 14	5. 55	10. 40	Nbss
2	29. 73	6. 45	7. 77	0. 63	49. 47	5. 94	Cr_2Nb
3	3. 18	59. 28	0. 55	0. 57	0. 20	36. 21	TiO_2
4	0. 24	0. 50	0. 34	44. 24	0. 04	54. 64	α-ZrO_2
5	44. 60	15. 53	30. 37	2. 23	0. 33	6. 95	α-Nb_5Si_3
6	26. 91	17. 46	31. 00	16. 16	0. 91	7. 57	γ-Nb_5Si_3

4. 3. 3 中间氧化层组织特征及成分分析

图 4-21 所示为 Zr 和 Cr 复合合金化 Nb-23Ti-14Si 基合金沉积态试样中间氧化层横截面的 BSE 图像。表 4-7 给出了中间氧化层中各组成相的成分。

图 4-21 Zr 和 Cr 复合合金化时沉积态 Nb-23Ti-14Si 基合金经过 1250 ℃、4 h 氧化后中间氧化层的横截面 BSE 图像[119]

(a) 3Zr-5Cr；(b) 3Zr-10Cr；(c) 6Zr-5Cr；(d) 6Zr-12Cr

表 4-7 Zr 和 Cr 复合合金化 Nb-23Ti-14Si 基合金沉积态试样经 1250 ℃、4 h 氧化后中间氧化层中各氧化物的成分

合金	位置点	成分（原子数分数）/%					
		Nb	Ti	Si	Zr	Cr	O
3Zr-5Cr	1	9.47	3.83	12.68	1.84	0.46	71.72
	2	23.21	4.60	0.23	0.64	2.45	68.87
3Zr-10Cr	1	15.08	4.69	11.49	0.79	0.23	67.72
	2	21.92	3.29	0.90	0.06	5.48	68.34
	3	14.97	4.51	9.52	1.62	0.95	66.12
6Zr-5Cr	1	12.99	8.04	9.36	2.31	0.11	68.37
	2	24.51	3.43	0.35	0	2.13	69.59
6Zr-12Cr	1	12.74	3.21	7.71	5.92	0.60	69.82
	2	24.25	3.69	0.42	0.03	1.91	69.70
	3	15.18	2.79	9.51	3.31	0.42	68.68

如图 4-21 所示，对比表明，3Zr-5Cr 和 3Zr-10Cr 合金的中间氧化层的裂纹和空洞明显少于 6Zr-5Cr 和 6Zr-12Cr 合金的。6Zr-5Cr 和 6Zr-12Cr 的中间氧化层中硅化相的氧化产物中白色点状的 ZrO_2 和尺寸明显较大，说明 ZrO_2 已经发生团聚长大，这势必会带来较大的体积膨胀以及更大的内应力，最终导致大量横向裂纹产生，而且大量裂纹的存在也会对氧化膜的黏附性产生影响。说明 Zr 和 Cr 复合合金化仍然不有效提高中间氧化层的致密性和完整性。但是 3Zr-10Cr 和 6Zr-12Cr 合金的中间氧化层存在未被完全氧化的硅化物，尤其是在 6Zr-12Cr 合金的中间氧化层，如图 4-21（d）所示。相比 Zr 单独合金化的 Nb-23Ti-14Si 基合金沉积态试样中间氧化层中 γ-Nb_5Si_3 相，这说明 Zr 和 Cr 复合合金化提高了 γ-Nb_5Si_3 相的抗氧化性。

图 4-22 所示为 6Zr-12Cr 合金经过 1250 ℃、4 h 氧化后的中间氧化层 γ-Nb_5Si_3 相的边缘的氧化产物微观组织。

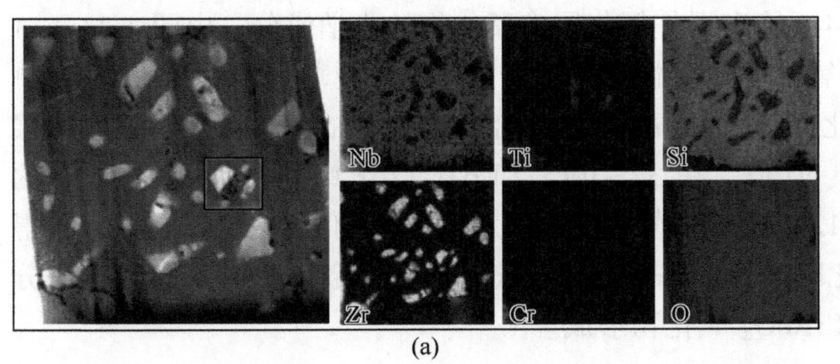

(a)

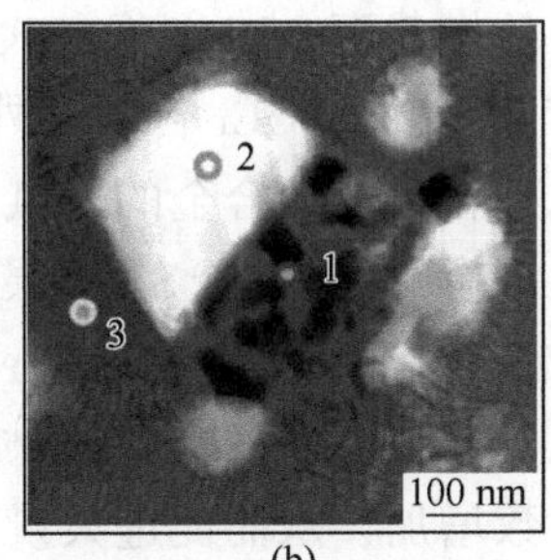

(b)

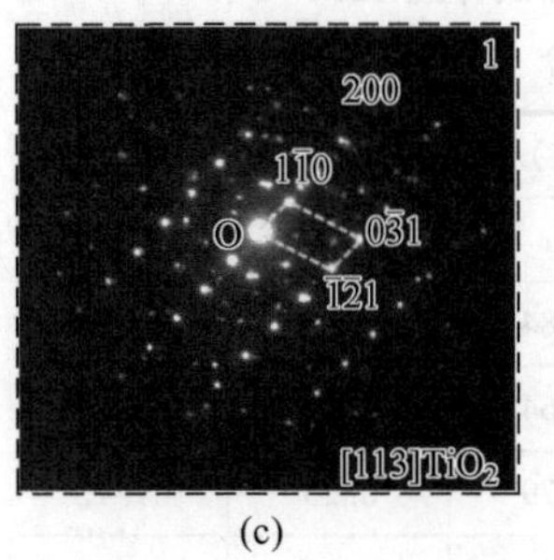

(c)

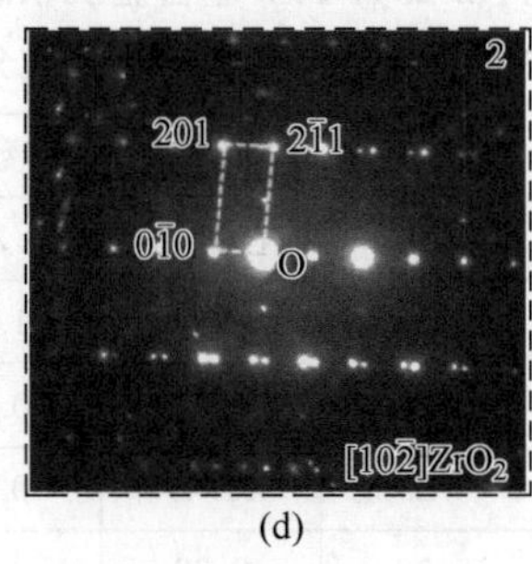

(d)

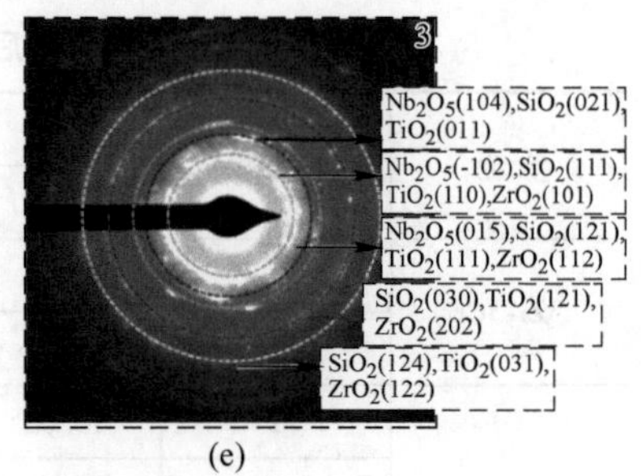

(e)

图 4-22 TEM 分析 6Zr-12Cr 合金经 1250 ℃、4 h 氧化后的中间氧化层组织[119]
(a) γ-Nb_5Si_3 相边缘的氧化产物组织的 HAADF 图及元素面分布图；(b) 图(a)中方框处的 HAADF 图；
(c) TiO_2 相的 SAED 图；(d) α-ZrO_2 相的 SAED 图；(e) α-Nb_5Si_3 相的氧化产物的 SAED 图

图 4-22（a）所示为中间氧化层中 γ-Nb_5Si_3 氧化产物的 HAADF 图及元素面扫分布图，其中颗粒状的氧化物富含 Zr，还有少量的氧化物富含 Ti。图 4-22（b）所示为图 4-22（a）的局部放大图，黑色富 Ti 的氧化物标记为点 1，其成分约为 Nb-25. 84Ti-0. 96Zr-0. 25Cr-67. 30O（原子数分数/%）；白色富 Zr 的氧化物标记为点 2，其成分约为 Nb-1. 0Ti-30. 51Zr-0. 46Cr-67. 79O（原子数分数/%）；其余标记为点 3，其成分约为 Nb-5. 37Ti-10. 93Si-5. 37Zr-0. 09Cr-67. 87O（原子数分数/%）。图 4-22（c）~（e）所示分别为点 1 ~ 点 3 对应的 SAED 图，结合成分分析可知，点 1 为 TiO_2，点 2 为 ZrO_2，而点 3 为 Nb_2O_5、TiO_2、SiO_2 及 ZrO_2 组成的多晶体。由此可知，6Zr-12Cr 合金中间氧化层中 γ-Nb_5Si_3 相的边缘部分已经发生完全氧化。

因此，当 Zr 和 Cr 复合合金化时，Nb-23Ti-14Si 基合金经过 1250 ℃、4 h 氧化后的中间氧化层中，Nbss 相的氧化产物主要为 $Ti_2Nb_{10}O_{29}$、Nb_2O_5 和 TiO_2，而 γ-Nb_5Si_3 相的氧化产物为 Nb_2O_5、TiO_2、SiO_2 及 ZrO_2 组成的多晶体。

4.3.4 外氧化层组织特征及成分分析

图 4-23 所示为 Zr 和 Cr 复合合金化 Nb-23Ti-14Si 基合金沉积态试样外氧化层的横截面 BSE 图像。表 4-8 给出了外氧化层中氧化物的化学成分。由图 4-23（a）可知，3Zr-5Cr 合金的外氧化层中空洞尺寸较大，表明其脱落较为严重。与 Zr 单独合金化的合金的外氧化层相比，Zr 和 Cr 复合合金化的 Nb-Si 基合金外氧化层没有形成连续 SiO_2 层，但是，在 3Zr-10Cr 和 6Zr-12Cr 中仍然生成了大量的 $CrNbO_4$ 氧化物，且 6Zr-12Cr 合金的外氧化层中 $CrNbO_4$ 氧化物的含量较多，这得益于 Zr 和 Cr 复合合金化时，随着 Zr 和 Cr 含量的增加合金中 Cr_2Nb 相的体积分数增加，从而促进大量 $CrNbO_4$ 氧化物形成。

图 4-23　Zr 和 Cr 复合合金化 Nb-23Ti-14Si 基合金沉积态试样经过 1250 ℃、4 h 氧化后外氧化层的横截面 BSE 图像[119]

(a) 3Zr-5Cr；(b) 3Zr-10Cr；(c) 6Zr-5Cr；(d) 6Zr-12Cr

表 4-8　Zr 和 Cr 复合合金化 Nb-23Ti-14Si 基合金沉积态试样经过 1250 ℃、4 h 氧化后外氧化层中各氧化物的成分

合金	位置点	成分（原子数分数）/%					
		Nb	Ti	Si	Zr	Cr	O
3Zr-5Cr	1	22.02	7.08	0.37	0.34	1.10	69.09
	2	9.70	4.96	12.56	1.45	0.48	70.86
	3	11.21	12.92	0.23	0.79	5.99	68.87
3Zr-10Cr	1	19.41	10.14	0.45	1.07	1.61	67.62
	2	11.33	4.28	10.23	0.87	1.56	71.72
	3	14.95	11.39	0.32	0.42	8.52	64.40
6Zr-5Cr	1	21.55	7.55	0.75	1.41	0.52	68.21
	2	9.22	3.89	10.64	4.81	0.92	70.52
	3	10.22	13.31	2.4	1.56	5.65	66.86
6Zr-12Cr	1	22.34	6.46	0.50	0.30	1.94	68.60
	2	13.76	4.14	11.69	3.16	0.56	66.69
	3	8.05	16.28	0.64	0.53	6.49	67.26

图 4-24 所示为 6Zr-12Cr 合金经过 1250 ℃、4 h 后外氧化层的元素面分布图。可知，外氧化层中没有形成连续的 SiO_2 层，但是 Si 元素分布相对分散，而且形

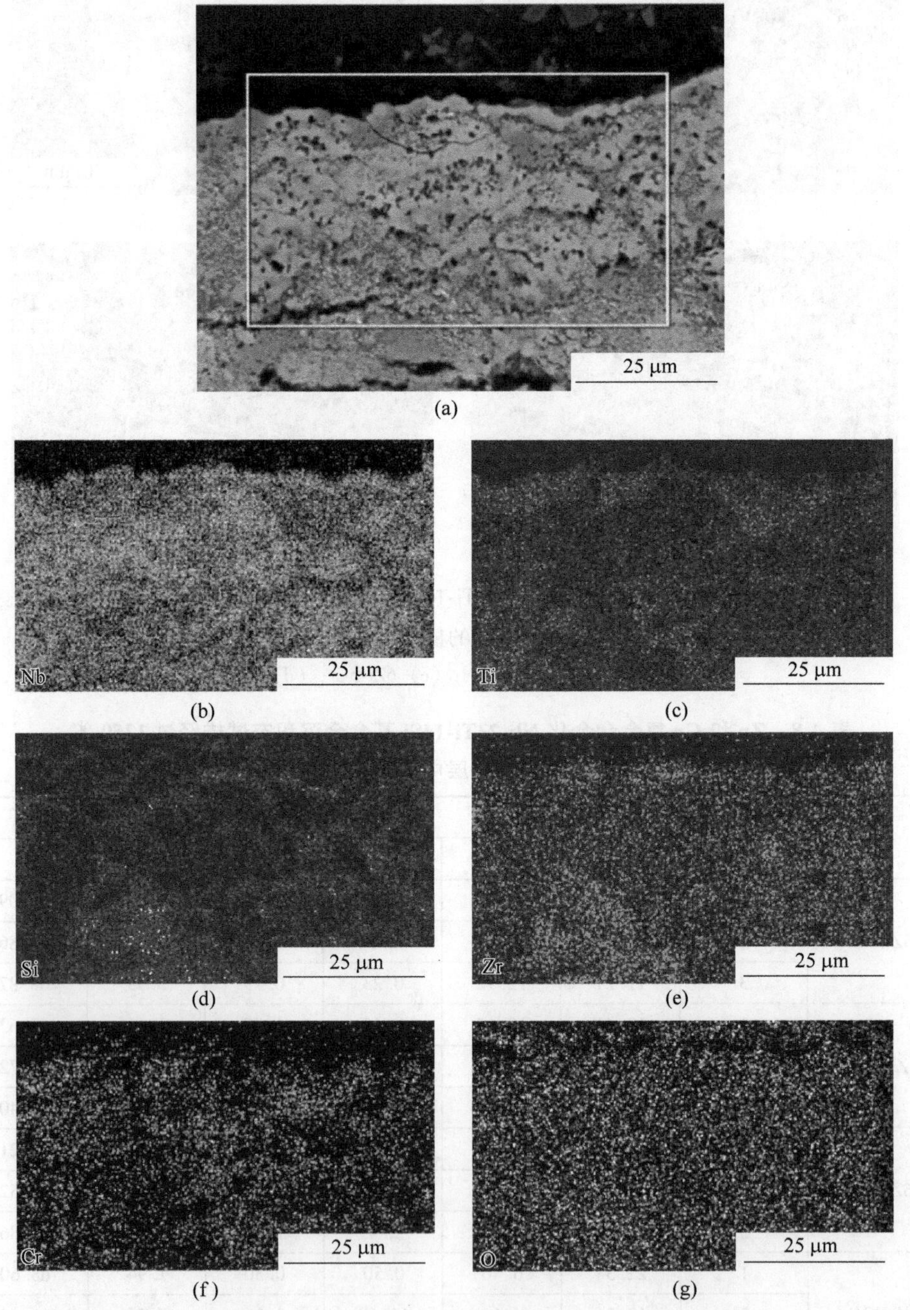

(a)　(b)　(c)　(d)　(e)　(f)　(g)

图 4-24　6Zr-12Cr 合金经 1250 ℃、4 h 氧化后外氧化层的元素面分布图
(a) 外氧化层的 BSE 图像；(b) Nb 元素；(c) Ti 元素；(d) Si 元素；(e) Zr 元素；(f) Cr 元素；(g) O 元素

成了较为连续的富 Ti 和富 Cr 的氧化层，与富 Si 氧化物以类似网状的形式存在，这也有助于 Nb-23Ti-14Si 基合金抗氧化性能的提高。

结合前述分析可知，γ-Nb_5Si_3 相在内氧化层发生的氧化分解反应为：γ-$Nb_5Si_3+O_2 \rightarrow \alpha$-$ZrO_2+\alpha$-$Nb_5Si_3$，紧接着在中间氧化层中发生的反应为：$\alpha$-$Nb_5Si_3+O_2 \rightarrow \alpha$-$ZrO_2+Nb_2O_5+TiO_2+SiO_2+Cr_2O_3$，而外氧化层中部分简单氧化物通过固态反应生成复杂氧化物 $Ti_2Nb_{10}O_{29}$ 及 $TiNb_2O_7$。

4.4 Zr 和 Mo 复合合金化的沉积态合金氧化行为

4.4.1 单位面积的氧化增重

图 4-25 所示为 Zr 和 Mo 复合合金化 Nb-23Ti-14Si 基合金沉积态试样在 1250 ℃氧化不同时间后单位面积的氧化增重。3Zr-9Mo 合金单位面积的氧化增重最大，其抗氧化性能最差，在氧化 1 h、4 h 和 20 h 后的单位面积增重分别为 25.51 mg/cm^2、40.35 mg/cm^2 和 89.48 mg/cm^2。Mo 和 Zr 复合合金化 Nb-23Ti-14Si 基合金沉积态试样单位面积的氧化增重随着 Zr 含量的增加而减小，因此其抗氧化性能随着 Zr 含量的增加而提高。但是，在低 Zr 含量的合金（3Zr-4Mo 和 3Zr-9Mo 合金）中，随着 Mo 含量的增加，单位面积的氧化增重增加，其抗氧化性能下降，而在高 Zr 含量的合金（6Zr-4Mo 和 6Zr-9Mo 合金）中，随着 Mo 含量的增加，单位面积的氧化增重减小，其抗氧化性能提高。6Zr-9Mo 合金单位面积的氧化增重减小，其抗氧化性能最优，在氧化 1 h、4 h 和 20 h 后的单位面积增

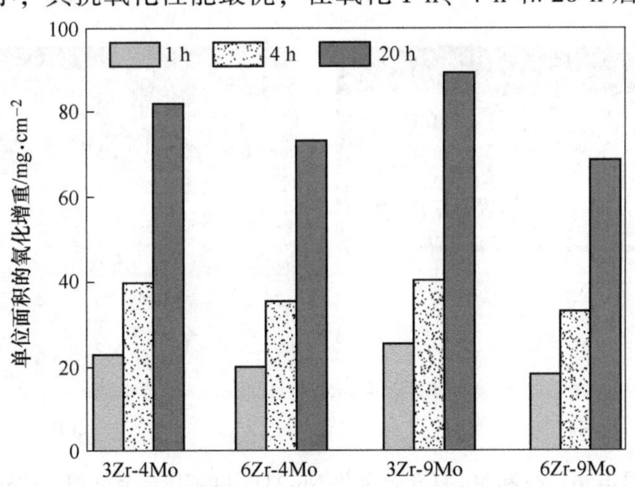

图 4-25 Zr 和 Mo 复合合金化时沉积态 Nb-23Ti-14Si 基合金在 1250 ℃氧化 1 h、4 h 和 20 h 后的单位面积增重

重分别为 17.75 mg/cm²、32.92 mg/cm² 和 68.37 mg/cm²。与 3%Zr 合金化（原子数分数）相比，Zr 和 Mo 复合合金化略微减弱了 Nb-23Ti-14Si 基合金的抗氧化性能，但是与 7%Zr 合金化（原子数分数）相比，Zr 和 Mo 复合合金化提高了 Nb-23Ti-14Si 基合金的抗氧化性能。

图 4-26 所示为 Zr 和 Mo 复合合金化 Nb-23Ti-14Si 基合金沉积态试样经过 1250 ℃、4 h 氧化后的横截面 BSE 图像。由图 4-26 可知，氧化膜同样存在明显的分层现象。对比 Zr 单独合金化的沉积态 Nb-23Ti-14Si 基合金的氧化膜横截面组织（见图 4-2（b）和（c）），Zr 和 Mo 复合合金化的氧化膜比 Zr 单独合金化时的氧化膜的完整性好。尽管 Zr 和 Mo 复合合金化使合金的中间氧化层完整性提高，但是仍发生了脱落。经测量，3Zr-4Mo 合金的内氧化层和外氧化层厚度分别约为 90 μm 和 172 μm，6Zr-4Mo 合金的内氧化层和外氧化层厚度分别约为 81 μm

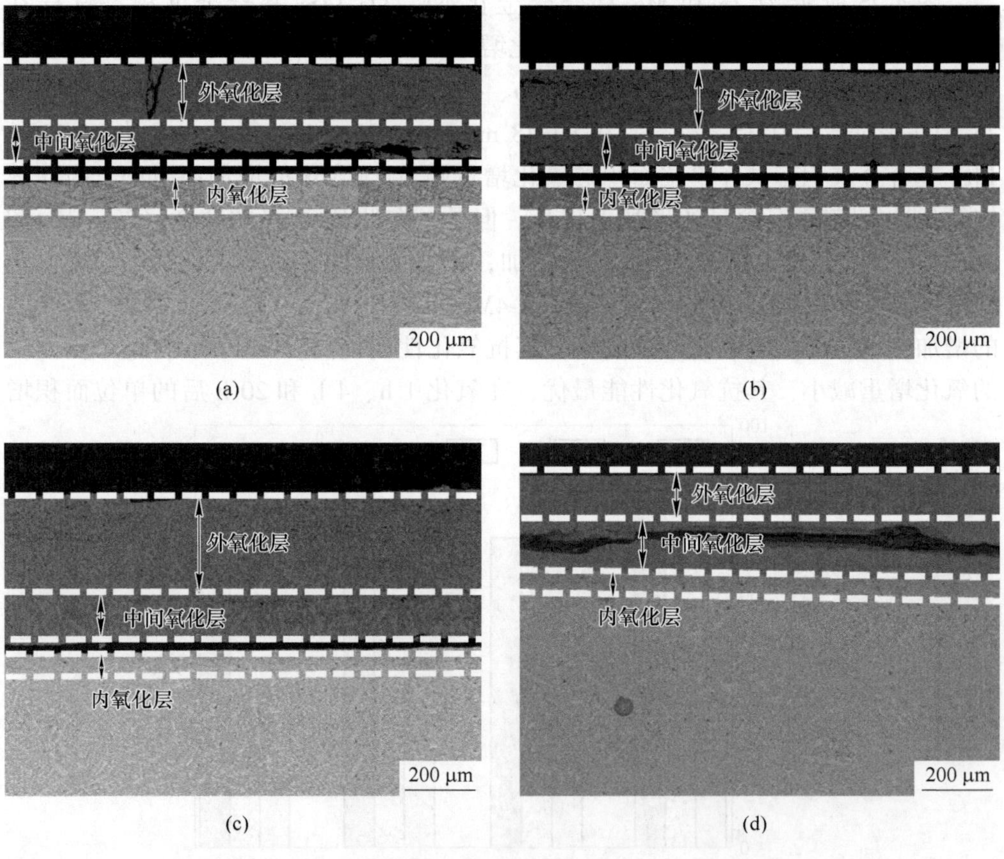

图 4-26 Zr 和 Mo 复合合金化 Nb-23Ti-14Si 基合金沉积态试样经过 1250 ℃、4 h 氧化后典型的横截面 BSE 图像

（a）3Zr-4Mo；（b）6Zr-4Mo；（c）3Zr-9Mo；（d）6Zr-9Mo

和 185 μm，3Zr-9Mo 合金的内氧化层和外氧化层厚度分别约为 57 μm 和 270 μm，6Zr-9Mo 合金的内氧化层和外氧化层厚度分别约为 62 μm 和 125 μm。因此，3Zr-9Mo 的氧化膜厚度最小，而 6Zr-9Mo 合金的氧化膜厚度最大，与氧化增重的趋势基本一致。

图 4-27 所示为 4 种 Zr 和 Mo 复合合金化 Nb-23Ti-14Si 基合金沉积态试样经过 1250 ℃、4 h 氧化后的氧化膜 XRD 图谱。由图 4-27 可知，氧化膜主要由 $TiNb_2O_7$、TiO_2、$Ti_2Nb_{10}O_{29}$、Nb_2O_5 及 ZrO_2 氧化物组成，随着合金中 Zr 含量的增加，氧化膜中 ZrO_2 衍射峰的数量和强度出现一定程度的增加，同样并未发现 Mo 氧化物的衍射峰。

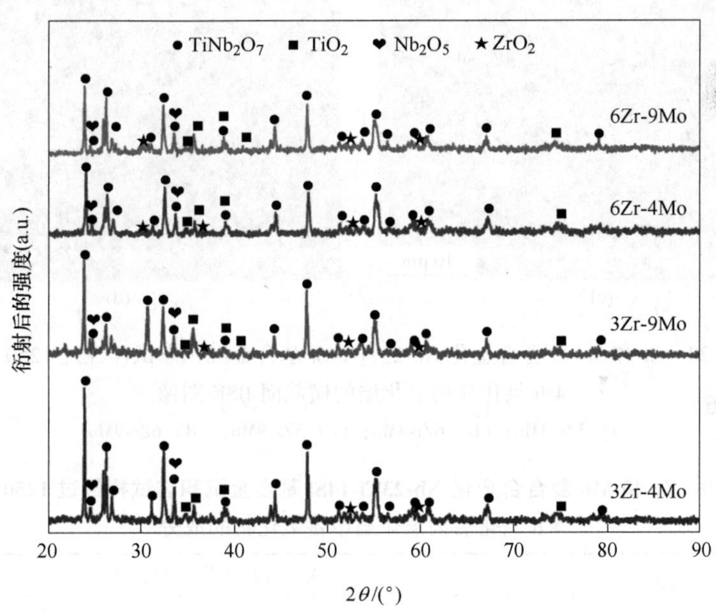

图 4-27 Zr 和 Mo 复合合金化 Nb-23Ti-14Si 基合金沉积态试样经过 1250 ℃、4 h 氧化后氧化膜的 XRD 图谱

4.4.2 内氧化层组织特征及成分分析

图 4-28 所示为 Zr 和 Mo 复合合金化 Nb-23Ti-14Si 基合金沉积态试样经 1250 ℃、4 h 氧化后内氧化层的横截面 BSE 图像，表 4-9 给出了其组成相的化学成分。由图 4-28 可见，Nbss 上生成了大量的棒状 TiO_2，而 γ-Nb_5Si_3 相只是发生了部分氧化，即 γ-Nb_5Si_3 相边缘发生了部分氧化，而心部的氧含量（原子数分数）约为 18%，这说明 γ-Nb_5Si_3 相的边缘也发生了氧化分解。

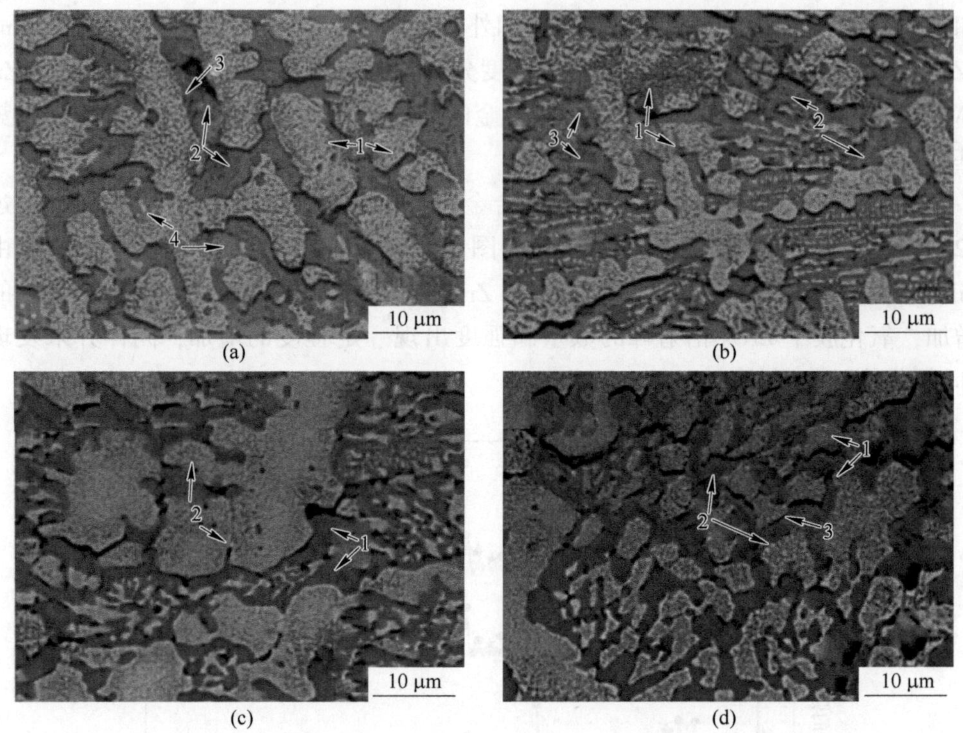

图 4-28　Zr 和 Mo 复合合金化 Nb-23Ti-14Si 基合金沉积态试样经过 1250 ℃、4 h 氧化后内氧化层的横截面 BSE 图像

（a）3Zr-4Mo；（b）6Zr-4Mo；（c）3Zr-9Mo；（d）6Zr-9Mo

表 4-9　Zr 和 Mo 复合合金化 Nb-23Ti-14Si 基合金沉积态试样经过 1250 ℃、4 h 氧化后内氧化层中各氧化物的成分

合金	位置点	成分（原子数分数）/%					
		Nb	Ti	Si	Zr	Mo	O
3Zr-4Mo	1	46.71	12.59	1.28	0.24	4.62	34.55
	2	28.41	19.07	27.05	4.94	0.28	20.06
	3	45.28	13.50	1.35	0.65	4.33	34.90
	4	39.80	12.44	27.95	2.81	0.99	16.01
6Zr-4Mo	1	28.41	11.89	18.44	7.11	0.66	33.49
	2	45.88	11.13	1.08	0.50	3.51	37.90
	3	32.91	15.31	16.49	6.74	2.19	26.37
3Zr-9Mo	1	48.46	12.82	1.86	0.39	10.25	26.22
	2	27.82	21.05	26.21	5.72	1.63	17.57

续表 4-9

合金	位置点	成分（原子数分数）/%					
		Nb	Ti	Si	Zr	Mo	O
6Zr-9Mo	1	39.62	14.88	0.79	0.10	9.04	35.58
	2	24.32	18.26	29.01	12.52	0.41	18.78
	3	26.99	13.02	25.46	9.08	1.96	23.50

图 4-29 所示为 6Zr-9Mo 合金内氧化层的元素面扫描图，可以看出 Nbss 与 γ-Nb_5Si_3 相界面处黑色连续分布的相富集 Ti 和 O 元素，而 γ-Nb_5Si_3 相的边缘被氧

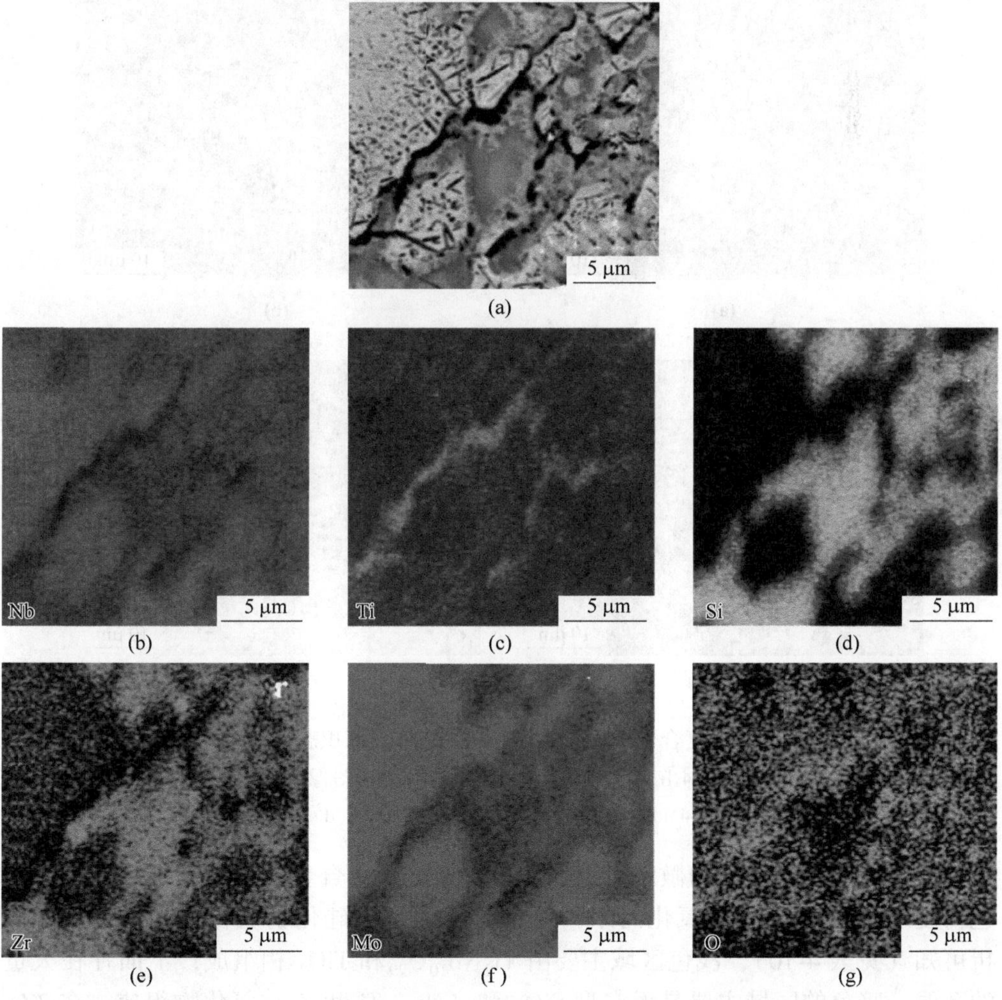

图 4-29 6Zr-9Mo 合金经过 1250 ℃、4 h 氧化后内氧化层的元素面分布图

(a) 内氧化层的 BSE 图像；(b) Nb 元素；(c) Ti 元素；(d) Si 元素；(e) Zr 元素；(f) Mo 元素；(g) O 元素

化部分主要富集了 Zr 和 O 元素。对比 4 种 Zr 和 Mo 复合合金化 Nb-23Ti-14Si 基合金的内氧化层，在高 Mo 含量的合金（3Zr-9Mo 和 6Zr-9Mo）中，内氧化层中硅化物被氧化的面积较少（见图 4-28）。对比 Zr 单独合金化，Zr 和 Mo 复合合金化提高了 γ-Nb_5Si_3 相的抗氧化性。

4.4.3 中间氧化层组织特征及成分分析

图 4-30 所示为 Zr 和 Mo 复合合金化 Nb-23Ti-14Si 基合金沉积态试样经过 1250 ℃、4 h 氧化后中间氧化层的横截面 BSE 图像。

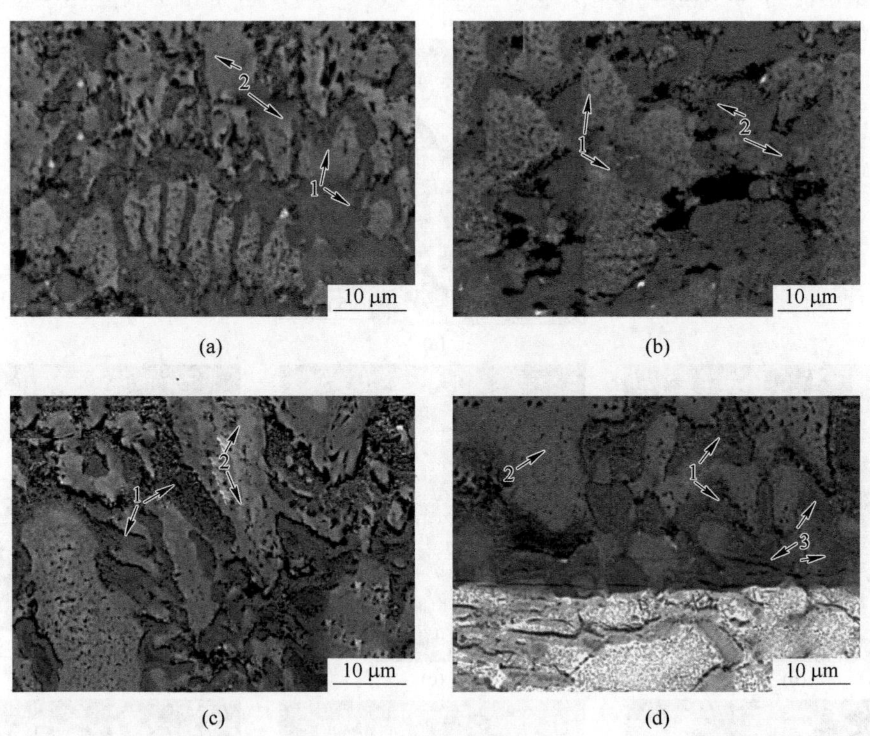

图 4-30 Zr 和 Mo 复合合金化 Nb-23Ti-14Si 基合金沉积态试样经过 1250 ℃、4 h 后中间氧化层横截面的 BSE 图像

(a) 3Zr-4Mo；(b) 6Zr-4Mo；(c) 3Zr-9Mo；(d) 6Zr-9Mo

此时，中间氧化层的微观组织仍能分辨出沉积态合金的微观组织特点，即浅色衬度的区域是由 Nbss 氧化而来，深色衬度的是由硅化物氧化而来。结合成分析可知（见表 4-10），浅色区域主要由 $Ti_2Nb_{10}O_{29}$ 和 TiO_2 相组成，上面存在大量的孔洞，暗色的区域主要是无定型 SiO_2 和（Nb、Ti 和 Zr）氧化物组成。在 3Zr-9Mo 和 6Zr-9Mo 合金的中间氧化层中可以看到部分 γ-Nb_5Si_3 相未被完全氧化，即

γ-Nb_5Si_3 相边缘部分的氧含量（原子数分数）约为 67%（见图 4-30（d）中点 2），且边缘部分有大量白色颗粒状的 ZrO_2 相，但是心部的氧含量（原子数分数）约为 30%（见图 4-30（d）中点 3）。

表 4-10 Zr 和 Mo 复合合金化 Nb-23Ti-14Si 基合金沉积态试样经过 1250 ℃、4 h 氧化后中间氧化层中各氧化物的化学成分

合金	位置点	成分（原子数分数）/%					
		Nb	Ti	Si	Zr	Mo	O
3Zr-4Mo	1	14.14	4.88	9.57	2.19	0.41	68.81
	2	24.23	5.26	0.54	0	1.43	68.31
6Zr-4Mo	1	14.42	4.19	8.81	2.98	0.52	69.08
	2	21.59	5.41	1.08	0.64	1.96	69.33
3Zr-9Mo	1	16.11	6.45	7.42	1.12	2.27	66.62
	2	21.04	8.18	0.59	0.57	1.98	67.63
6Zr-9Mo	1	14.36	4.49	9.05	3.63	0.83	67.63
	2	16.63	10.07	2.96	1.32	3.32	65.70
	3	34.40	7.96	21.14	8.05	1.99	26.45

4.4.4 外氧化层组织特征及成分分析

图 4-31 所示为 Zr 和 Mo 复合合金化 Nb-23Ti-14Si 基合金沉积态试样经过 1250 ℃、4 h 氧化后外氧化层横截面的 BSE 图像。表 4-11 给出了外氧化层中各氧化物的化学成分。3Zr-4Mo 合金的外氧化层组织中孔洞较多且致密性较差，其存在两种衬度，结合 XRD 衍射图谱和成分分析可知，白色块状的氧化物主要为 $TiNb_2O_7$ 相，白色块状氧化物之间的黑色颗粒状氧化物团聚为硅酸盐颗粒。6Zr-4Mo 合金的氧化层中块状氧化物仍为 $TiNb_2O_7$ 相，但是在其上面分布着一些黑色衬度的相，EDS 显示其富含 Ti 元素，故推测其为 TiO_2 相，这与 XRD 衍射谱的分析存在 TiO_2 的结果相吻合。此外，相比 3Zr-4Mo 合金的外氧化层，6Zr-4Mo 合金的外氧化层中的颗粒状硅酸盐的面积增加，而且在其内部出现了白色的纳米颗粒相 ZrO_2。3Zr-9Mo 合金的外氧化层与 3Zr-4Mo 的外氧化层较为相似。6Zr-9Mo 合金的外氧化层中孔洞较少，且颗粒状硅酸盐呈现条带状分布。

图 4-32 所示为 6Zr-9Mo 合金经过 1250 ℃、4 h 氧化后横截面的元素面分布图。可知 Zr 和 Mo 复合合金化后，在外氧化层中并无连续 SiO_2 层的形成，各元素在氧化层中的分布较为均匀。

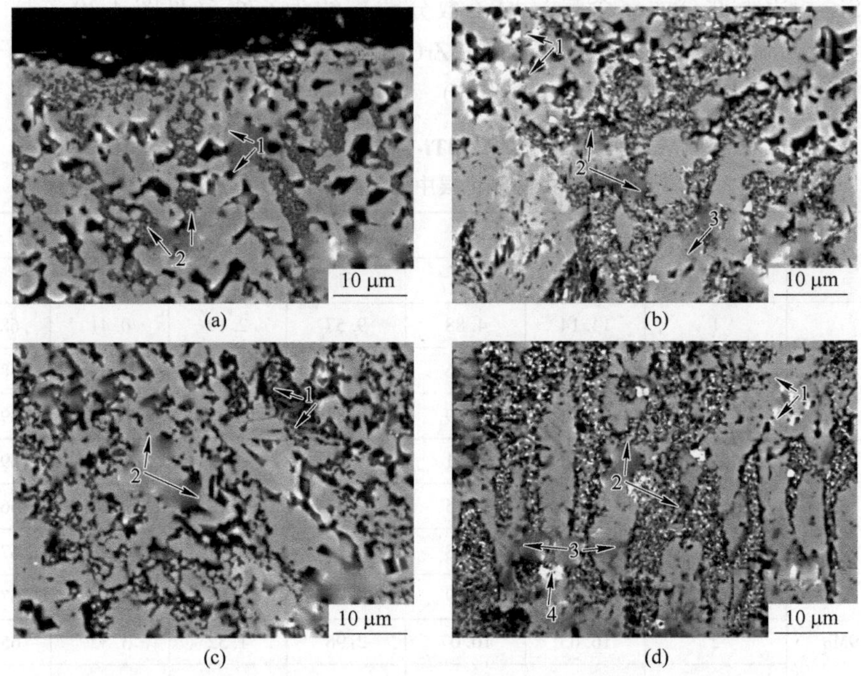

图 4-31　Zr 和 Mo 复合合金化 Nb-23Ti-14Si 基合金沉积态试样经过 1250 ℃、4 h 氧化后氧化膜外层的横截面 BSE 图像

（a）3Zr-4Mo；（b）6Zr-4Mo；（c）3Zr-9Mo；（d）6Zr-9Mo

表 4-11　Zr 和 Mo 复合合金化 Nb-23Ti-14Si 基合金沉积态试样经过 1250 ℃、4 h 氧化后外氧化层中各氧化物的化学成分

合金	位置点	成分（原子数分数）/%					
		Nb	Ti	Si	Zr	Mo	O
3Zr-4Mo	1	12. 24	5. 49	12. 06	2. 34	0. 17	67. 70
	2	20. 95	9. 21	0. 51	0. 81	0. 30	68. 21
6Zr-4Mo	1	17. 56	7. 00	1. 30	1. 16	0. 04	72. 94
	2	5. 09	17. 33	0. 63	2. 50	0	74. 44
	3	11. 99	4. 53	10. 84	3. 99	0	68. 66
3Zr-9Mo	1	21. 57	9. 53	0. 29	1. 18	0. 28	67. 14
	2	12. 60	5. 80	10. 28	0. 89	0. 17	70. 26
6Zr-9Mo	1	19. 69	9. 01	1. 11	1. 67	0. 21	68. 32
	2	14. 69	14. 69	1. 18	1. 74	0. 17	70. 23
	3	13. 67	13. 67	5. 57	1. 86	0. 03	72. 61
	4	1. 11	3. 21	0. 71	27. 11	0	67. 87

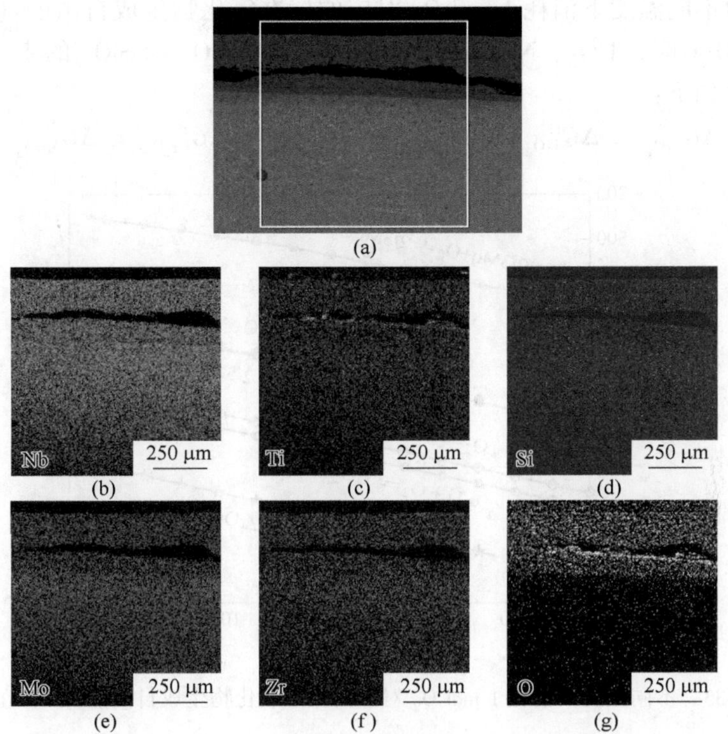

图 4-32 6Zr-9Mo 合金经过 1250 ℃、4 h 氧化后氧化层横截面的元素分布图
（a）BSE 图；（b）Nb 元素；（c）Ti 元素；（d）Si 元素；（e）Mo 元素；（f）Zr 元素；（g）O 元素

4.5 氧化机制及抗氧化性能分析

4.5.1 氧化机制

前述实验结果显示，Zr、Cr 和 Mo 合金化确实能够改善激光立体成形 Nb-23Ti-14Si 基合金的抗氧化性能，但是不同合金化元素对 Nb-23Ti-14Si 基合金抗氧化性能的提高程度不相同，那么说明它们的氧化机理有可能也不尽相同。本节进一步分析 Zr、Cr 和 Mo 合金化对 Nb-23Ti-14Si 基合金氧化机制的影响。

结合相关文献及 XRD 衍射图谱和 EDS 成分分析可知，Zr、Cr 和 Mo 合金化 Nb-23Ti-14Si 基合金中可能出现的氧化物为 TiO_2、Nb_2O_5、ZrO_2、MoO_3、Cr_2O_3、SiO_2，以及复杂氧化物 $Ti_2Nb_{10}O_{29}$、$TiNb_2O_7$ 和 $CrNbO_4$。

图 4-33 所示为通过 HSC Chemistry 6.0 软件[129]计算到的部分氧化物的埃林厄姆-理查森图。可以直观地显示每摩尔 O_2 对应氧化物的形成的标准自由能（$\Delta G^{\ominus}$）。$\Delta G^{\ominus}$值越负，表示形成该氧化物的驱动力越大，同时该氧化物的稳定性

也越高。由不同温度下消耗 1 mol O_2 对应的标准氧化物生成自由能（$\Delta G^{\ominus}$），可知，在 1250 ℃时，TiO_2、Nb_2O_5、ZrO_2、MoO_3、Cr_2O_3 和 SiO_2 的吉布斯自由能的大小顺序如下：

$$\Delta G^{\ominus}_{ZrO_2} < \Delta G^{\ominus}_{TiO_2} < \Delta G^{\ominus}_{SiO_2} < \Delta G^{\ominus}_{Nb_2O_5} < \Delta G^{\ominus}_{Cr_2O_3} < \Delta G^{\ominus}_{MoO_3}$$

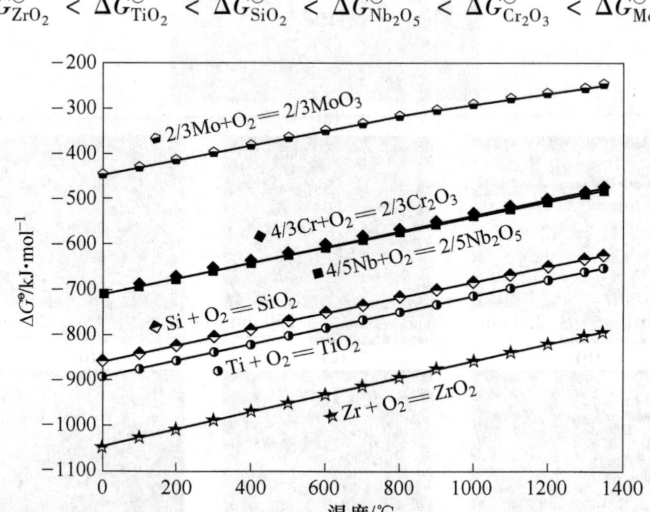

图 4-33　不同温度下消耗 1 mol O_2 对应的标准氧化物生成自由能（$\Delta G^{\ominus}$）[129]

因此，在 1250 ℃时，与氧气反应时合金化元素的优先顺序为：首先是 Zr 和 Ti，然后是 Si 和 Nb，最后是 Cr 和 Mo。

在氧化初期，氧气与合金表面接触，然后氧分子以范德华力与合金形成物理吸附，紧接着氧分子分解为氧原子并与合金中的自由电子相互作用形成化学吸附。前文分析可知，激光立体成形 Nb-23Ti-14Si 基合金沉积态组织主要由 Nbss 和金属间化合物组成，由于 Nbss 相中元素之间的键合方式为金属键结合，而金属化合物中的键合方式为离子键和共价键，通过金属键结合的原子之间的约束力相比用离子键或共价键结合的约束力较弱，因此氧在 Nbss 中的扩散速率相比金属化合物中的扩散速率大。同时，Nbss 相与金属间化合物之间的相界面属于面缺陷，相界面处的能量较高，所以 Nbss 相及 Nbss 与金属间化合物之间的相界面是氧扩散进入 Nb-Si 基合金的主要通道，此结论也在实验中得到验证，即 Nb-23Ti-14Si 基合金中内氧化层中 Nbss 相中的氧含量明显高于硅化物相中的，而且在 Nbss 相及相界面处发现了大量活性元素的氧化物（如 TiO_2 和 ZrO_2）。

图 4-34（a）所示为 Nb-23Ti-14Si 合金在 1250 ℃氧化时的氧化机制示意图。在 Nb-23Ti-14Si 合金中，Ti 元素的活性较强，优先与氧发生反应，因此内氧化层中的 Nbss 相内部及 Nbss 与 Nb_3Si 相界面上形成大量的黑色的 TiO_2 相，而 Nb_3Si 相仅渗入了一定含量的氧（原子数分数为 11.0%）。这构成了 Nb-15Si-24Ti 合金

内氧化层的形成过程，如图 4-34（a）中步骤“S1”所示。随着氧化过程的进行，Nbss 相中固溶的氧含量继续增加，Nb 原子开始与氧发生反应生成 Nb_2O_5，在此过程中 Nb_3Si 相中也固溶了大量的氧，同样会生成 TiO_2、SiO_2 及 Nb_2O_5 相。与此同时，部分 Nb_2O_5 与 TiO_2 反应生成 $Ti_2Nb_{10}O_{29}$（见式（4-1）[58,130]），进而导致 TiO_2、Nb_2O_5、SiO_2 和 $Ti_2Nb_{10}O_{29}$ 混合物的形成。这构成了中间氧化层的形成机制，如图 4-34（a）中步骤“S2”所示。随着氧化过程的继续进行，$Ti_2Nb_{10}O_{29}$ 与 TiO_2 发生反应生成 $TiNb_2O_7$（见式（4-2）[58,130]），最终 Nbss 相氧化形成以 $TiNb_2O_7$ 和 $Ti_2Nb_{10}O_{29}$ 为主的混合氧化物，硅化物充分氧化生成由 Nb_2O_5、$Ti_2Nb_{10}O_{29}$ 和 SiO_2 组成的无定型硅酸盐，这构成了 Nb-23Ti-14Si 合金的外氧化层形成机制，如图 4-34（a）中步骤“S3”所示。

$$2TiO_2 + 5Nb_2O_5 = Ti_2Nb_{10}O_{29} \tag{4-1}$$

$$Ti_2Nb_{10}O_{29} + 3TiO_2 = 5TiNb_2O_7 \tag{4-2}$$

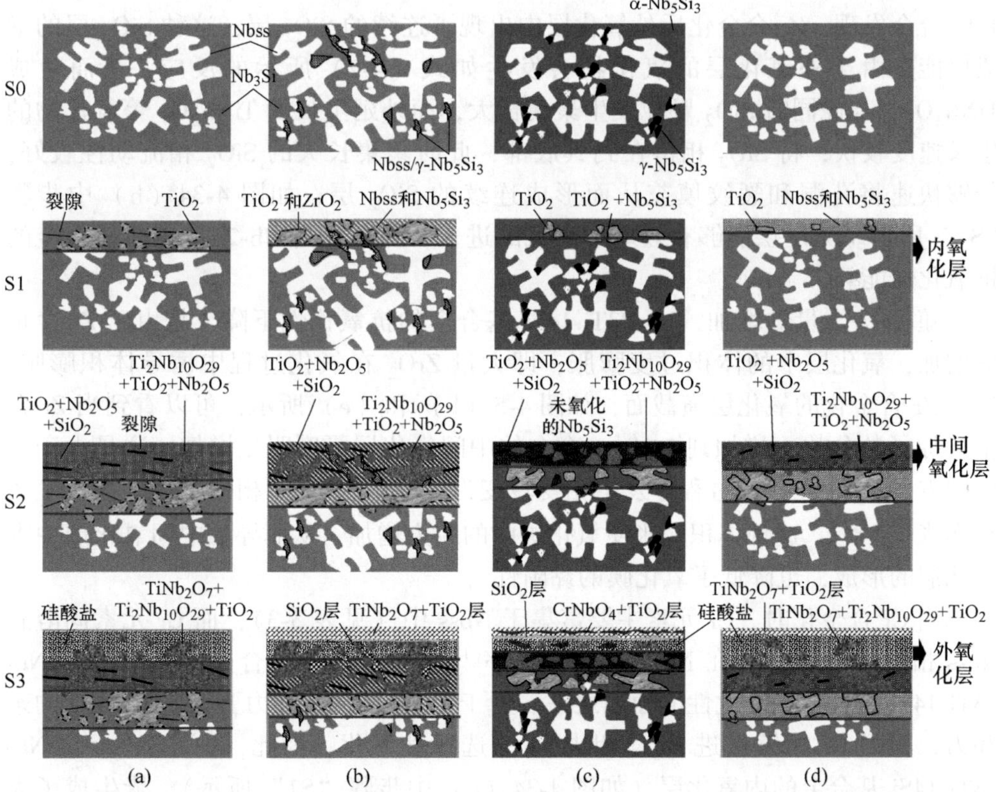

图 4-34 Zr、Cr 和 Mo 单独合金化 Nb-23Ti-14Si 基合金 1250 ℃氧化机制示意图

（a）Nb-23Ti-14Si；（b）3Zr；（c）10Cr；（d）2Mo

当采用 Zr 合金化时，由表 3-1 所知，Zr 主要富集在硅化物中，尤其是 γ-Nb_5Si_3 相，当然也有部分 Zr 元素固溶于 Nbss 中，然后在热循环过程中形成了 γ-Nb_5Si_3 沉淀相。由图 4-33 可知，1250 ℃时，相比 TiO_2 的标准吉布斯自由生成能，ZrO_2 具有较负的吉布斯自由能，Zr 元素与氧的和力较大，因此 ZrO_2 更容易形成。由图 4-5（a）可知，3Zr 合金的内氧化层中 Nbss 相内部的 TiO_2 的相对含量增加。与此同时，Nb_3Si 相发生了氧化分解，说明 Zr 合金化使 Nb_3Si 相不稳定，加之 Zr 元素与氧的亲和力较大，故其在氧化初期 Nb_3Si 发生氧化分解为由 Nbss、α-Nb_5Si_3 和 TiO 组成的层片状组织，这也说明 Zr 合金化降低了 Nb_3Si 相的抗氧化性能，与此同时 γ-Nb_5Si_3 相也发生分解反应，大量的 ZrO_2 和 TiO_2 形成也能够在一定程度上阻碍氧进入 Nb-Si 基合金，如图 4-34（b）中步骤“S1”所示，这也是 Zr 合金化使 Nb-23Ti-14Si 基合金抗氧化性能提高的原因之一。此外，大量 TiO_2 的形成，能够有效促进氧化反应式（4-2）和反应式（4-3）发生，即促进 $Ti_2Nb_{10}O_{29}$（中间氧化层）和 $TiNb_2O_7$（外氧化层）的形成。$TiNb_2O_7$ 是一种比较稳定的氧化物，且组织较为致密，也能够阻碍氧进入基体。对比 Nb-23Ti-14Si 合金发现，Zr 合金化后外氧化层中出现了连续的 SiO_2 层，这种 SiO_2 层的形成可能是由于外氧化层的氧化物会发生如式（4-2）所示的反应，从而生成 $TiNb_2O_7$，与此同时 SiO_2 颗粒发生聚集长大，而外延生长的 $TiNb_2O_7$ 等氧化物的生长速度较快，将 SiO_2 相留在到其底部，此时聚集长大的 SiO_2 相流动性较好，能够快速将孔洞和裂纹填充从而形成连续的 SiO_2 层，如图 4-34（b）中步骤“S3”所示。SiO_2 层能够有效地阻碍氧的进入，从而提高 Nb-23Ti-14Si 基合金的抗氧化性能。

随着 Zr 含量的增加，Nb-23Ti-14Si 基合金的抗氧化性下降，是由于 Zr 含量的增加，氧化层中的体积过度膨胀，即大量 ZrO_2 在氧化过程中诱导体积膨胀。对比 Zr 合金化的氧化层横截面，如图 4-5（b）和（e）所示，可以看到当 Zr 含量（原子数分数）增加到 7%时，合金的中间氧化层厚度明显增加，这是由于高温四方 ZrO_2 相在冷却过程中发生相变转变为低温单斜 ZrO_2 相的过程中会产生体积膨胀[131-132]，这种体积膨胀使氧化层中的应力增加，从而导致中间氧化层中大量孔洞的形成，也降低了氧化膜的黏附性。

当 Cr 合金化时，Cr 元素主要富集于 Nbss 中（见表 3-3），而 Cr 元素固溶到 Nbss 相中可以降低氧在 Nbss 中扩散速率[133]，这也是 Cr 合金化能够提高 Nb-23Ti-14Si 基合金抗氧化性的原因之一。由于 Cr 与 O 的亲和力要低于 Ti 与 O 的亲和力，所以 Cr 能够促进 Nbss 相中 Ti 的选择性氧化。因此，在 Cr 合金化 Nb-23Ti-14Si 基合金的内氧化层（如图 4-34（c）中步骤“S1”所示），皆生成了大量的 TiO_2，其存在也能够阻碍氧气的进入。Cr 合金化使得 Nb-23Ti-14Si 基合金的外氧化层中不仅形成了连续的 SiO_2 层，而且在外氧化层中出现了 $CrNbO_4$。

$CrNbO_4$ 相的形成是通过 Cr_2O_3 与 Nb_2O_5 反应生成（见式（4-3））。此外，当 Cr 含量增加到 10%时，合金的氧化层中形成了较为连续的富 Ti 的 $CrNbO_4$ 层，如图 4-34（c）中步骤“S3”所示，这些结构致密的复合氧化物不仅能够增加氧化层的致密性，而且能够有效地阻碍氧扩散进入基体。

$$Cr_2O_3 + Nb_2O_5 = 2CrNbO_4 \tag{4-3}$$

采用 2%Mo 合金化（原子数分数）后，在氧化初期，Nb-23Ti-14Si 基合金内氧化层中 TiO_2 在相界面处的分布较为连续，且 Nb_3Si 发生了氧化分解，成为纳米级层片状组织，如图 4-34（d）步骤“S1”所示；2%Mo 合金化（原子数分数）改善了中间氧化层的致密性，可能是由于 MoO_3 的高温挥发特性，因此中间氧化层中形成大量的细小的孔洞，其有助于改善中间氧化层的应力集中，从而提高了中间氧化层的致密性，如图 4-34（d）中步骤“S2”所示；但是这些孔洞在外氧化层中发生聚集长大，其存在降低了外氧化层中的固相反应速率，即稳定氧化物 $TiNb_2O_7$ 厚度减小和没有形成 SiO_2 层，外氧化层外侧主要由较为连续的 $TiNb_2O_7$ 层组成，内侧由 $TiNb_2O_7$、$Ti_2Nb_{10}O_{29}$ 和颗粒状的硅酸盐等组成，如图 4-34（d）中步骤“S3”所示。当 Mo 含量（原子数分数）增加到 6%时，合金氧化膜的中间氧化层的致密性下降，且中间氧化层和外氧化层中孔洞密度增加，加速了氧扩散进入基体合金，从而导致合金抗氧化性能下降。

图 4-35 所示为 6Zr-5Cr 和 6Zr-12Cr 合金在 1250 ℃静态氧化时氧化机制示意图。步骤“S0”为合金沉积态组织，6Zr-5Cr 合金由初生 Nbss 枝晶和 Nbss+γ-Nb_5Si_3 共晶组成，而 6Zr-12Cr 合金由初生块状 γ-Nb_5Si_3、Nbss+γ-Nb_5Si_3 共晶和 Nbss+Cr_2Nb 共晶组成。氧化初期，6Zr-5Cr 合金组织中的 Nbss 相内部以及相界面处形成了大量的 TiO_2 氧化物，而且 γ-Nb_5Si_3 相也全部发生了氧化分解，如图 4-35（a）中步骤“S1”所示。而 6Zr-12Cr 合金的内氧化层中初生 γ-Nb_5Si_3 相边缘发生了氧化分解反应 α-ZrO_2 和 α-Nb_5Si_3，其心部只是固溶了少量的氧，而 Nbss 内部和相界面处伴随 TiO_2 的形成还形成了少量的 Cr_2Nb 相，这是内氧化层的形成过程，如图 4-35（b）中步骤“S1”所示。随着氧化的继续进行，6Zr-5Cr 合金的中间氧化层已经全部氧化，氧化产物为 $Ti_2Nb_{10}O_{29}$、ZrO_2 和 Nb_2O_5、TiO_2，以及 SiO_2 组成的硅酸盐，氧化物生长过程的生长应力及冷却过程的内应力导致大量孔洞和裂纹的形成过程，如图 4-35（a）中步骤“S2”所示，而 6Zr-12Cr 合金中仍存在未完全氧化的硅化物，如图 4-35（b）中步骤“S2”所示；这是中间氧化层的形成。随着氧化进一步进行，合金中形成了富 Ti 的 $CrNbO_4$，且 6Zr-12Cr 合金中富 Ti 的 $CrNbO_4$ 和无定型硅酸盐呈现类似网状分布，可以有效阻碍氧扩散进入基体，为外氧化层的形成过程，如图 4-35（b）中步骤“S3”所示。

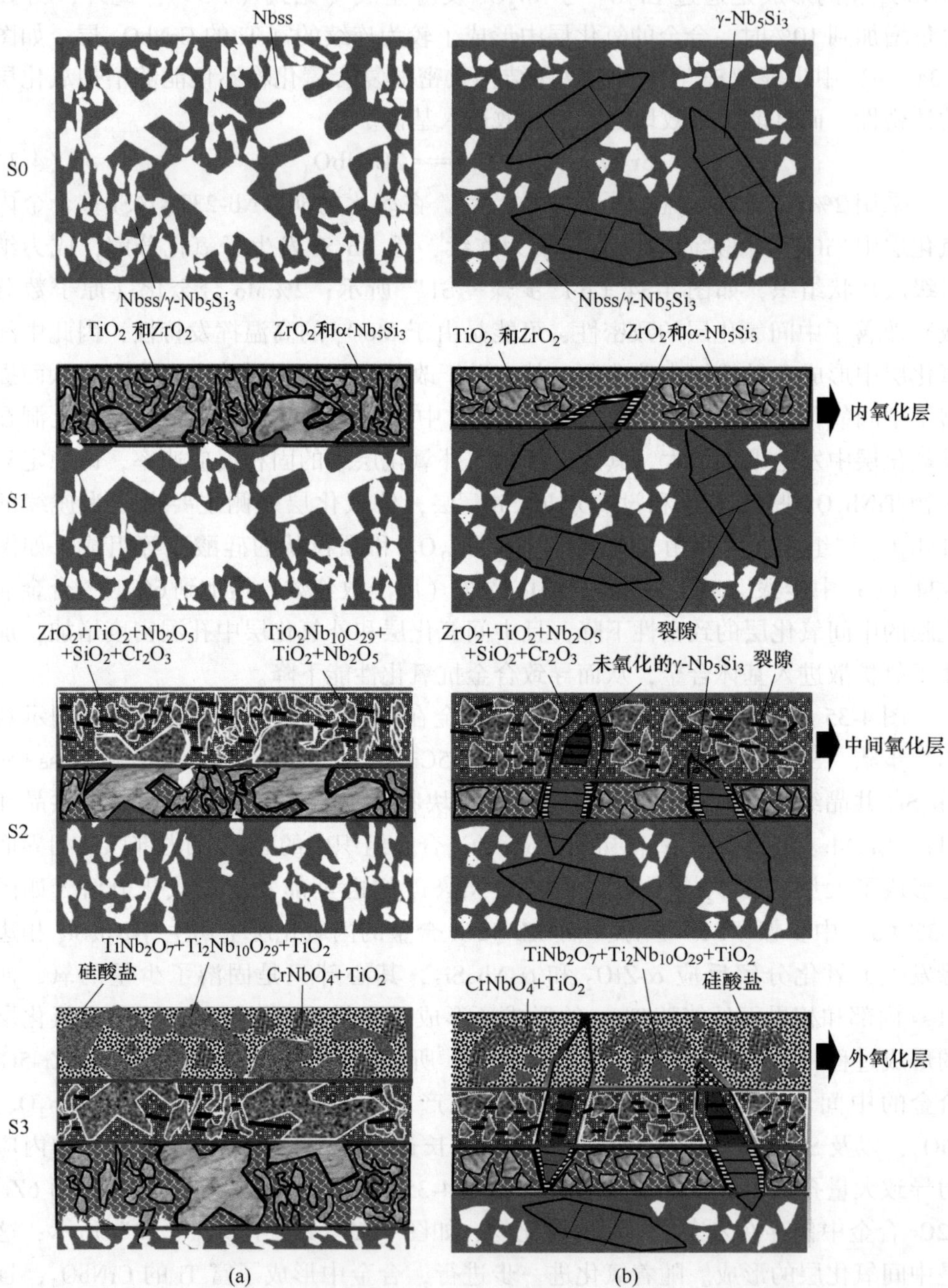

图 4-35 Zr 和 Cr 复合合金化 Nb-23Ti-14Si 基合金沉积态试样的高温氧化机制示意图[119]

(a) 6Zr-5Cr；(b) 6Zr-12Cr

此外，Nb-Si 基合金的抗氧化性能还与其氧化层的致密性和剥落程度息息相关。由前述激光立体成形 Nb-23Ti-14Si 基合金氧化膜横截面可知，合金的氧化膜存在开裂和脱落现象，说明氧化膜中存在应力。氧化膜中的应力来源于两个方面[134]：（1）生长应力，是指等温形成氧化层时产生的应力；（2）热应力，是指基体和氧化层及不同氧化层具有不同的热膨胀和收缩而产生的应力。

Pilling 与 Bedworth[135] 提出利用金属原子与其氧化物分子的体积比（PBR）作为氧化膜致密性的判据。金属体积与其氧化物体积之比（PBR）定义为：

$$\mathrm{PBR} = \frac{Md_{\mathrm{M}}}{And_{\mathrm{ox}}} \tag{4-4}$$

式中，M 为氧化物相对分子质量；d_{M} 为金属的密度；A 为金属的相对原子质量；n 为单个氧化物分子中的金属原子个数；d_{ox} 为氧化物密度。

当金属的 PBR≥1 时，可形成完整且致密的氧化膜，当金属的 PBR ≫ 1 时，体积比过大，氧化膜中的内应力大，容易使氧化膜开裂甚至脱落。

通过式（4-4）计算得出 TiO_2、ZrO_2、Nb_2O_5、Cr_2O_3、MoO_3、$Ti_2Nb_{10}O_{29}$、$TiNb_2O_7$ 和 $CrNbO_4$ 的 PBR 值分别约为 1.79、1.56、2.74、1.99、3.40、2.69、2.52 和 2.01。

Nb_2O_5氧化物的 PBR ≫ 1，因此在其形成和长大过程中会使氧化层中存在较大的应力，而 Cr 合金化能够促进 $CrNbO_4$ 的生成，$CrNbO_4$ 大量形成能够消耗较多的 Nb_2O_5 氧化物，从而能够有效地减小氧化层中氧化物的 PRB 值，降低因体积膨胀效应而产生的生长应力，进而增加氧化层的致密性，减少脱落倾向。此外，相比 Nb_2O_5，$TiNb_2O_7$ 的形成也能够在一定程度上减小氧化物的 PRB 值，但是由式（4-2）和式（4-3）可知，$TiNb_2O_7$ 的形成需要大量的 TiO_2，因此内氧化区中大量 TiO_2 的形成有助于 $TiNb_2O_7$ 相的增加，从而能够增加氧化层的致密性和黏附性。

此外，在激光立体成形 Nb-23Ti-14Si 基合金的氧化层存在大量的孔洞和裂纹，尤其是中间氧化层中。孔洞的形成原因主要是：（1）金属阳离子通过氧化膜向外迁移，从而留下大量的空位，这些空位容易在相界面处沉积下来，从而形成孔洞；（2）氧化层中内应力的增长导致氧化膜变形，即 Nb_2O_5和 $Ti_2Nb_{10}O_{29}$相的 PBR 值较大，氧化层中存在较大的生长应力，从而使硅化物周围及其内部产生大量的裂纹和孔洞；（3）由于 Nb_2O_5和 $Ti_2Nb_{10}O_{29}$相的本征特性较为疏松多孔，极易破碎，在氧化实验结束后的冷却过程中，由于中间氧化层中氧化物和内氧化层之间的热膨胀系数存在较大差异从而导致产生热应力，因此氧化层脱落并产生裂纹和孔洞。孔洞的存在一方面能够使金属离子在氧化层中扩散的截面减小，从而降低金属离子外扩散速率，但是同时也是氧扩散进入合金的通道；另一方面孔洞的存在使氧化层与基体合金或者氧化层之间的结合强度降低，导致氧化物脱落，此外，孔洞还改变了氧化层中应力的分布，并导致裂纹产生。

4.5.2　抗氧化性能

图 4-36 所示为 Zr、Cr 和 Mo 合金化激光立体成形 Nb-23Ti-14Si 基合金经 1250 ℃、20 h 氧化后单位面积的氧化增重与 Nbss 相体积分数的对比图。由图可知，Nb-23Ti-14Si 合金的单位面积氧化增重值最大，其抗氧化性能最差。Zr、Cr 和 Mo 单独合金化都能够提高合金的抗氧化性能，其中 Cr 合金化能够显著改善合金的抗氧化性能，其次是 Zr 合金化，Mo 合金化仅轻微改善合金的抗氧性能。由 Zr、Cr 和 Mo 单独合金化 Nb-23Ti-14Si 基合金沉积态试样的抗氧化性能与 Nbss 体积分数的对比可知，在同类元素合金化的合金中，Nbss 相体积分数与合金抗氧化性能成反比，即 Nbss 相体积分数越大，合金的抗氧化性能反而越差，反之亦然，如图 4-36 中箭头所示。

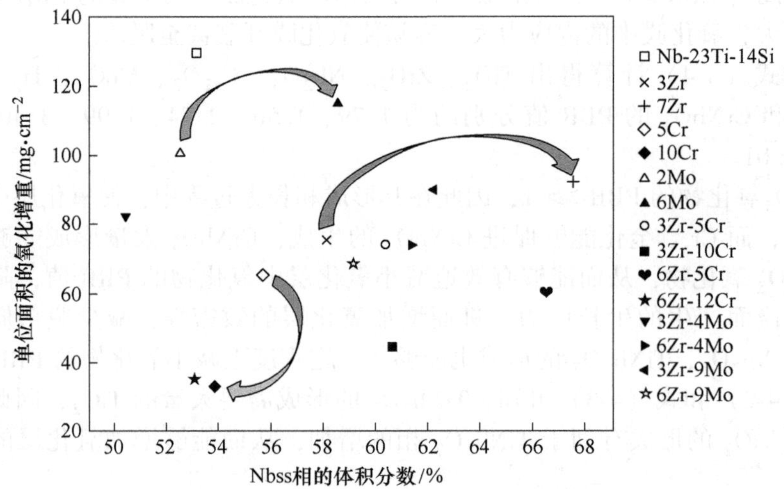

图 4-36　激光立体成形 Nb-23Ti-14Si 基合金沉积态试样经 1250 ℃、20 h 氧化后单位面积增重与其 Nbss 相体积分数的关系图

Zr 和 Cr 复合合金化 Nb-23Ti-14Si 基合金沉积态试样比 Zr 单独合金化时拥有较好的抗氧化性能，这也说明当合金中存在 Zr 元素时，继续采用 Cr 合金化能够显著提高合金的抗氧化性能。但是，Zr 和 Cr 复合合金化 Nb-23Ti-14Si 基合金比 Cr 单独合金化时的抗氧化性能略差，这说明当合金中存在 Cr 元素时，继续采用 Zr 合金化，会略微降低合金的抗氧化性能。6Zr-12Cr 合金的抗氧化性能与 10Cr 合金的抗氧化性能较为接近。

Zr 和 Mo 复合合金化 Nb-23Ti-14Si 基合金沉积态试样比 Mo 单独合金化时具有较好的抗氧化性能，这也说明当合金中存在 Mo 元素时，继续采用 Zr 合金化能够改善合金的抗氧化性能。但是 Zr 和 Mo 复合合金化 Nb-23Ti-14Si 基合金与 Zr 单独合金化时的抗氧化性能之间的差异较小。

表 4-12 所列为采用不同制备方法制备的多元 Nb-Si 基合金经过 1250 ℃、20 h 单位面积的氧化增重，提取每篇文献中氧化增重最小值，即选取抗氧化性能最好的 Nb-Si 基多元合金。对比表明，激光立体成形 Nb-23Ti-14Si-10Cr 和 Nb-23Ti-14Si-6Zr-12Cr 合金呈现相对较好的抗氧化性能。

表 4-12 采用不同制备方法制备的多元 Nb-Si 基合金经过 1250 ℃、20 h 单位面位的氧化增重（提取每篇文献中的最小值）

化学成分	加工方法	增重/mg·cm^{-2}	参考文献
Nb-24Ti-16Si-2Hf-6Al-17Cr	电弧熔炼	14	[63]
Nb-24Ti-12Si-10Cr-2Al-2Hf	定向凝固+热处理	80	[122]
Nb-22Ti-15Si-5Cr-3Al-3V-2Hf-2Zr-2Mo	电弧熔炼	52.2	[47]
Nb-22Ti-15Si-5Cr-3Hf-3Al-8Zr	电弧熔炼	46	[38]
Nb-22Ti-15Si-5Cr-3Al-2Hf-5Mo-4Zr	电弧熔炼	30.3	[42]
Nb-24Ti-15Si-4Cr-2Al-2Hf-0.3Y	电弧熔炼	43	[52]
Nb-24Ti-15Si-13Cr-2Al-2Hf-4B-5Ge	电弧熔炼	13.5	[55]
Nb-22Ti-15Si-5Cr-3Al	粉末冶金	40.51	[75]
Nb-18Ti-16Si-3Cr-3Al-2Hf-2Zr	电弧熔炼	36	[136]
Nb-24Ti-18Si-2Cr-2Al-2Hf	选区激光熔化	50	[103]
Nb-24Ti-18Si-5Al-5Cr-2Mo-1Zr-0.08Y	激光定向能量沉积	57.17	[137]
Nb-23Ti-14Si-10Cr	激光定向能量沉积	32.52	[112]
Nb-23Ti-14Si-6Zr-12Cr	激光定向能量沉积	34.67	[119]

4.6 本 章 小 结

本章主要研究了 Zr、Cr 和 Mo 单独和复合合金化对激光立体成形 Nb-23Ti-14Si 基合金高温（1250 ℃）抗氧化性能的影响，揭示了合金化对 Nb-23Ti-14Si 基合金氧化行为的影响机制，明晰了氧化膜的形成机理。取得的主要结论如下：

（1）Zr、Cr 和 Mo 单独合金化均改善了 Nb-23Ti-14Si 基合金沉积态试样的抗氧化性能，其中 Cr 合金化对合金抗氧化性能的提升最为显著，其次是 Zr 合金化，而 Mo 合金化仅轻微改善了合金的抗氧化性能。相比 Nb-23Ti-14Si 合金，合金抗氧化性能随着 Zr 含量的增加呈现先增加后下降的趋势，其中 3% Zr 合金化（原子数分数）时，合金经 1250 ℃、20 h 氧化后单位面积的氧化增重为 75.43 mg/cm^2；抗氧化性能随着 Cr 含量的增加而增加，当 Cr 含量（原子数分数）达 10%时，合金经 1250 ℃、20 h 氧化后单位面积的氧化增重为 32.52 mg/cm^2；抗氧化性能随着 Mo 含量的增加呈现先增加后下降的趋势，其中 2% Mo 合金化（原子数分数）时，合金经 1250 ℃、20 h 氧化后单位面积的氧化增重为 101.59 mg/cm^2。

（2）激光立体成形 Nb-23Ti-14Si 基合金经 1250 ℃氧化后的氧化膜出现了明显的分层现象，分为内氧化层，中间氧化层和外氧化层。氧化膜均会发生不同程度脱落。氧化后，Nb-23Ti-14Si 合金的外氧化层主要由 $TiNb_2O_7$、TiO_2 及颗粒状的无定型硅酸盐构成，中间氧化层主要由 $Ti_2Nb_{10}O_{29}$、TiO_2、Nb_2O_5 和 SiO_2 构成，内氧化层中氧化物主要是 TiO_2。

（3）Zr、Cr 和 Mo 单独合金化后内氧化层的 Nb_3Si 相和 γ-Nb_5Si_3 相都发生了氧化分解，Nb_3Si 相氧化分解为 Nbss、α-Nb_5Si_3 和 TiO。Zr 单独合金化后，外氧化层的外侧主要为连续的 $TiNb_2O_7$ 和 SiO_2 层，内侧由 $TiNb_2O_7$、TiO_2 及无定型硅酸盐构成；中间氧化层仍然由 $Ti_2Nb_{10}O_{29}$、TiO_2、Nb_2O_5 和 SiO_2 等构成，内氧化层中出现了 ZrO_2。Cr 单独合金化后，外氧化层的外侧由 $TiNb_2O_7$、$CrNbO_4$ 及 SiO_2 层构成；内侧由 $TiNb_2O_7$、$CrNbO_4$、TiO_2 及无定型硅酸盐构成；中间氧化层出现了未完全氧化的硅化物相，内氧化层中仍主要是 TiO_2。Mo 单独合金化后，外氧化层的由 $TiNb_2O_7$、$Ti_2Nb_{10}O_{29}$、TiO_2 及颗粒状的无定型硅酸盐等构成；中间氧化层出现了未完全氧化的 α-Nb_5Si_3 相，内氧化层中主要是 TiO_2。

（4）Zr 和 Cr 复合合金化时，合金的抗氧化性能随着 Cr 或 Zr 含量的增加而提高，6% Zr+12% Cr 合金化（原子数分数）沉积态试样的抗氧化性能较好，经 1250 ℃、20 h 氧化后单位面积的氧化增重为 34.67 mg/cm^2；其外氧化层主要由 $TiNb_2O_7$、$CrNbO_4$、TiO_2 及颗粒状的无定型硅酸盐构成，但是 $CrNbO_4$ 呈较为连续的网状分布；中间氧化层仍主要由 $Ti_2Nb_{10}O_{29}$、TiO_2、Nb_2O_5 和 SiO_2，以及未完全氧化的 γ-Nb_5Si_3 相构成；内氧化层中 γ-Nb_5Si_3 相的边缘部分氧化分解生成 ZrO_2 和 α-Nb_5Si_3 相，在氧化过程中 Nbss 相内部和相界面上形成少量 Cr_2Nb 相。Zr 和 Mo 复合合金化时，合金的中间氧化层较为致密；Nb-23Ti-14Si 基合金的抗氧化性能随着 Zr 含量的增加而提高。在 Zr 含量（原子数分数）为 3%且 Mo 含量（原子数分数）低于 9%的合金试样中，抗氧化性能随着 Mo 含量的增加而下降；而在 Zr 含量为 6%且 Mo 含量（原子数分数）低于 9%的合金试样中，抗氧化性能随着 Mo 含量的增加而提高。其中 6% Zr+9% Mo 合金化（原子数分数）沉积态试样的抗氧化性能较好，经 1250 ℃、20 h 氧化后单位面积的氧化增重为 68.37 mg/cm^2。

5 激光定向能量沉积 Nb-Si 基合金的室温力学性能

5.1 概　　述

Nb-Si 基合金室温断裂韧性较差也是制约其进入实际工程应用的因素之一，合金化可以改善其室温断裂韧性。由前面章节研究可知，不同成分的 Zr、Cr 和 Mo 单独和复合合金化 Nb-23Ti-14Si 基合金所拥有的 Nbss 相的体积分数和尺寸分布不同，且硅化物的晶体类型及其分布也不相同，这些参数势必会对 Nb-Si 基合金的室温力学性能产生不同的影响。因此，本章进一步研究了 Zr、Cr 和 Mo 单独和复合合金化对 Nb-23Ti-14Si 基合金显微硬度和室温断裂韧性的影响，并分析了 Zr、Cr 和 Mo 单独和复合合金化对激光立体成形 Nb-23Ti-14Si 基合金室温力学性能的影响机制。

5.2 Zr、Cr 和 Mo 合金化对显微硬度的影响

5.2.1 Zr、Cr 和 Mo 单独合金化对显微硬度的影响

图 5-1 所示为 Zr、Cr 和 Mo 单独合金化 Nb-23Ti-14Si 基合金沉积态试样和其 Nbss 相的显微硬度值。Nb-23Ti-14Si 合金的显微硬度 HV 值为 537±10。采用 3% Zr 合金化（原子数分数）时，合金的显微硬度 HV 值为 465±7，随着 Zr 含量（原子数分数）增加到 7%时，显微硬度 HV 值下降到 413±15。结合 3.2.1 小节的微观组织分析可知，随着 Zr 含量的增加，合金中 Nb_3Si 相的体积分数减少，Nbss 相的体积分数增加且其发生的粗化。因此，Zr 合金化使 Nb-Si 基合金的显微硬度值呈现下降趋势。7%Zr 合金化（原子数分数）时，原来 Nb-23Ti-14Si 合金中 Nbss+Nb_3Si 共晶已经完全由 Nbss+γ-Nb_5Si_3 共晶组织所替代，且相比 3Zr 合金，7Zr 合金中 Nbss+γ-Nb_5Si_3 共晶组织明显粗化，所以显微硬度值进一步下降。此外，Nbss 相的显微硬度也随着 Zr 含量的增加呈现下降趋势，如图 5-1（b）所示。

采用 Cr 合金化时，Nb-23Ti-14Si 基合金的显微硬度值呈现上升的趋势，5Cr 合金和 10Cr 合金的显微硬度 HV 值分别为 532±6 和 568±13。结合 3.2.2 小节微

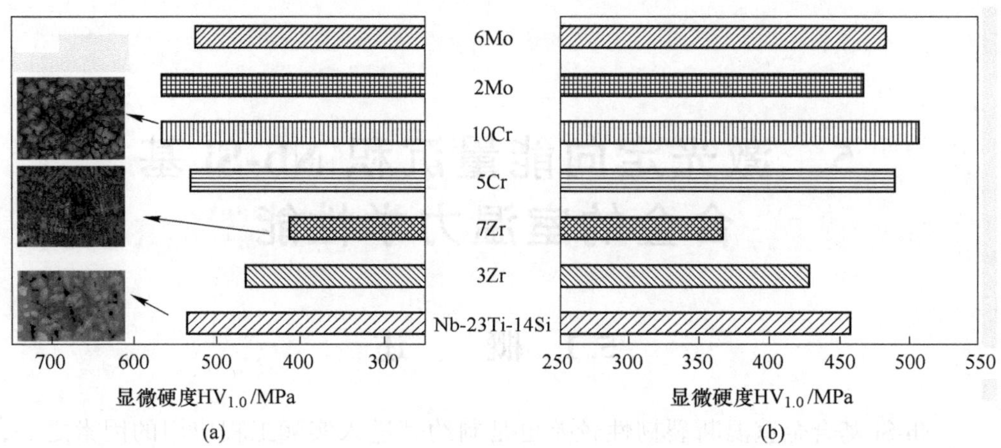

图 5-1　Zr、Cr 和 Mo 单独合金化 Nb-23Ti-14Si 基合金和 Nbss 相的显微硬度值
(a) 合金的硬度值；(b) Nbss 相的硬度值

观组织和成分分析可知，尽管 5Cr 合金中 Nb_3Si 相的体积分数小于 Nb-23Ti-14Si 合金中 Nb_3Si 相的体积分数，但是 Cr 元素主要固溶于 Nbss 中，Cr 合金化而引起的固溶强化作用较强，因此 Nbss 相的显微硬度随着 Cr 含量的增加而增加（见图 5-1（b））。此外，Cr 合金化使得 Nbss 枝晶间形成了共晶 γ-Nb_5Si_3 相。以上这些原因使 5Cr 合金的显微硬度值与 Nb-23Ti-14Si 合金相当。当 Cr 含量（原子数分数）增加到 10%时，合金中 Nb_3Si 相消失，但是相比 5Cr 合金中 Nbss 相，10Cr 合金中 Cr 合金化对 Nbss 的固溶强化作用进一步增强，而且微观组织中除了 γ-Nb_5Si_3 相，还出现了 α-Nb_5Si_3 相和少量的 Cr_2Nb 相，导致 10Cr 合金的显微硬度值高于 5Cr 合金。

Mo 合金化使 Nb-23Ti-14Si 基合金的显微硬度值呈现先增加后下降的趋势，2Mo 合金和 6Mo 合金的显微硬度 HV 值分别为 566±14 和 525±9。与 Nb-23Ti-14Si 合金相比，2% Mo 合金化（原子数分数）时，微观组织变化不明显，但是 Mo 主要富集在 Nbss 相中，这说明 2Mo 合金的硬度增加主要来源于 Mo 合金化对 Nbss 相的固溶强化作用。但是，当 Mo 含量（原子数分数）增加到 6%时，合金中 Nbss+Nb_3Si 相转变为花瓣状 Nbss+α-Nb_5Si_3 组织。张松[49]研究发现 Nb_3Si 相的显微硬度值明显大于 α-Nb_5Si_3 相的显微硬度值。此外，尽管 6Mo 合金中 Mo 元素对 Nbss 相的固溶强化作用要高于 2Mo 合金，但 6Mo 合金中 Nbss 相的尺寸和体积分数都大于 2Mo 合金，这些因素使得 6Mo 合金的显微硬度值低于 2Mo 合金。

5.2.2　Zr 和 Cr 复合合金化对显微硬度的影响

图 5-2（a）所示为 Zr 和 Cr 复合合金化 Nb-23Ti-14Si 基合金沉积态试样的显微硬度值，此时合金显微硬度 HV 值范围为（501±12）~（620±20）。

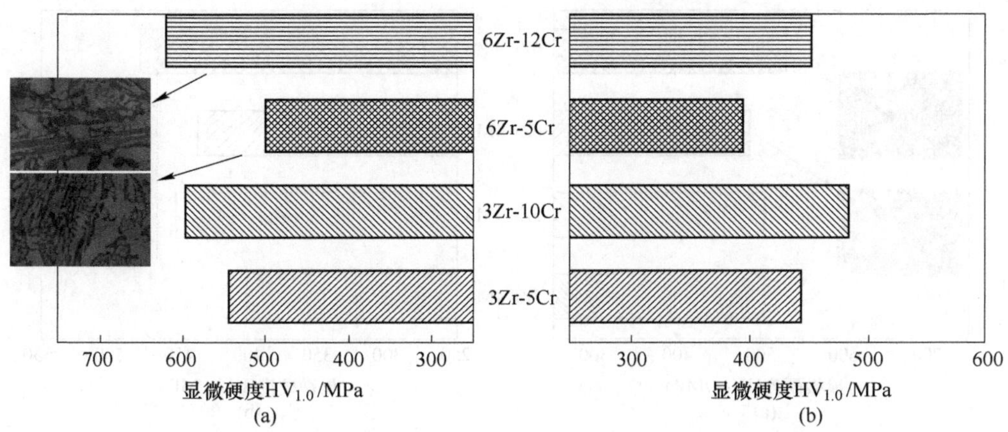

图 5-2 Zr 和 Cr 复合合金化 Nb-23Ti-14Si 基合金和 Nbss 相的显微硬度值[119]
（a）合金的硬度值；（b）Nbss 相的硬度值

对比 3Zr-5Cr 和 3Zr-10Cr 合金的显微硬度，当 Zr 含量相同时，合金的显微硬度值随着 Cr 含量的增加而增加，此时硬度的增加主要来源于 Cr 元素的固溶强化作用。对比 3Zr-5Cr 和 6Zr-5Cr 合金的显微硬度值，表明 6Zr-5Cr 合金显微硬度值的下降主要是由 Nbss 相体积分数的增加及其粗化所致。对比 3Zr-10Cr 合金与 6Zr-12Cr 合金的显微硬度值，表明随着 Zr 含量的增加合金的显微硬度值呈现上升趋势，这是由于：（1）随着 Zr 含量增加 Nb-23Ti-14Si 基合金的初生相由 Nbss 枝晶变为块状 γ-Nb_5Si_3 相；（2）6Zr-12Cr 合金中的金属间化合物的体积分数大于 3Zr-10Cr 合金。相比 Zr 单独合金化，Zr+Cr 复合合金化提高了合金的显微硬度值。

5.2.3 Zr 和 Mo 复合合金化对显微硬度的影响

图 5-3（a）所示为 Zr 和 Mo 复合合金化的 Nb-23Ti-14Si 合金沉积态试样的显微硬度值，合金的显微硬度值 HV 范围为（486±7）~（530±8）。由图 5-3 可知，对比 3Zr-4Mo 和 6Zr-4Mo 合金的显微硬度值，当合金中 Mo 含量相同时，随着 Zr 含量的增加，合金的显微硬度值呈现下降趋势，这与合金中 Nb_3Si 相的消失以及 Nbss+γ-Nb_5Si_3 共晶的出现有关。对比 3Zr-9Mo 和 6Zr-9Mo 合金的显微硬度值，当 Zr 含量的增加时，合金的显微硬度值呈现上升趋势。从微观组织来看，相比 3Zr-9Mo 合金，6Zr-9Mo 合金的共晶组织体积分数较高，初生 Nbss 相的体积分数较低，应该是共晶组织体积分数的提高导致了硬度的增大，再者 6Zr-9Mo 合金中 Nbss 相的 Mo 含量要大于 3Zr-9Mo 合金，因此其固溶强化作用也较大。相比 Zr 单独合金化，Zr 和 Mo 复合合金化提高了 Nb-23Ti-14Si 基合金的显微硬度值。

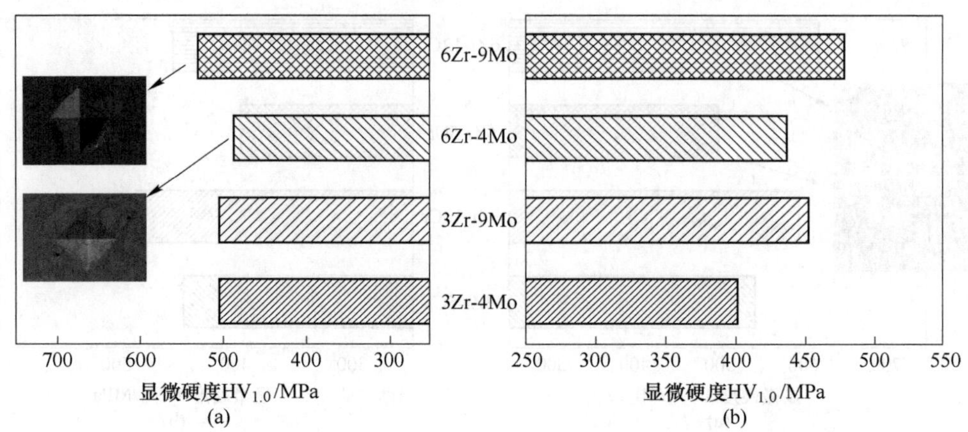

图 5-3　Zr 和 Mo 复合合金化 Nb-23Ti-14Si 基合金和 Nbss 相的显微硬度值[120]

（a）合金的硬度值；（b）Nbss 相的硬度值

5.3　Zr、Cr 和 Mo 单独合金化对断裂韧性的影响

众所周知，Nb-Si 基合金中硅化物相的断裂方式为脆性断裂，主要依靠 Nbss 相来增加韧性，Nbss 相的断裂韧性取决于材料的化学成分、组织结构等内在因素，同时也受到温度、应变速率等外部因素的影响[138]。韧性被认为是材料在裂纹不扩展的情况下耗散变形能的能力。增韧机制一般分为本征增韧机制和外部增韧机制。本征增韧机制是指通过改变第二相颗粒的性质、分布和/或界面特性，抑制裂纹尖端以微裂纹或微孔洞形式形成的损伤，从而提高韧性，主要影响裂纹的萌生，但也影响裂纹的扩展，也是韧性材料的主要增韧方法；外部增韧机制其主要作用于裂纹尖端后面的微观结构机制，以有效降低裂纹尖端实际经历的裂纹驱动力，这被称为裂纹尖端屏蔽，只影响裂纹扩展韧性，可以通过裂纹桥接、偏转和弯曲、分枝，以及原位相变等机制的发生来提高韧性，其是脆性材料主要增韧机制。实际上，断裂是裂纹尖端前方促进裂纹形成的内在（损伤）机制和主要位于裂纹尖端后方试图阻碍裂纹形成的外部增韧机制相互竞争的结果。明晰 Nb-Si 基合金的断裂韧性特征对于理解其在航空航天等领域应用的可靠性具有重要指导意义。

5.3.1　加载曲线和断裂韧性

图 5-4（a）所示为 Zr、Cr 和 Mo 单独合金化 Nb-23Ti-14Si 基合金三点弯曲试样的载荷-位移曲线。由图可知，不同合金化 Nb-23Ti-14Si 基合金沉积态试样拥有相似的载荷-位移曲线，载荷都是从零以接近直线的方式快速到达

最大值，此部分为 Nb-Si 基合金的弹性变形阶段，然后以相对较快的速度下降到最小值，此部分为裂纹失稳阶段，整个加载过程中并没有呈现出明显的塑性变形特征。

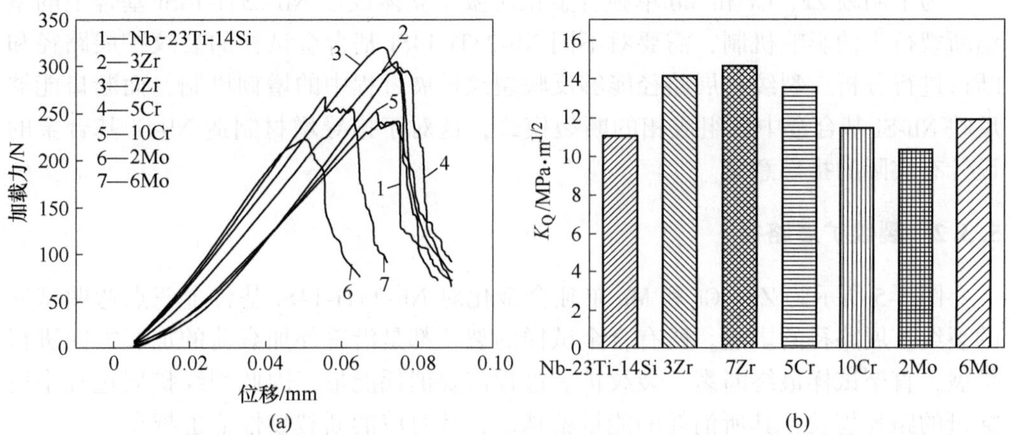

图 5-4　Zr、Cr 和 Mo 单独合金化 Nb-23Ti-14Si 基合金

（a）三点弯曲试样的载荷-位移曲线；（b）断裂韧性值

图 5-4（b）所示为 Zr、Cr 和 Mo 单独合金化 Nb-23Ti-14Si 基合金的断裂韧性值。可知，Zr、Cr 和 Mo 单独合金化对 Nb-23Ti-14Si 基合金的断裂韧性值影响较大，此时合金的断裂韧性值的范围处于 10.4～14.7 MPa · $m^{1/2}$之间。Nb-23Ti-14Si 合金的断裂韧性值为 11.1 MPa · $m^{1/2}$±0.4 MPa · $m^{1/2}$。

与 Nb-23Ti-14Si 合金相比，Zr 单独合金化能够显著合金的断裂韧性提高，这与 Qiao 等人和 Sankar 等人[38,68]报道的 Zr 合金化有助于提高 Nb-Si 基合金断裂韧性的现象相一致。当 Zr 含量（原子数分数）达 7%时，合金的断裂韧性值为 14.7 MPa · $m^{1/2}$ ± 1 MPa · $m^{1/2}$，相比 Nb-23Ti-14Si 合金的断裂韧性提高了约 32.4%。

与 Nb-23Ti-14Si 合金相比，随着 Cr 含量的增加，Nb-23Ti-14Si 基合金的断裂韧性值呈现先增大后减小的趋势。当 Cr 含量（原子数分数）达 5%时，合金的断裂韧性值为 13.6 MPa · $m^{1/2}$ ±0.6 MPa · $m^{1/2}$，相比 Nb-23Ti-14Si 合金增加了 22.5%，而当 Cr 含量（原子数分数）达到 10%时，合金的断裂韧性值有所下降，为 11.5 MPa · $m^{1/2}$±0.4 MPa · $m^{1/2}$。

与 Nb-23Ti-14Si 合金相比，随着 Mo 含量的增加，Nb-23Ti-14Si 基合金的断裂韧性呈现先减小后提升的趋势。当 Mo 含量（原子数分数）为 2%时，合金的断裂韧性值为 10.4 MPa · $m^{1/2}$±0.2 MPa · $m^{1/2}$。当 Mo 含量（原子数分数）到达 6%时，断裂韧性值仅为 11.9 MPa · $m^{1/2}$±0.4 MPa · $m^{1/2}$。

对比 Zr、Cr 和 Mo 单独合金化对激光立体成形 Nb-23Ti-14Si 基合金的室温断裂韧性，可知，Zr 合金化能够显著提高合金的断裂韧性值，其次是 Cr 合金化，而 Mo 合金化不能够有效改善合金断裂韧性。

为了明晰 Zr、Cr 和 Mo 单独合金化对激光立体成形 Nb-23Ti-14Si 基合金的室温断裂行为的影响机制，需要对不同 Nb-23Ti-14Si 基合金试样的裂纹扩展路径和断口进行分析。裂纹扩展路径能够反映裂纹扩展过程中的增韧机制，而断口能够反映 Nb-Si 基合金中各组成相的断裂模式，这对于指导增材制造 Nb-Si 基合金的设计有实际的指导意义。

5.3.2　裂纹扩展路径

图 5-5 所示为 Zr、Cr 和 Mo 单独合金化对 Nb-23Ti-14Si 基合金三点弯曲试样的裂纹扩展路径的影响。所有合金试样的裂纹都是沿着外加载荷的加载方向进行扩展，直至试样最终断裂。裂纹扩展过程需要消耗能量，因此裂纹扩展过程中所穿过的路径越长，其所消耗的能量就越多，其对应的断裂韧性值也越高。

从宏观来看，Nb-23Ti-14Si 基合金的裂纹扩展路径较为平直，基本与加载方向平行。但是从微观来观察裂纹扩展路径，则 Zr、Cr 和 Mo 单独合金化 Nb-23Ti-14Si 基合金沉积态试样的裂纹扩展路径各有不同。Nb-23Ti-14Si 合金的裂纹在扩展过程中发生了少量的偏转，但是整体较为平直，如图 5-5（a）所示，结合微观组织观察发现，裂纹在经过 Nbss 枝晶时发生了轻微的偏转，但是其偏转角度较小。此外，裂纹在扩展过程中穿过了大量的 Nb_3Si 相，而 Nb_3Si 相作为脆性相，裂纹直接切过 Nb_3Si 相所消耗的能量较小，这也意味着 Nb_3Si 相不能够有效地阻碍裂纹的扩展。

Zr 合金化时，合金的裂纹扩展路径的曲折程度明显提高。3% Zr 合金化（原子数分数）时，合金在裂纹扩展过程中出现较多的裂纹偏转，整个裂纹路径呈现 Z 字形，还观察到了少量的裂纹韧带，如图 5-5（b）所示。裂纹扩展过程中形成的裂纹韧带会消耗断裂能，有利于合金断裂韧性的提高。当 Zr 含量（原子数分数）增加到 7%时，合金的裂纹扩展过程中的偏转角度较大（见图 5-5（c）），裂纹偏转是由裂纹尖端应力强度因子的降低造成的，反映组织断裂抗力的增强，同样有利于 Nb-Si 基合金断裂韧性的提高，大角度的裂纹偏转说明裂纹在扩展的过程中吸收了更多的能量，而 3Zr 合金的裂纹扩展过程中的偏转次数较多（见图 5-5（b）），此外，在 7% Zr 合金化（原子数分数）时，其裂纹扩展过程中的还出现了少量的二次裂纹，这些都有利于提高合金的断裂韧性。

5%Cr 合金化（原子数分数）时，合金在裂纹扩展过程中出现了明显的裂纹分支，即出现了二次裂纹，如图 5-5（d）所示。当二次裂纹产生时，主裂纹尖端的局部应力场发生重新分布，这个过程中会吸收部分断裂能，从而使主裂纹尖

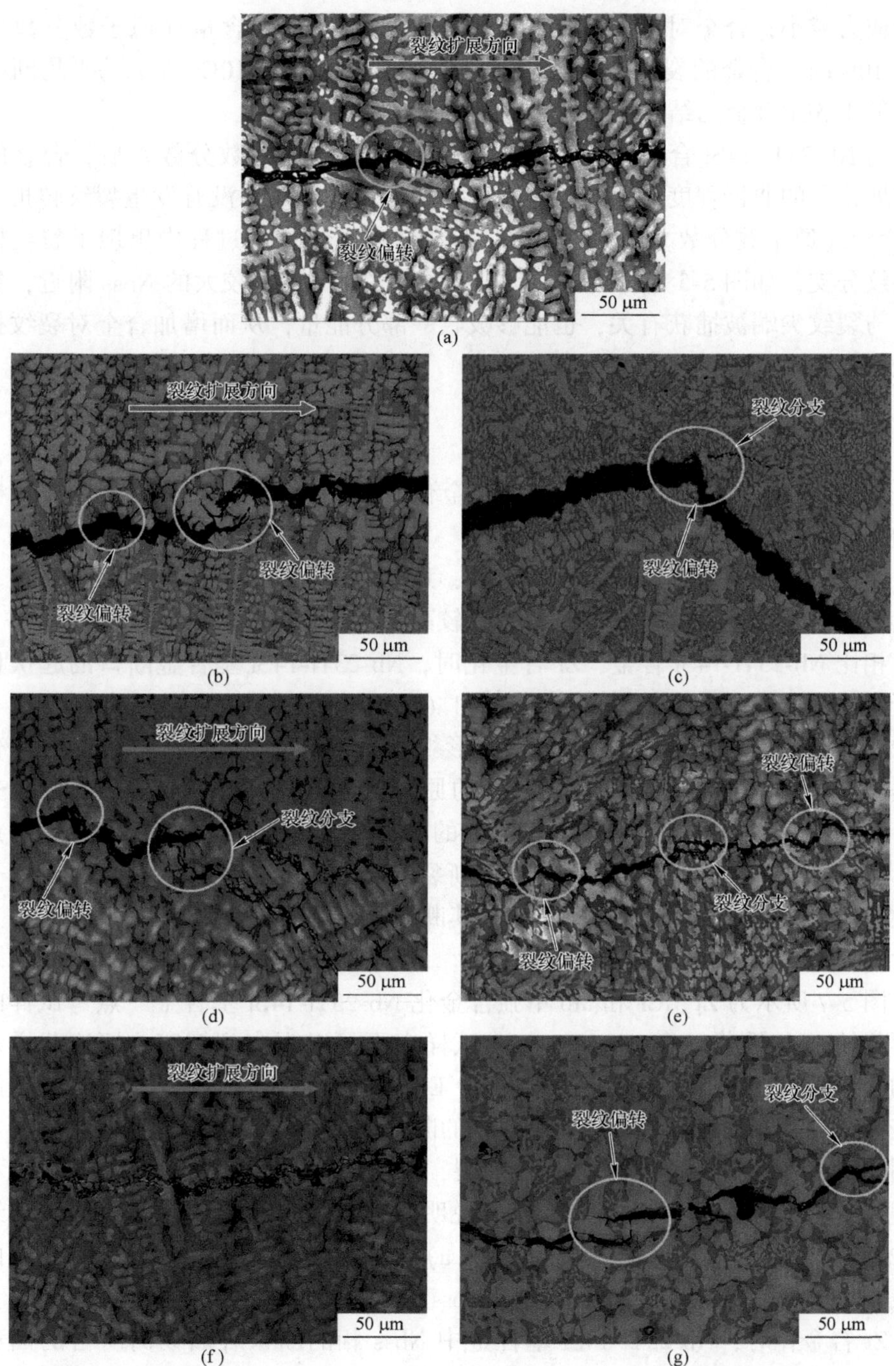

图 5-5 Zr、Cr 和 Mo 单独合金化 Nb-23Ti-14Si 基合金三点弯试样的裂纹扩展路径
(a) Nb-23Ti-14Si；(b) 3Zr；(c) 7Zr；(d) 5Cr；(e) 10Cr；(f) 2Mo；(g) 6Mo

端的应力减小，合金对裂纹的抵抗力增强。然而，当 Cr 含量（原子数分数）增加到 10%时，合金的裂纹扩展路径变得较为平直，这与 10Cr 合金的平均断裂韧性值低于 5Cr 合金的结果相一致。

与 Nb-23Ti-14Si 合金的相比，2% Mo 合金化（原子数分数）后，合金的裂纹扩展路径的曲折程度变化不显著，也比较平直，且几乎没有发生裂纹转折。当 Mo 含量（原子数分数）增加到 6%时，合金在裂纹扩展过程中出现了裂纹桥接和裂纹分支，如图 5-5（g）所示，裂纹桥接发生在尺寸较大的 Nbss 附近，裂纹桥接与裂纹尖端被捕获有关，也能够吸收一部分能量，从而增加合金对裂纹扩展的抵抗力。

5.3.3　断口形貌

图 5-6 所示为 Zr、Cr 和 Mo 单独合金化 Nb-23Ti-14Si 基合金三点弯曲试样断口的三维形貌图。

断口形貌的起伏程度和表面积越大，意味着材料在发生断裂时吸收了较多的能量，在一定程度上能够表示材料具有较高的断裂韧性。

相比 Nb-23Ti-14Si 合金，Zr 合金化时，Nb-23Ti-14Si 基合金断口的起伏程度和断口的表面积增加，如图 5-6（b）和（c）所示，尤其是当 Zr 含量（原子数分数）增加到 7%时，合金的断口三维形貌起伏和表面积较大，这是 Zr 合金化能够提高 Nb-23Ti-14Si 基合金断裂韧性的原因之一。同理，相比 Nb-23Ti-14Si 合金，Cr 合金化时，Nb-23Ti-14Si 基合金的断口起伏程度较大，如图 5-6（d）和（e）所示，这与 Cr 合金化提高合金的断裂韧性相一致。2% Mo 合金化（原子数分数）时，合金的断裂韧性值最小，其断口的起伏程度也最小，如图 5-6（f）所示。

图 5-7 所示为 Zr、Cr 和 Mo 单独合金化 Nb-23Ti-14Si 基合金三点弯试样的断口形貌的 SEM 图像。在 Nb-23Ti-14Si 试样表面可以观察到韧窝、河流花样及光滑的解理面，如图 5-7（a）所示。结合 EDS 测试确定组成相发现，Nbss 相的断裂表面为韧窝和河流花样，而 Nb_3Si 相的断口表面为光滑的解理面。韧窝的出现表明部分 Nbss 相的断裂方式为韧性断裂，而河流花样的出现表明部分 Nbss 相的断裂方式为解理断裂。光滑的解理面说明 Nb_3Si 的断裂方式为脆性断裂。结合 Nb-23Ti-14Si 合金的微观组织（图 5-7（a））分析表明，尺寸较大的 Nbss 相的断裂表面呈现河流花样，而尺寸较小的 Nbss 相的断裂表面为韧窝。

Zr 合金化时，Nb-23Ti-14Si 基合金中 Nbss 相的断口表面韧窝所占的面积增加，这与 Zr 合金化使得合金中 Nbss 相的体积分数增加有关，而硅化物（Nb_3Si 和 γ-Nb_5Si_3）相的表面仍然为光滑的解理面。此外，当 Zr 含量（原子数分数）达 7%时，合金的断裂表面还发现大量的撕裂棱，如图 5-7（c）所示，结合图 3-5

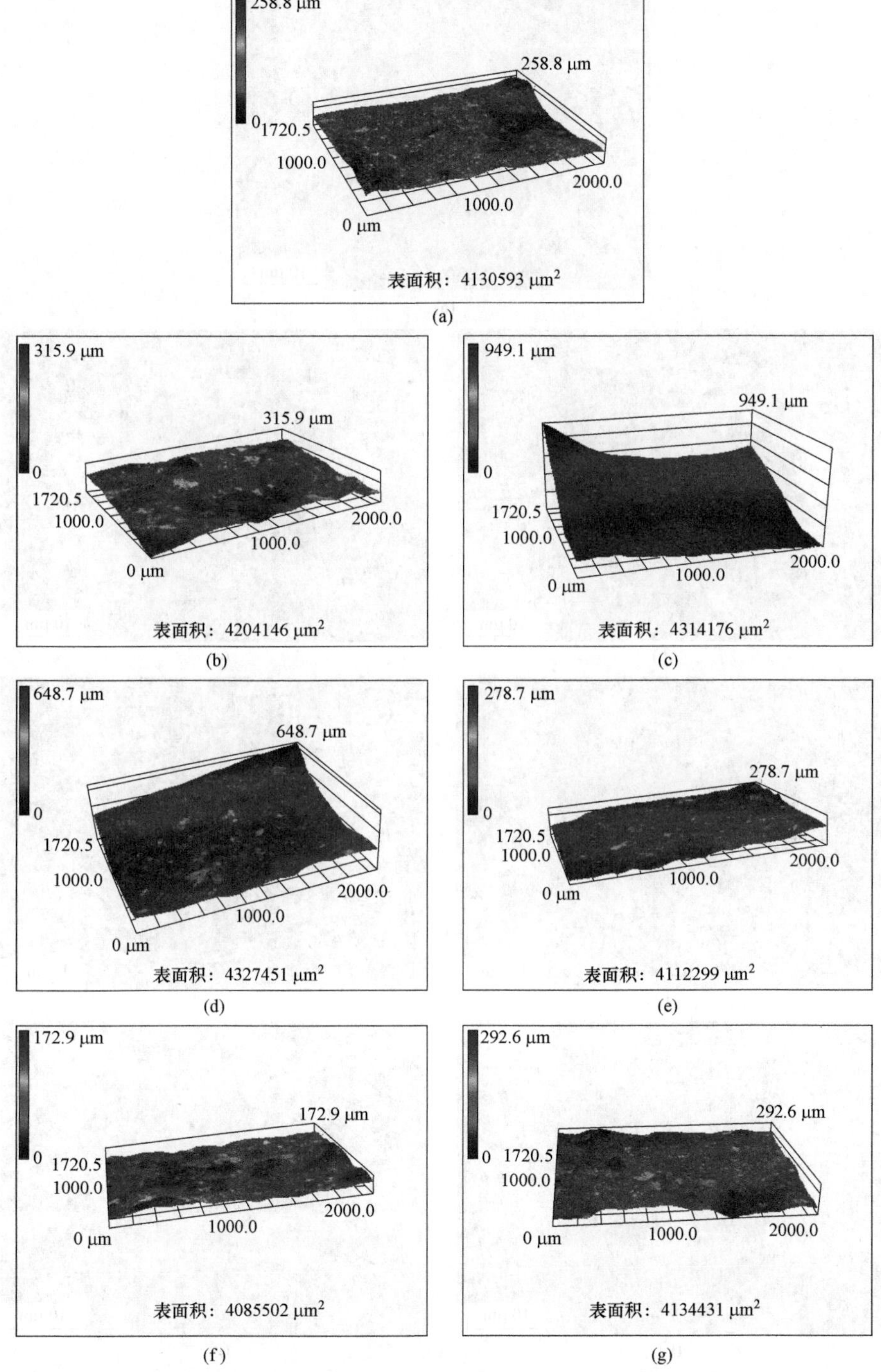

图 5-6 Zr、Cr 和 Mo 单独合金化 Nb-23Ti-14Si 基合金的三点弯曲试样断口三维形貌图
(a) Nb-23Ti-14Si；(b) 3Zr；(c) 7Zr；(d) 5Cr；(e) 10Cr；(f) 2Mo；(g) 6Mo

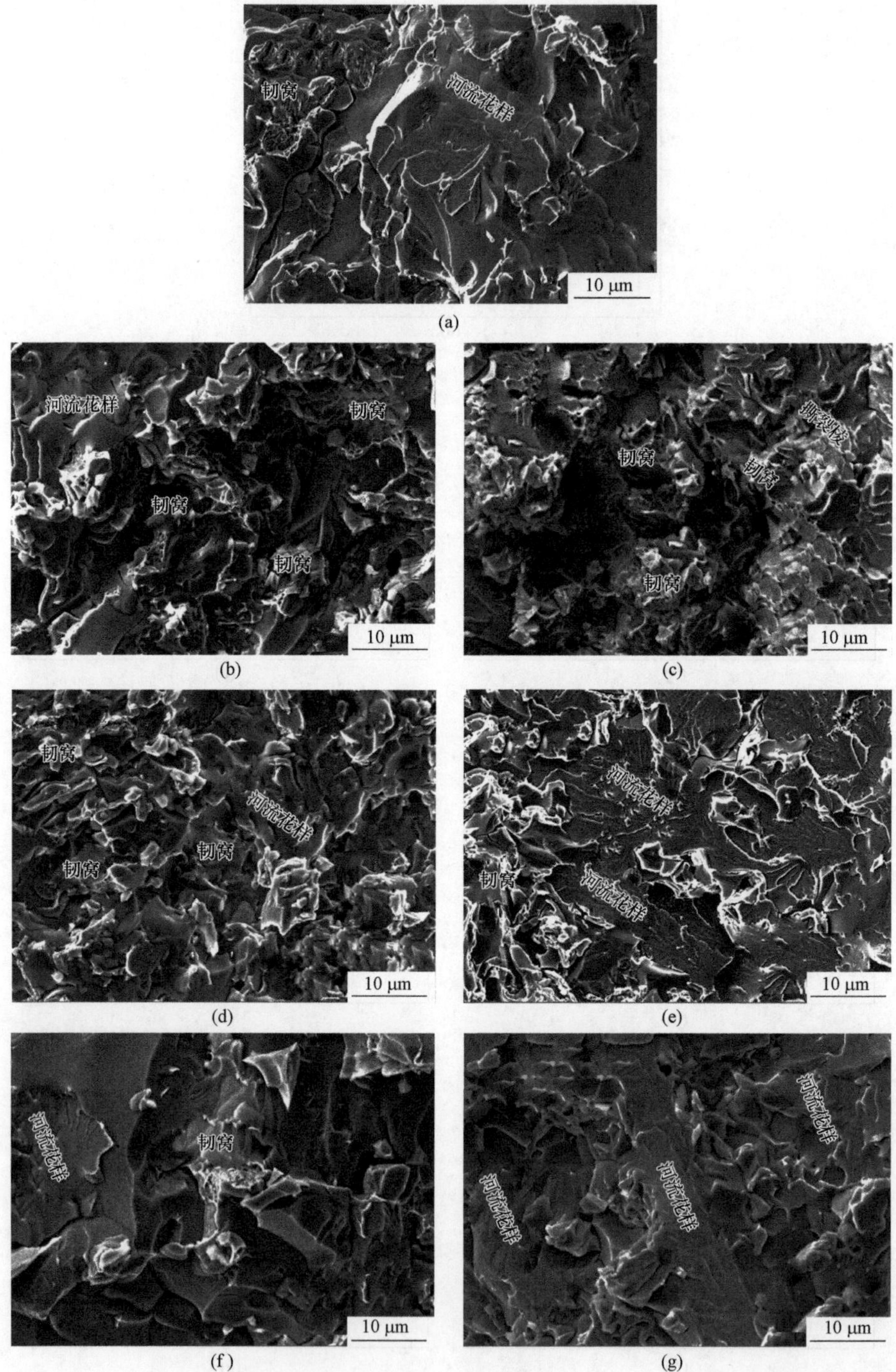

图 5-7　Zr、Cr 和 Mo 单独合金化 Nb-23Ti-14Si 基合金三点弯试样断口形貌的 SEM 图像
(a) Nb-23Ti-14Si；(b) 3Zr；(c) 7Zr；(d) 5Cr；(e) 10Cr；(f) 2Mo；(g) 6Mo

中微观组织分析表明，这种撕裂棱是由于 Nbss+γ-Nb_5Si_3 共晶中 Nbss 相断裂后的表现形式，韧窝和撕裂棱是 Nbss 相发生塑性断裂而形成的，而且 7Zr 合金断口表面上韧窝和撕裂棱的体积分数明显高于 3Zr 合金。对比发现，Zr 合金化时，Nb-23Ti-14Si 基合金的断口上韧窝的深度和直径大于未合金化的 Nb-23Ti-14Si 合金，而且在 Zr 合金化后，部分韧窝底部能够明显观察到 γ-Nb_5Si_3 沉淀相的断裂平面，如图 5-8（b）所示。

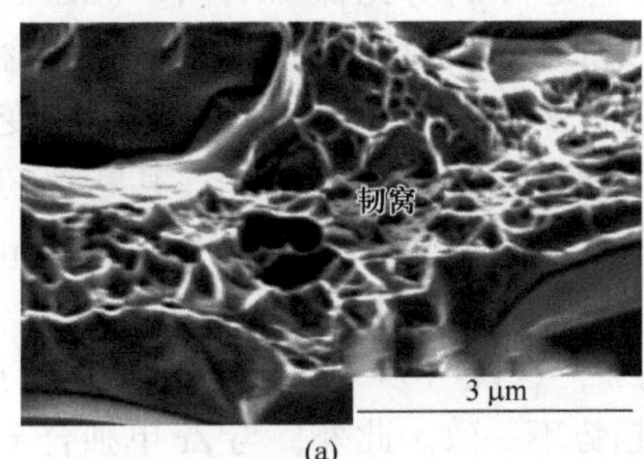

(a)

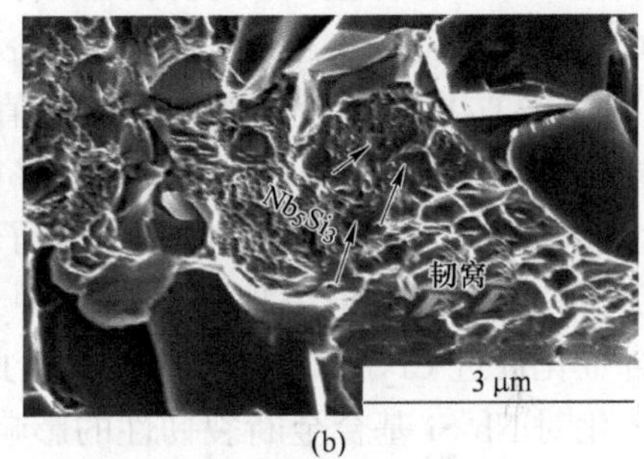

(b)

图 5-8 3Zr 合金断口韧窝的局部放大的 SEM 图像

当采用 5% Cr 合金化（原子数分数）时，合金的断口表面由河流花样、韧窝，以及光滑界面组成，如图 5-7（d）所示。对比 Nb-23Ti-14Si 合金，5Cr 合金断口表面的韧窝的面积分数比较大，但是随着 Cr 含量（原子数分数）增加到 10%时，断口上的韧窝反而减少甚至消失了，Nbss 相表面以河流花样为主。结合 3.2 节中 Cr 合金化时 Nb-23Ti-14Si 合金的相成分分析可知，Cr 元素主要固溶于 Nbss 相中，随着合金中 Cr 含量的增加，Nbss 相中的 Cr 含量也呈现增加的趋势。众所周知，Cr 元素固溶于 Nbss 相使得 Nbss 相的韧脆转变温度升高，所以当合金中 Cr 含量（原子数分数）达 10%时，Nbss 相的韧脆转变温度变化比 5Cr 合金中 Nbss 相的变化更加明显，所以最终导致 Nbss 相的断裂方式发生变化。

当采用 2% Mo 合金化（原子数分数）时，合金的断口主要由光滑的解理面和河流花样组成，仍然存在极少量的韧窝。随着 Mo 含量（原子数分数）增加到 6%，合金的断口上无韧窝的存在，如图 5-7（g）所示。但是相比 2Mo 合金的断口，6Mo 合金的断口上的河流花样所占的比例较高，而光滑解理面所占的比例较少，这与 6Mo 合金中 Nbss 相的体积分数大于 2Mo 合金有关。此外，Mo 元素固溶于 Nbss 相中同样能够使得 Nbss 相的韧脆转变温度升高从而导致其断裂方式发生变化。

5.4 Zr、Cr 和 Mo 复合合金化对断裂韧性的影响

5.4.1 加载曲线和断裂韧性

图 5-9（a）所示为 Zr 和 Cr 复合合金化 Nb-23Ti-14Si 基合金三点弯曲试样的载荷-位移曲线。可以看到，该曲线与 Zr 单独合金化时曲线的变化趋势一致，即

曲线仍然呈现以接近直线方式上升到最大值然后快速下降，直至断裂，并未出现明显的塑性变形特征。图 5-9（b）所示为 Zr 和 Cr 复合合金化 Nb-23Ti-14Si 基合金沉积态试样的断裂韧性值，其平均断裂韧性值的范围为 10.2～14.5 MPa · $m^{1/2}$。分别对比低 Zr 含量的合金（3Zr-5Cr 和 3Zr-10Cr）和高 Zr 含量的合金（6Zr-5Cr 和 6Zr-12Cr）的断裂韧性值，表明在 Zr 含量相同时，Cr 含量的增加使得 Nb-23Ti-14Si 基合金的断裂韧性降低。但是分别对比低 Cr 合金（3Zr-5Cr 和 6Zr-5Cr）和高 Cr 合金（3Zr-10Cr 和 6Zr-12Cr）的断裂韧性值，表明当 Cr 含量相同时，Nb-23Ti-14Si 基合金的断裂韧性值随着 Zr 含量的增加表现出不同的变化规律，即当 Cr 含量（原子数分数）为 5%时，随着 Zr 含量的增加，其断裂韧性值呈现增加的趋势，但是当 Cr 含量（原子数分数）为 10%～12%时，随着 Zr 含量的增加，其断裂韧性值呈现降低的趋势，结合微观组织分析，表明其与 Zr 和 Cr 复合合金化促进 Cr_2Nb 相的形成有关。此外，这说明 Zr 和 Cr 复合合金化与其单独合金化对 Nb-Si 基合金断裂韧性的影响趋势不一致。此外，与 Zr 单独合金化相比，Zr 和 Cr 复合合金化降低了合金的断裂韧性，其中 6%Zr+5%Cr 合金化（原子数分数）时，合金的断裂韧性值与 Zr 单独合金化时相接近。

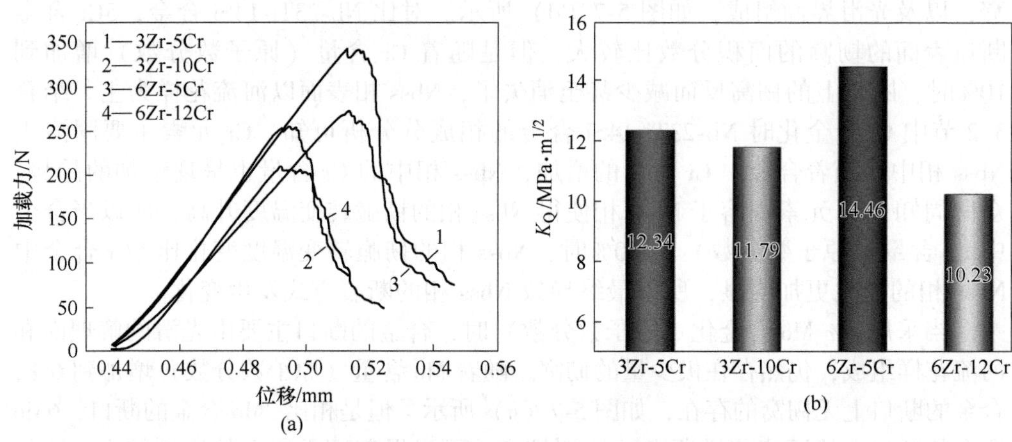

图 5-9　Zr 和 Cr 复合合金化 Nb-23Ti-14Si 基合金[119]

（a）三点弯曲试样的载荷-位移曲线；（b）断裂韧性值

图 5-10（a）所示为 Zr 和 Mo 复合合金化 Nb-23Ti-14Si 基合金三点弯曲试样的载荷-位移曲线，其曲线仍然呈现以接近直线方式上升到最大值然后快速下降，直至断裂，也并未出现明显的塑性变形特征。图 5-10（b）所示为 Zr 和 Mo 复合合金化 Nb-23Ti-14Si 合金的沉积态试样的断裂韧性值。3Zr-4Mo 合金和 6Zr-4Mo 合金的平均断裂韧性值的相近，分别为 10.5 MPa · $m^{1/2}$ 和 10.6 MPa · $m^{1/2}$，而 3Zr-9Mo 合金与 6Zr-9Mo 合金的平均断裂韧性的相同，都为 8.9 MPa · $m^{1/2}$。对比

发现，在 Zr 存在时，Mo 含量越高，Nb-23Ti-14Si 基合金的平均断裂韧性值反而越低，而在 Mo 存在的情况下，Zr 含量的增加对 Nb-23Ti-14Si 基合金的断裂韧性影响不显著，这说明，Zr 和 Mo 合金化时，合金的断裂韧性主要由 Mo 含量主导。此外，与 Zr 单独合金化相比，Zr 和 Mo 复合合金化显著降低了合金的断裂韧性。

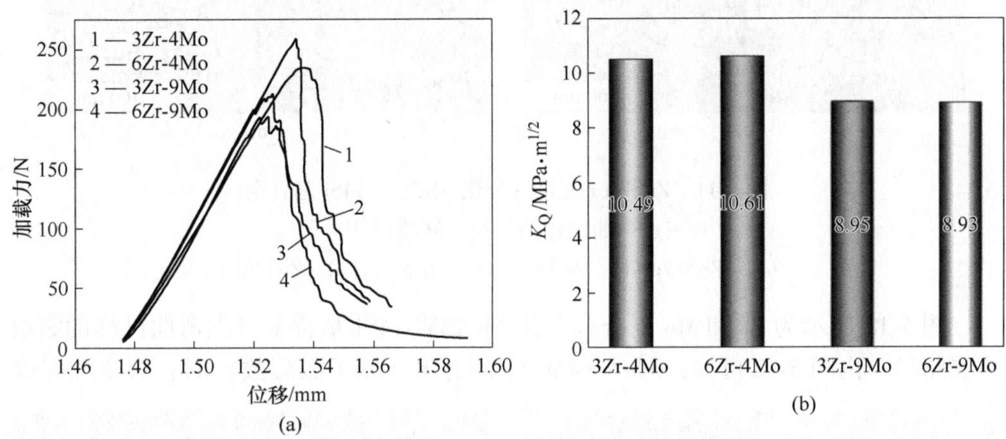

图 5-10　Zr 和 Mo 复合合金化 Nb-23Ti-14Si 基合金[120]

（a）三点弯曲试样的载荷-位移曲线；（b）断裂韧性值

5.4.2　裂纹扩展路径

图 5-11 所示为 Zr 和 Cr 复合合金化 Nb-23Ti-14Si 基合金三点弯曲试样的裂纹扩展路径。对比发现，6%Zr+5%Cr 合金化（原子数分数）时，合金的裂纹扩展过程中所经历的转折较多，其裂纹扩展路径相比其他合金的更为曲折。此外，其在扩展过程中也出现了裂纹分支，但是小的分支在扩展过程中被尺寸较大 Nbss 枝晶所吸收。当 6%Zr+12%Cr 合金化（原子数分数）时，合金的裂纹扩展路径较为平直，尽管也出现了裂纹的转折，但是裂纹转折的程度较小，而且部分裂纹是绕过 Nbss 相扩展的，这种情况下，Nbss 相的增韧作用会明显减弱。

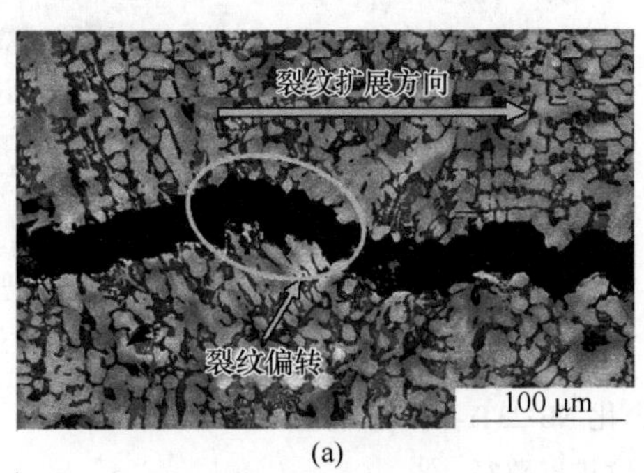

(a)

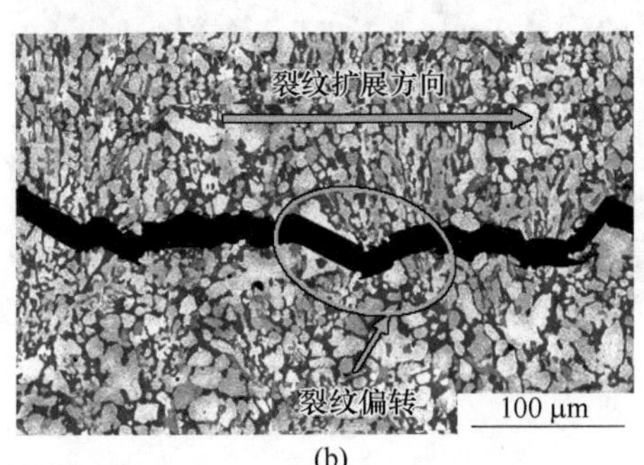

(b)

图 5-11　Zr 和 Cr 复合合金化 Nb-23Ti-14Si 基合金三点弯曲试样的裂纹扩展路径[119]

(a) 3Zr-5Cr；(b) 3Zr-10Cr；(c) 6Zr-5Cr；(d) 6Zr-12Cr

图 5-12 所示为 Zr 和 Mo 复合合金化 Nb-23Ti-14Si 基合金三点弯曲试样的裂纹扩展路径。由图 5-12 可知，3%Zr+4%Mo 合金化（原子数分数）时，合金的裂纹

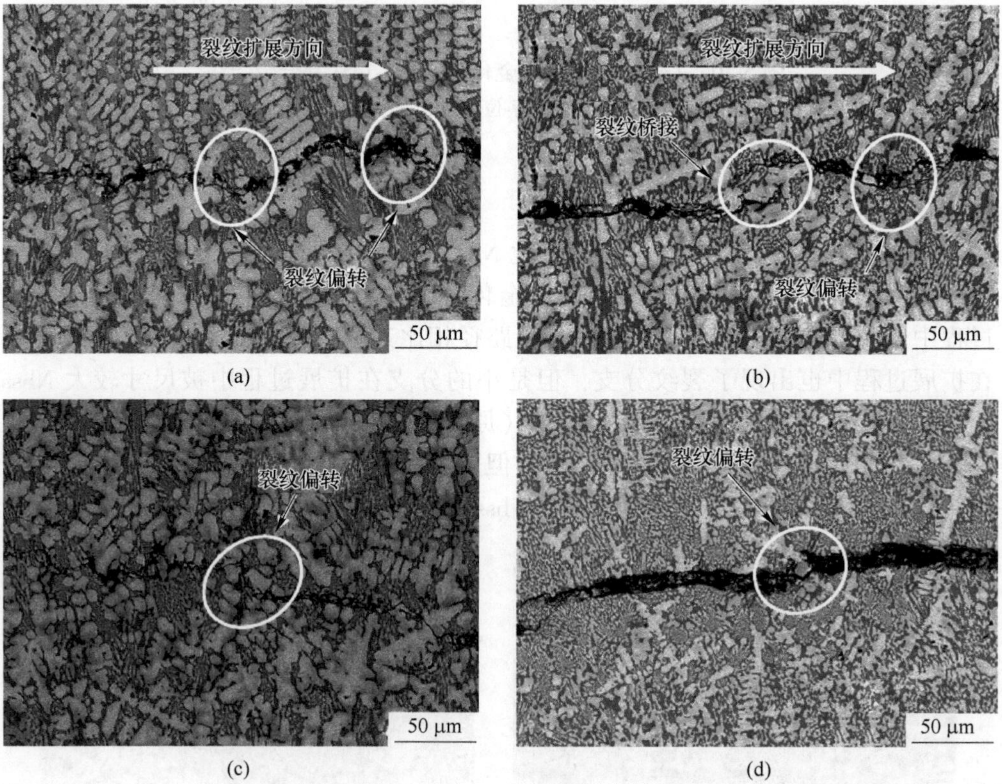

(a)　(b)

(c)　(d)

图 5-12　Zr 和 Mo 复合合金化 Nb-23Ti-14Si 基合金三点弯曲试样的裂纹扩展路径[120]

(a) 3Zr-4Mo；(b) 6Zr-4Mo；(c) 3Zr-9Mo；(d) 6Zr-9Mo

扩展过程中裂纹的转折次数较多。此外，6%Zr+4%Mo 合金化（原子数分数）时，合金断裂过程中出现了裂纹桥接，而当 Zr 含量（原子数分数）为低于 6%且 Mo 含量（原子数分数）为 9%时，合金的裂纹扩展路径中仅存在少量的裂纹偏转。从整个裂纹扩展路径来看，Mo 含量（原子数分数）为 4%时合金断裂过程中的裂纹扩展路径明显要比 Mo 含量（原子数分数）为 9%时合金的裂纹扩展路径更为曲折。

5.4.3　断口形貌

图 5-13 所示为 Zr 和 Cr 复合合金化 Nb-23Ti-14Si 基合金三点弯曲试样的断口形貌的 SEM 图像。

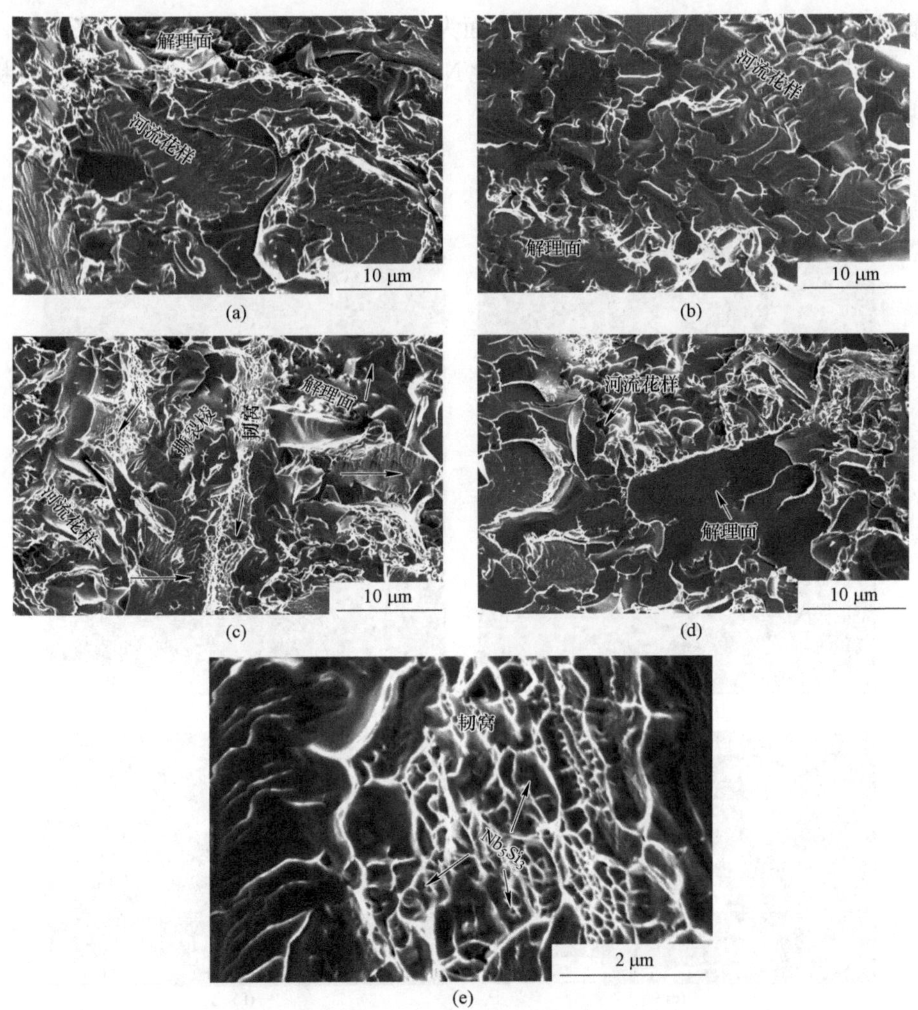

图 5-13　Zr 和 Cr 复合合金化 Nb-23Ti-14Si 基合金三点弯曲试样断口形貌的 SEM 图像[119]
（a）3Zr-5Cr；（b）3Zr-10Cr；（c）6Zr-5Cr；（d）6Zr-12Cr；（e）图(c)中韧窝局部放大图

当 Zr 含量（原子数分数）为 3%且 Cr 含量（原子数分数）低于 10%时，合金的断口主要由河流花样和光滑解理面组成，并没有观察到韧窝的存在，如图 5-13（a）和（b）所示。这说明此时 Nbss 相的断裂模式为解理断裂，而硅化物相（γ-Nb_5Si_3 和 α-Nb_5Si_3）的断裂方式为仍为解理断裂，即断口表面为光滑的解理面。当 Zr 含量（原子数分数）增加到 6%且 Cr 含量（原子数分数）为 5%时，合金的断口表面较为复杂，Nbss 相的断裂表面不仅有河流花样，还出现了大量韧窝和撕裂棱，如图 5-13（c）所示；而且在韧窝的底部还存在沉淀相 γ-Nb_5Si_3 相的断裂平面，如图 5-13（e）所示。6%Zr+12%Cr 合金化（原子数分数）时，合金的断口中光滑解理面所占的比例明显高于河流花样所占的比例，如图 5-13（d）所示，结合其微观组织观察，这种大块状的解理平面为初生 γ-Nb_5Si_3 相的断裂后的形态。

图 5-14 所示为 Zr 和 Mo 复合合金化 Nb-23Ti-14Si 基合金三点弯曲试样的断口形貌的 SEM 图像。

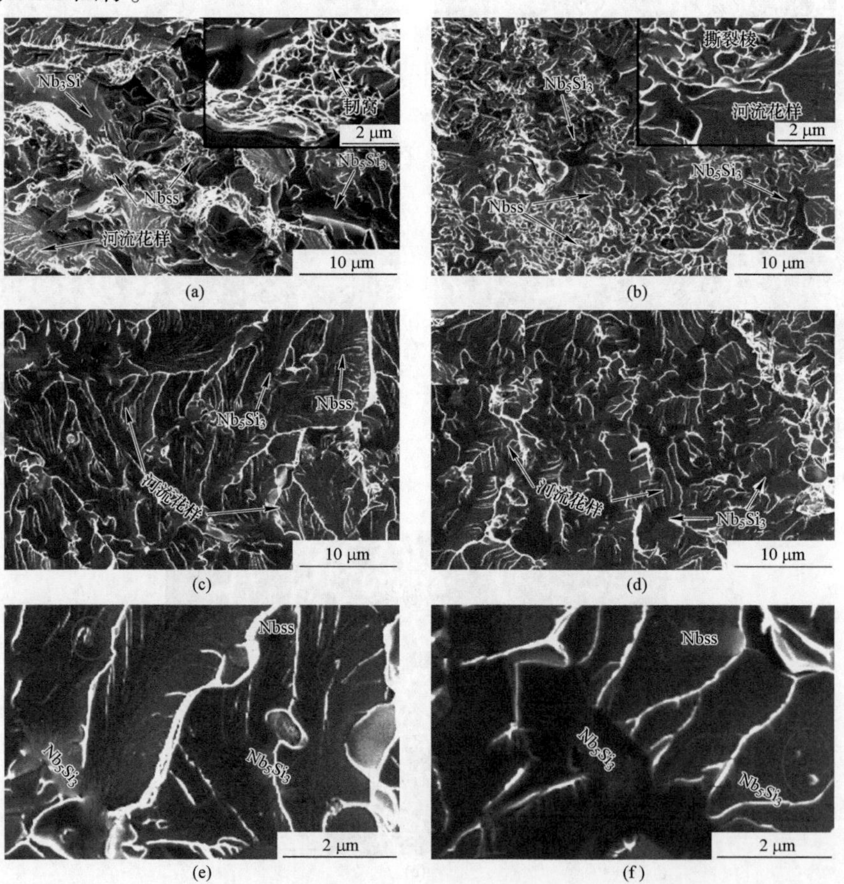

图 5-14　Zr 和 Mo 复合合金化 Nb-23Ti-14Si 基合金三点弯曲试样的断口形貌的 SEM 图像[120]
（a）3Zr-4Mo；（b）6Zr-4Mo；（c）（e）3Zr-9Mo；（d）（f）6Zr-9Mo

当采用 3%Zr+4%Mo 合金化（原子数分数）时，合金的断口上出现较多的河流花样和光滑的解理面，还存在少量的浅而小的韧窝，如图 5-14（a）所示。而当采用 6%Zr+4%Mo 合金化（原子数分数）时，合金的断口由撕裂棱、河流花样和光滑的解理面组成，这说明当 Zr 含量（原子数分数）低于 6%且 Mo 含量（原子数分数）为 4%时，合金中 Nbss 相仍呈现一定的韧性断裂特征。随着 Mo 含量的增加，Nb-23Ti-14Si 基合金的断口形貌变化很大，当 Zr 含量（原子数分数）低于 6%且 Mo 含量（原子数分数）为 9%时，合金的断口表面上没有出现韧窝和撕裂棱，而且 Nbss 的断口表面形态呈现鱼骨状，这种鱼骨状形貌的形成与解理裂纹沿着不同的晶面和晶向扩展有关。观察河流花样发现，Nb-23Ti-14Si 基合金断裂过程中裂纹起源于 γ-Nb_5Si_3 硅化物相，如图 5-14（f）所示。在断口表面的局部放大图中可观察到沉淀相 γ-Nb_5Si_3 的脱粘，说明沉淀相 γ-Nb_5Si_3 在断裂过程中并未发挥其强化作用，如图 5-14（e）和（f）所示。

图 5-15 所示为激光立体成形 Nb-23Ti-14Si 基合金室温断裂韧性与 Nbss 相体积分数的关系图。Zr、Cr 和 Mo 单独合金化时，Zr 合金化显著提高了合金断裂韧性，其次是 Cr 合金化。由 Zr、Cr 和 Mo 单独合金化 Nb-23Ti-14Si 基合金沉积态试样的断裂韧性与 Nbss 相体积分数的对比可知，在合金化元素种类相同时，合金断裂韧性与 Nbss 相体积分数成正相关，即 Nbss 相体积分数越大，合金的断裂韧性值越高，反之亦然，如图 5-15 中箭头所示。

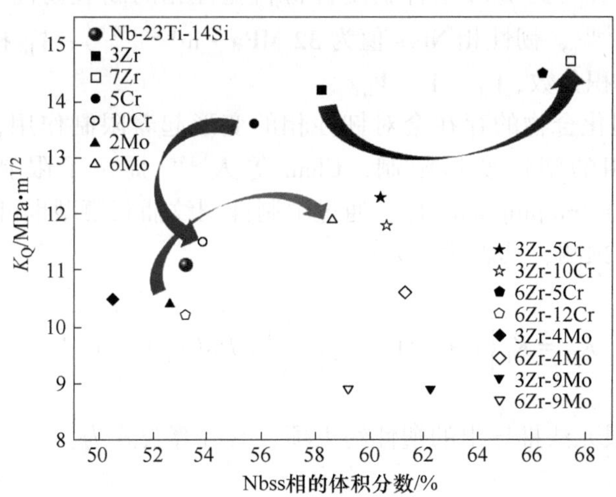

图 5-15 激光立体成形 Nb-23Ti-14Si 基合金室温断裂韧性与 Nbss 相的体积分数关系图

Zr 和 Cr 复合合金化时，Nb-23Ti-14Si 基合金比 Zr 单独合金化时合金的断裂韧性较差，这也说明当合金中存在 Zr 元素时，继续采用 Cr 合金化使合金的断裂韧性降低，其中 6Zr-5Cr 合金的断裂韧性与 7Zr 合金的断裂韧性值相近。当合金中 Zr 含量（原子数分数）为 3%时，Cr 合金化后 Nbss 相的体积分数略有增加，但是合金的断裂韧性值下降，如图 5-15 所示，这与 Cr 合金化使得 Nbss 相的韧脆转变温度升高有关。当 Zr 含量（原子数分数）为 6%时，10%～12% Cr 合金化（原子数分数）严重降低了合金的断裂韧性值，6Zr-12Cr 合金的断裂韧性值最小，甚至低于未合金化的 Nb-23Ti-14Si 合金，这是由于大量 Cr 元素固溶于 Nbss 相中使其断裂方式呈现解理断裂。

Zr 和 Mo 复合合金化时，Nb-23Ti-14Si 基合金比 Zr 单独合金化时合金的断裂韧性差，说明当合金中存在 Zr 元素时，继续采用 Mo 合金化显著降低了合金的断裂韧性。Zr 和 Mo 复合合金化时，Nb-23Ti-14Si 基合金的断裂韧性比 Mo 单独合金化时略差，这与复合合金化时合金中 Mo 含量大于 Mo 单独合金化有关。

此外，本节进一步利用 Nb-Si 基合金中组成相的体积分数及其断裂韧性来估计 Nb-Si 基合金的断裂韧性：

（1）通过混合法则（Rule of mixture）来预测 Nb-Si 基合金的断裂韧性，其表达式如下[139]：

$$K_{\mathrm{C}} = K_{\mathrm{b}}\left[V_{\mathrm{b}} + V_{\mathrm{d}}\left(\frac{K_{\mathrm{d}}}{K_{\mathrm{b}}}\right)^{2}\right]^{1/2} \tag{5-1}$$

式中，K_{C}、K_{b}、K_{d} 为 Nb-Si 基合金复合材料脆性相的断裂韧性（考虑硅化物值为 3 MPa · $\mathrm{m}^{1/2}$[140]，韧性相 Nbss 值为 32 MPa · $\mathrm{m}^{1/2}$[139]）；V_{b} 和 V_{d} 分别为脆性相和韧性相的体积分数，$V_{\mathrm{d}} = 1 - V_{\mathrm{b}}$。

（2）金属间化合物的存在会对韧性相的变形起着限制作用，因此考虑到了脆性相对韧性相的塑性变形限制，Chan 等人[141]提出了限制裂纹捕获模型（constrained crack trapping model），通过限制性裂纹捕获模型也可对 Nb-Si 基合金的断裂韧性进行预测，其表达式为：

$$K_{\mathrm{C}} = K_{\mathrm{b}}\left\{1 + \sqrt{1 - v_{\mathrm{b}}}\left[\left(\frac{K_{\mathrm{d}}}{K_{\mathrm{b}}}\right)^{2} P_{\mathrm{C}}(V_{\mathrm{b}}) - 1\right]\right\}^{1/2} \tag{5-2}$$

P_{C} 是由有限元法推导出的塑性约束项，其计算公式为：

$$P_{\mathrm{C}}(V_{\mathrm{b}}) = \exp\left(-\frac{8q'}{3}\,\frac{V_{\mathrm{b}}}{1 - V_{\mathrm{b}}}\right) \tag{5-3}$$

式中，q'为颗粒/基体界面处的塑性约束条件的指标。

当界面完全非黏结时，q'值为 0；当界面完全黏结并受到塑性约束时，q'值为 1。假设 Nb-Si 基合金的 $q' = 1$。

图 5-16 所示为采用模型计算的激光立体成形 Nb-23Ti-14Si 基合金的断裂韧性的理论值与实际值的对比图。采用混合法则模型预测的 Nb-23Ti-14Si 基合金的断裂韧性值比实际断裂韧性值高，而采用约束模型计算的断裂韧性理论值与实验值接近，如图 5-16 所示，尤其是 7Zr 合金、6Mo 合金、3Zr-5Cr 合金、3Zr-10Cr 合金和 6Zr-5Cr 合金。其中 6Zr-4Mo 合金、3Zr-9Mo 合金和 6Zr-9Mo 合金的实验值低于采用约束模型计算的理论值，这可能是其 Nbss 相的断裂韧性值明显低于设定值（32 MPa · $m^{1/2}$）所造成的，这与前述断口分析发现 Zr 和 Mo 复合合金化时，Nbss 相发生解理断裂相一致。而 Nb-23Ti-14Si 合金、3Zr 合金、5Cr 合金、2Mo 合金和 3Zr-4Mo 合金的实验值高于采用约束模型计算的理论值，可能的原因是：一方面这些合金中都存在 Nb_3Si 相，Nb_3Si 相与 Nb_5Si_3 相的断裂韧性不相同，另一方面沉积态试样中 Nb_3Si 相与 Nbss 相以共晶枝晶形态生长，因此其也会造成对 Nbss 相约束程度的改变。

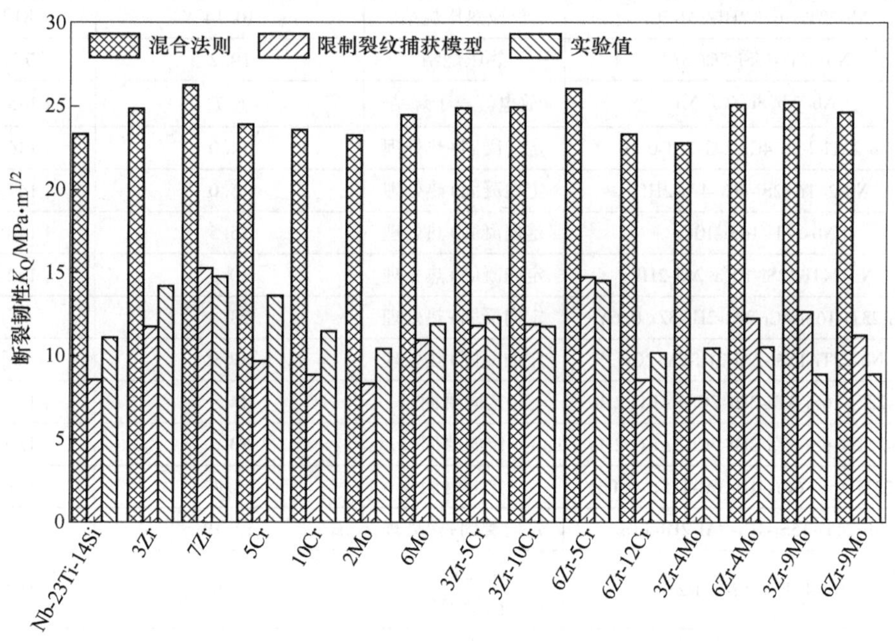

图 5-16 模型计算的激光立体成形 Nb-23Ti-14Si 基合金的断裂韧性的理论值与实际值的对比图

表 5-1 对比了不同加工方法制备的多元 Nb-Si 基合金试样的断裂韧性值（提取每篇文献中断裂韧性的最大值）。可以看到，采用定向凝固制备的 Nb-Si 基合金的断裂韧性值较高，但是其一般需要经过热处理；其次是采用电弧熔炼制备的，而粉末冶金制备的 Nb-Si 基合金断裂韧性相对较低。激光立体成形制备 Nb-23Ti-14Si 基合金的断裂韧性值优于大部分电弧熔炼制备的，与大部分定向凝固制备的相当。

表 5-1 对比不同合金成分以及不同加工方法制备的多元 Nb-Si 基合金试样的断裂韧性值（提取每篇文献中的最大值）

成分（原子数分数）/%	加工方法	断裂韧性 K_Q/MPa · $m^{1/2}$	参考文献
Nb-22Ti-15Si-5Cr-3Al-2Hf-4Zr	电弧熔炼	13.80	[42]
Nb-16Ti-16Si-4Zr	电弧熔炼	9.01	[133]
Nb-22Ti-15Si-5Cr-5Mo-4Zr-3Al-2Hf-3V	电弧熔炼	10.25	[27]
Nb-22Ti-15Si-5Cr-3Hf-3Al-8Zr	电弧熔炼	15.01	[38]
Nb-22Ti-16Si-3Al	电弧熔炼	13.7	[142]
Nb-22Ti-16Si-8Cr	电弧熔炼	13.4	[31]
Nb-18Ti-14Si-4.5B	电弧熔炼	11.76	[20]
Nb-20Ti-16Si-3Al-2Hf-3Cr-2V	电弧熔炼	14.7	[143]
Nb-20Ti-16Si-3Cr-3Al-2Hf	电弧熔炼	11.75	[144]
Nb-22Ti-16Si-2Hf-2Al-2Cr	反应热压烧结	10.14	[81]
Nb-22Ti-15Si-5Cr-3Al	热压烧结	10.2	[75]
$Nb/Nb_5Si_3/Cr_2Nb$	放电等离子烧结	6.7	[145]
Nb-23Ti-16Si-4Cr-2Al-2Hf-0.1B	定向凝固+热处理	14.0	[146]
Nb-24Ti-12Si-4Cr-4Al-2Hf	定向凝固+热处理	15.0	[147]
Nb-24Ti-14Si-10Cr	定向凝固+热处理	15.5	[148]
Nb-24Ti-12Si-10Cr-2Al-2Hf	定向凝固+热处理	10.3	[122]
Nb-23Ti-16Si-4Cr-2Al-2Hf-3Zr-0.6Y	定向凝固+热处理	23.1	[41]
Nb-22Ti-15Si-2Al-2Hf-2V-2Cr	定向凝固+热处理	17.9	[33]
Nb-22Ti-16Si-3Ta-2Hf-7Cr-3Al-0.2Ho	定向凝固	14.9	[149]
Nb-22Ti-16Si-3Ta-2Hf-7Cr-3Al-0.2Ho	定向凝固	13.1	[150]
Nb-22Ti-16Si-6Cr-4Hf-3Al-1.5B-0.06Y	定向凝固	23.77	[151]
Nb-24Ti-15Si-4Cr-2Al-2Hf-1Ta	定向凝固+热处理	12.19	[73]
Nb-40Ti-10Si-5Al-2V	激光定向能量沉积	21.62	[152]
Nb-23Ti-14Si-6Zr	激光定向能量沉积	14.7	[111]
Nb-23Ti-14Si-6Zr-5Cr	激光定向能量沉积	14.5	[119]

注：断裂韧性测试方法采用三点弯曲试样测试。

结合 Zr、Cr 和 Mo 单独和复合合金化对激光立体成形 Nb-23Ti-14Si 基合金抗氧化性能和断裂韧性的综合影响分析（见图 4-36 和图 5-15），可以看到，Zr 合金化对 Nb-23Ti-14Si 基合金的室温断裂韧性和抗氧化性能都有利，尤其是在提高断裂韧性方面；Cr 单独合金化对合金的断裂韧性和抗氧化性也都有利，尤其是对抗氧化性能的改善；Mo 单独合金化后对合金的抗氧化性能有利。Zr 和 Cr 复合合金化后，能够提高合金的抗氧化性，但是高 Zr 和 Cr 含量（6Zr-12Cr）复合合金化对室温韧性不利，Zr 和 Mo 复合合金化后，能够提高合金的抗氧化性，但是对合金的断裂韧性不利。从激光立体成形 Nb-23Ti-14Si 基合金的综合性能考虑，其 Zr、Cr 和 Mo 最佳合金化的含量（原子数分数）应分别为 3%~7%、5%~10% 和 2%~4%。

5.5 本 章 小 结

本章重点分析了 Zr、Cr 和 Mo 单独和复合合金化对 Nb-23Ti-14Si 基合金的力学性能以及变形行为的影响及规律，研究了 Zr、Cr 和 Mo 单独和复合合金化对 Nb-23Ti-14Si 基合金的显微硬度、断裂韧性、裂纹扩展路径和断口形貌的影响规律，并分析了合金化对 Nbss 相变形特征的影响。得出的主要结论如下。

（1）相比 Nb-23Ti-14Si 基合金，Zr 合金化后，Nb-23Ti-14Si 基合金和 Nbss 相的显微硬度值都呈现下降趋势；Cr 合金化后，合金和 Nbss 相的显微硬度值都呈现上升趋势；Mo 合金化后，Nbss 相的显微硬度值呈现增加趋势，而合金的显微硬度值呈现先上升后下降的趋势。Zr 和 Cr 复合合金化时，6%Zr+5%Cr（原子数分数）合金化 Nb-23Ti-14Si 基合金的显微硬度值最小，而 6%Zr+12%Cr（原子数分数）合金化 Nb-23Ti-14Si 基合金的显微硬度值最大，主要是 Nbss 体积分数变化所导致。Mo 和 Zr 复合合金化时，6%Zr+4%Mo（原子数分数）合金化 Nb-23Ti-14Si 基合金的显微硬度值最小，而 6%Zr+9%Mo（原子数分数）合金化 Nb-23Ti-14Si 基合金的显微硬度值最大，这主要是 Mo 元素的固溶强化以及 Nbss 相的细化所致。

（2）Nb-23Ti-14Si 合金的断裂韧性值约为 11.1 MPa · $m^{1/2}$，其裂纹扩展路径较为平直，且断口形貌起伏较小，Nbss 相的断裂方式为呈现混合断裂模式。Zr 合金化显著提高合金的断裂韧性，且 Nbss 相的呈现韧性断裂模式。当 Zr 含量（原子数分数）达 7%时，断裂韧性值为 14.7 MPa · $m^{1/2}$，且断口的三维形貌起伏较大且 Nbss 相的断口表面以韧窝和撕裂棱为主。Cr 合金化时，合金的断裂韧性呈现先增加后降低的趋势，当 Cr 含量（原子数分数）达 5%时，合金的断裂韧性为 13.5 MPa · $m^{1/2}$。Mo 合金化时，合金的断裂韧性呈现先下降后上升的趋势，当 Mo 含量（原子数分数）达 6%时，合金的断裂韧性仅为 11.9 MPa · $m^{1/2}$。

（3）采用 Zr 和 Cr 复合合金化时，Nb-23Ti-14Si 合金的断裂韧性随着 Cr 含量的增加而降低；但当 Cr 含量（原子数分数）为 5%且 Zr 含量（原子数分数）低于 6%时，断裂韧性随着 Zr 含量的增加而升高，而当 Cr 含量（原子数分数）为

10%~12%且 Zr 含量（原子数分数）低于 6%时，断裂韧性随着 Zr 含量的增加而降低。6%Zr+5%Cr（原子数分数）合金化时，断裂韧性值最大，为 14.5 MPa · $m^{1/2}$，这得益于 Nbss 相的体积分数和连续性增加以及 Nbss 相的韧性断裂，而 6% Zr+12%Cr（原子数分数）合金化时，合金的断裂韧性值最小，为 10.2 MPa · $m^{1/2}$，这是由于高含量的 Zr 和 Cr 合金化促进块状初生相 γ-Nb_5Si_3 形成及 Cr_2Nb 相的增加。

（4）采用 Zr 和 Mo 复合合金化时，Mo 含量的变化对 Nb-23Ti-14Si 基合金断裂韧性的影响占主导，且随着 Mo 含量的增加而降低；当 Zr 含量（原子数分数）低于 6%且 Mo 含量（原子数分数）为 4%时，Nbss 相的断口仍然呈现一定的韧性断裂特征，6%Zr+4%Mo（原子数分数）合金化时，合金的断裂韧性值较高，为 10.6 MPa · $m^{1/2}$。在当 Zr 含量（原子数分数）低于 6%且 Mo 含量（原子数分数）为 9%时，Nbss 相的断口呈现解理断裂的特征，合金的断裂韧性值为 8.9 MPa · $m^{1/2}$。

6　结论与展望

本书采用预混合粉末法，利用激光立体成形技术设计并制备了 Zr、Cr 和 Mo 合金化的 Nb-23Ti-14Si 基合金，厘清了 Zr、Cr 和 Mo 单独和复合合金化对 Nb-23Ti-14Si 基合金组织演化的影响机制；并以此为基础，进一步研究了 Zr、Cr 和 Mo 单独和复合合金化对高温（1250 ℃）抗氧化性能和氧化机理等的影响，以及分析了氧化膜的组成及形成机制；还研究了 Zr、Cr 和 Mo 单独和复合合金化对 Nb-23Ti-14Si 基合金显微硬度和室温断裂韧性的影响规律，分析了激光立体成形 Nb-23Ti-14Si 基合金的裂纹扩展路径和断口形貌，以及 Nbss 相的变形机制。主要结论如下。

（1）研究了 Zr、Cr 和 Mo 单独合金化对激光立体成形 Nb-23Ti-14Si 基合金沉积态组织的演变机制。结果表明：Nb-23Ti-14Si 合金主要由 Nbss 和 Nb_3Si 相组成，且形成了 FCC-Ti 和 α-Nb_5Si_3 沉淀相。Zr、Cr 和 Mo 单独合金化都能够抑制 Nb_3Si 相的形成并促进 Nbss+γ-Nb_5Si_3 共晶发生。当 Zr 含量（原子数分数）达 7%时，Nb_3Si 相消失，由 Nbss 和 γ-Nb_5Si_3 相组成。当 Cr 含量（原子数分数）达 10%时，形成了 Nbss+α-Nb_5Si_3 和 Cr_2Nb 相。当 Mo 含量（原子数分数）达 6%时，形成了 Nbss+α-Nb_5Si_3 相共晶。

（2）研究了 Zr 和 Cr 复合合金化对激光立体成形 Nb-23Ti-14Si 基合金组织的演变机制。结果表明：采用 Zr 和 Cr 复合合金化（3%～6%Zr+5%～12%Cr，原子数分数）时，Nb-23Ti-14Si 基合金中形成了 γ-Nb_5Si_3 沉淀相。当 Zr 含量（原子数分数）为 3%且 Cr 含量（原子数分数）低于 10%时，硅化物相为 γ-Nb_5Si_3 和 α-Nb_5Si_3，且随着 Cr 含量（原子数分数）从 5%增加到 10%，α-Nb_5Si_3 相体积分数增加，γ-Nb_5Si_3 相体积分数减少且形成 1.5% Cr_2Nb 相；当 Zr 含量（原子数分数）达 6%时，合金中硅化物相仅为 γ-Nb_5Si_3，且随着 Cr 含量（原子数分数）从 5%增加到 12%，合金由亚共晶合金转变为过共晶合金，且形成体积分数 8.9% Cr_2Nb 相。

（3）研究了 Zr 和 Mo 复合合金化对激光立体成形 Nb-23Ti-14Si 基合金组织的演变机制。结果表明：采用 Zr 和 Mo 复合合金化（3%～6% Zr+4%～9% Mo）时，Nb-23Ti-14Si 基合金中形成 γ-Nb_5Si_3 沉淀相。当 Zr 含量（原子数分数）为 3%且 Mo 含量（原子数分数）为 4%时，合金中硅化物相主要由 Nb_3Si 和 γ-Nb_5Si_3 相组成，随着 Zr 含量（原子数分数）增加到 6%和 Mo 含量（原子数分数）增加到 9%，Nbss 相体积分数增加且 Nb_3Si 相都消失。热处理（1400 ℃，30 h/炉冷）

后，γ-Nb_5Si_3 沉淀相发生了溶解；在 3%Zr+4%~9%Mo 合金化的 Nb-23Ti-14Si 基合金中部分 γ-Nb_5Si_3 会转变为 α-Nb_5Si_3 相，且会发生 Nb_3Si →Nbss+α-Nb_5Si_3 共析转变；而在 6%Zr+4%~9%Mo（原子数分数）合金化的合金中 γ-Nb_5Si_3 相未发生晶型转变。

（4）研究了 Zr、Cr 和 Mo 单独合金化对激光立体成形 Nb-23Ti-14Si 基合金高温氧化行为的影响。结果表明：在 1250 ℃氧化后，Nb-23Ti-14Si 合金单位面积的增重最大，Zr、Cr 和 Mo 单独合金化均可提高合金的抗氧化性能，其中 Cr 合金化的效果最为显著，其次是 Zr，而 Mo 合金化仅轻微改善了合金的抗氧化性。Nb-23Ti-14Si 基合金的氧化膜具有明显分层结构：内氧化层，中间氧化层和外氧化层。Nb-23Ti-14Si 合金的外氧化层主要由 $TiNb_2O_7$、TiO_2 以及 $Ti_2Nb_{10}O_{29}$ 和无定型硅酸盐等构成，中间氧化层主要由 $Ti_2Nb_{10}O_{29}$、TiO_2、Nb_2O_5 和 SiO_2 构成，而内氧化层中的氧化物主要为 TiO_2。Zr、Cr 和 Mo 单独合金化时，内氧化层的 Nb_3Si 相和 γ-Nb_5Si_3 相都发生了氧化分解，Nb_3Si 相氧化分解为 Nbss、α-Nb_5Si_3 和 TiO。Zr 合金化时，外氧化层的外侧形成了 SiO_2 层和 $TiNb_2O_7$ 层，外氧化层的内侧仍主要由 $TiNb_2O_7$、TiO_2 及 $Ti_2Nb_{10}O_{29}$ 和无定型硅酸盐构成。Cr 合金化时，中间氧化层还存在未被完全氧化的硅化物，外氧化层外侧为 SiO_2 层和 $CrNbO_4$ 层。Mo 合金化提高了中间氧化层的致密性，外氧化层并无连续 SiO_2 层的形成。

（5）研究了 Zr、Cr 和 Mo 复合合金化对激光立体成形 Nb-23Ti-14Si 基合金氧化行为的影响。结果表明：Zr 和 Cr 复合合金化时，Nb-23Ti-14Si 基合金的抗氧化性能随着 Zr 和 Cr 含量增加而提高，6%Zr+12%Cr 合金化 Nb-23Ti-14Si 基合金的抗氧化性能较好（经 1250 ℃/20 h 氧化后单位面积的增重为 34. 67 mg/cm^2），其内氧化层中 γ-Nb_5Si_3 相的边缘发生了氧化分解，由 ZrO_2 和 α-Nb_5Si_3 组成，外氧化层中形成了较为连续的 $CrNbO_4$ 层，这都有利于抗氧化性能的提高。采用 Zr 和 Mo 复合合金化时，Nb-23Ti-14Si 基合金的抗氧化性能随着 Zr 含量的增加而提高；当 Zr 含量（原子数分数）为 3%，合金的抗氧化性能随着 Mo 含量增加而下降；但当 Zr 含量（原子数分数）达 6%时，抗氧化性随着 Mo 含量增加而提高，6%Zr+9%Mo 合金化 Nb-23Ti-14Si 基合金的抗氧化性能较好（经 1250 ℃/20 h 氧化后单位面积的增重为 68. 37 mg/cm^2）。

（6）研究了 Zr、Cr 和 Mo 单独和复合合金化对激光立体成形 Nb-23Ti-14Si 基合金断裂韧性的影响。结果表明：相比 Nb-23Ti-14Si 合金，断裂韧性随着 Zr 含量增加呈现上升趋势，当 Zr 含量（原子数分数）达 7%时，其断裂韧性值高达 14. 7 MPa · $m^{1/2}$。断裂韧性随着 Cr 含量增加呈现先上升后下降的趋势，当 Cr 含量（原子数分数）达 5%时，其断裂韧性值为 13. 5 MPa · $m^{1/2}$；断裂韧性值随着 Mo 含量增加呈现先下降后上升的趋势，当 Mo 含量（原子数分数）达 6%时，其断裂韧性值仅为 11. 9 MPa · $m^{1/2}$。采用 Zr 和 Cr 复合合金化时，当 Cr 含量（原子数分数）为5%时，合金的断裂韧性随着Zr含量增加而增加，而Cr含量（原子数分数）增加到10%～12%时，合金的断裂韧性随着Zr含量增加而下降，其中6%Zr+5%Cr复合合金化时，合金断裂韧性较好，达14.5 MPa·$m^{1/2}$。采用Zr和Mo复合合金化时，Mo含量变化对合金断裂韧性的影响占主导，且随着Mo含量增加而下降，合金的断裂韧性相比未合金化Nb-23Ti-14Si基合金有所降低，最高仅为10.6 MPa·$m^{1/2}$（6%Zr+4%Mo复合合金化）。

（7）研究了Zr、Cr和Mo单独和复合合金化对激光立体成形Nb-23Ti-14Si基合金中Nbss相变形行为的影响。结果表明：Zr合金化使得Nbss相的断裂方式呈现典型的韧性断裂特征，当Zr含量（原子数分数）达7%时，Nbss相的断口表面主要为韧窝和撕裂棱。Cr和Mo单独合金化使得Nbss相断裂方式变为解理断裂，断口表面主要由河流花样组成。采用Zr和Cr复合合金化后，6%Zr+5%Cr复合合金化Nb-23Ti-14Si基合金中Nbss相的断口呈现混合型断裂特征，且韧窝和撕裂棱占比较大；采用Zr和Mo复合合金化时，当Zr含量（原子数分数）为3%～6%且Mo含量为4%时，合金中Nbss相的断口仍存在韧性断裂特征，但是当Mo含量（原子数分数）增加到9%时，合金中Nbss的断裂方式为解理断裂。

本书的研究还存在着很多的不足，对未来的研究工作主要有以下方向。

（1）Nb-Si基合金的熔点高，相对密度低，且具有良好的高温性能，然而断裂韧性较低以及高温抗氧化性较差，限制材料的发展和应用。目前，Nb-Si基合金主要是利用合金化来改善其综合性能，尤其是抗氧化性能和断裂韧性。然而，对于合金化元素的选择，目前还是依赖大量实验的尝试，缺乏理论计算的指导。后续利用第一性原理或者分子动力学计算合金化对金属间化合物类型的选择，以及力学参数的计算，进一步加深理论计算方面的研究工作，为进一步合金设计提供指导。

（2）本书主要集中研究了Zr、Cr和Mo合金化对激光立体成形Nb-23Ti-14Si基合金组织和性能的影响，而有关激光立体成形的工艺参数（如激光功率、扫描速度等）对Nb-Si基合金组织和性能的影响还未进行研究，而激光工艺参数也会对合金的微观组织产生重要影响，进而影响合金的性能。因此为进一步提高激光立体成形Nb-Si基合金的性能，有必要对激光功率、扫描速度、层厚等相关工艺参数进行进一步优化。

（3）结合本书实验研究表明，同一Nb-Si基合金成分难以同时拥有较好的抗氧化性能和较高的断裂韧性，但是可以利用元素混合法激光立体成形的优势，实现功能梯度Nb-Si基合金一体化制备，这也可以作为下一步工作的考虑。

参考文献

[1] 胡壮麒，刘丽荣，金涛，等．镍基单晶高温合金的发展［J］. 航空发动机，2005，31（3）：1-7.

[2] 郑玉荣，吴新年，王晓民．镍基高温合金核心技术发展［J］. 中国材料进展，2015，34（3）：246-251.

[3] 周瑞发，韩雅芳，李树索．高温结构材料［M］. 北京：国防工业出版社，2006：1-11.

[4] 曲士昱．Nb/Nb_5Si_3 复合材料基础研究［D］. 北京：北京航空材料研究院，2002：2-3.

[5] TIWARY C S，PANDEY P，SARKAR S，et al. Five decades of research on the development of eutectic as engineering materials［J］. Progress in Materials Science，Progress in Materials Science，2022，123：100793.

[6] SHAH D M，ANTON D L，POPE D P，et al. In-situ refractory intermetallic-based composites［J］. Materials Science and Engineering：A，1995，192（P2）：658-672.

[7] SUBRAMANIAN P R，MENDIRATTA M G，DIMIDUK D M，et al. Advanced intermetallic alloys-beyond gamma titanium aluminides［J］. Materials Science and Engineering：A，1997，239：1-13.

[8] ZHAO J C，WESTBROOK J H. Ultrahigh-Temperature Materials for Jet Engines［J］. MRS Bulletin，2003，28（9）：622-630.

[9] DRAWIN S，JUSTIN J F. Advanced Lightweight Silicide and Nitride Based Materials for Turbo-Engine Applications［J］. Aerospace Lab.，2011（3）：1-13.

[10] JACKSON M R，BEWLAY B P，ROWE R G，et al. High-temperature refractory metal-intermetallic composites［J］. Journal of the Minerals，Metals and Materials Society，1996，1：39-44.

[11] BEWLAY B P，JACKSON M R，SUBRAMANIAN P R，et al. A review of very-high-temperature Nb-silicide-based composites［J］. Metallurgical and Materials Transactions：A，2003，34（10）：2043-2052.

[12] 林鑫，黄卫东．高性能金属构件的激光增材制造［J］. 中国科学：信息科学，2015，45（9）：1111-1126.

[13] 林鑫，黄卫东．应用于航空领域的金属高性能增材制造技术［J］. 中国材料进展，2015，34（9）：684-688.

[14] 黄卫东，林鑫，陈静．激光立体成形：高性能致密金属零件的快速自由成形［M］. 西安：西北工业出版社，2007：126-135.

[15] XU W，HAN J，WANG C，et al. Temperature-dependent mechanical properties of alpha-/beta-Nb_5Si_3 phases from first-principles calculations［J］. Intermetallics，2014，46（2）：72-79.

[16] 马晓．Nb-Si 基超高温合金微观组织结构特征［D］. 西安：西北工业大学，2019：2-3，44，68.

[17] CANDIOTO K C G，NUNES C A，COELHO G C，et al. Microstructural characterization of

Nb-B-Si alloys with composition in the Nb-Nb_5Si_2B (T2-phase) vertical section [J]. Materials Characterization, 2001, 47 (3/4): 241-245.

[18] THANDORN T, TSAKIROPOULOS P. Study of the role of B addition on the microstructure of the Nb-24Ti-18Si-8B alloy [J]. Intermetallics, 2010, 18 (5): 1033-1038.

[19] MA C L, LI J G, TAN Y, et al. Effect of B addition on the microstructures and mechanical properties of Nb-16Si-10Mo-15W alloy [J]. Materials Science and Engineering: A, 2004, 384 (1/2): 377-384.

[20] SUN Z, GUO X, TIAN X, et al. Effects of B and Si on the fracture toughness of the Nb-Si alloys [J]. Intermetallics, 2014, 54: 143-147.

[21] TSAKIROPOULOS P. Alloys for application at ultra-high temperatures: Nb-silicide in situ composites Challenges, breakthroughs and opportunities [J]. Progress in Materials Science, 2022, 123: 100714.

[22] QU S, HAN Y, SONG L. Effects of alloying elements on phase stability in Nb-Si system intermetallics materials [J]. Intermetallics, 2007, 15 (5/6): 810-813.

[23] SALA K, MITRA R. Microstructural evolution and mechanical properties of as-cast and annealed Nb-Si-Mo based hypoeutectic alloys with quaternary additions of Ti or Fe [J]. Materials Science and Engineering: A, 2021, 802: 140663.

[24] FANG X, GUO X, QIAO Y. Effect of Ti addition on microstructure and crystalline orientations of directionally solidified Nb-Si based alloys [J]. Intermetallics, 2020, 122: 106798.

[25] ZHAO J C, JACKSON M R, PELUSO L A. Mapping of the Nb-Ti-Si phase diagram using diffusion multiples [J]. Materials Science and Engineering: A, 2004, 372 (1): 21-27.

[26] KIM W, YEO I, RA T, et al. Effect of V addition on microstructure and mechanical property in the Nb-Si alloy system [J]. Journal of Alloys and Compounds, 2004, 364 (1/2): 186-192.

[27] MA R, GUO X. Effects of V addition on the microstructure and properties of multi-elemental Nb-Si based ultrahigh temperature alloys [J]. Journal of Alloys and Compounds, 2020, 845: 156254.

[28] MAJI P, MITRA R, RAY K K. Effect of Cr on the evolution of microstructures in as-cast ternary niobium-silicide-based composites [J]. Intermetallics, 2017, 85: 34-47.

[29] YANG Y, BEWLAY B P, CHEN S L, et al. Application of phase diagram calculations to development of new ultra-high temperature structural materials [J]. Transactions of Nonferrous Metals Society of China, 2007, 17: 1396-1404.

[30] TANG L, MA, C, ZHAO X Q. Effect of Cr on microstructure and fracture toughness of Nb-20Ti-16Si-xCr Alloys [J]. 稀有金属材料与工程, 2009, 38 (S3): 8-12.

[31] WANG Q, WANG X, CHEN R, et al. Microstructure evolution and fracture toughness of Nb-Si-Ti based alloy with Cr, Mo and W elements addition [J]. Intermetallics, 2022, 140: 107408.

[32] SHA J, YANG C, LIU J. Toughening and strengthening behavior of an Nb-8Si-20Ti-6Hf alloy

with addition of Cr [J]. Scripta Materialia, 2010, 62 (11): 859-862.

[33] ZHANG S, SHI X, SHA J. Microstructural evolution and mechanical properties of as-cast and directionally-solidified Nb-15Si-22Ti-2Al-2Hf-2V-(2,14)Cr alloys at room and high temperatures [J]. Intermetallics, 2015, 56: 15-23.

[34] ZHANG S, GUO X. Effects of Cr and Hf additions on the microstructure and properties of Nb silicide based ultrahigh temperature alloys [J]. Materials Science and Engineering: A, 2015, 638: 121-131.

[35] SANKAR M, PHANIKUMAR G, SINGH V, et al. Effect of Zr additions on microstructure evolution and phase formation of Nb-Si based ultrahigh temperature alloys [J]. Intermetallics, 2018, 101: 123-132.

[36] MIURA S, AOKI M, SAEKI Y, et al. Effects of Zr on the eutectoid decomposition behavior of Nb_3Si into (Nb)/Nb_5Si_3 [J]. Metallurgical and Materials Transactions: A, 2005 (36): 489-496.

[37] TIAN Y X, GUO J T, SHENG L Y, et al. Microstructures and mechanical properties of cast Nb-Ti-Si-Zr alloys [J]. Intermetallics, 2008, 16 (6): 807-812.

[38] QIAO Y, GUO X, ZENG Y. Study of the effects of Zr addition on the microstructure and properties of Nb-Ti-Si based ultrahigh temperature alloys [J]. Intermetallics, 2017, 88: 19-27.

[39] ZHANG S, JIA L, GUO Y, et al. Improvement in the oxidation resistance of Nb-Si-Ti based alloys containing zirconium [J]. Corrosion Science, 2020, 163: 108294.

[40] WANG Q, WANG X, CHEN R, et al. Improvement of microstructure and fracture toughness of MASC alloy by element substitution of Zr for Hf [J]. Journal of Alloys and Compounds, 2022, 892: 162127.

[41] SUN G, JIA L, YE C, et al. Balancing the fracture toughness and tensile strength by multiple additions of Zr and Y in Nb-Si based alloys [J]. Intermetallics, 2021, 133: 107172.

[42] MA R, GUO X. Effects of Mo and Zr composite additions on the microstructure, mechanical properties and oxidation resistance of multi-elemental Nb-Si based ultrahigh temperature alloys [J]. Journal of Alloys and Compounds, 2021, 870: 159437.

[43] CHATTOPADHYAY K, BALACHANDRAN G, MITRA R, et al. Effect of Mo on microstructure and mechanical behaviour of as-cast Nbss-Nb_5Si_3 in situ composites [J]. Intermetallics, 2006, 14 (12): 1452-1460.

[44] LI W, YANG H B, SHAN A D. Mo effect on the phase stability and room-temperature fracture toughness of Nb/Nb_5Si_3 in-situ composites [J]. Rare Metals, 2005 (1): 87-91.

[45] WANG F, LUO L, XU Y, et al. Effects of alloying on the microstructures and mechanical property of Nb-Mo-Si based in situ composites [J]. Intermetallics, 2017, 88: 6-13.

[46] 耿太. Nb-Si 基高温合金体系的热力学研究 [D]. 北京: 北京科技大学, 2010.

[47] MA R, GUO X. Influence of molybdenum contents on the microstructure, mechanical properties and oxidation behavior of multi-elemental Nb-Si based ultrahigh temperature alloys [J]. Intermetallics, 2021, 129: 107053.

[48] TIAN Y X, GUO J T, ZHOU L Z, et al. Microstructure and room temperature fracture toughness of cast Nbss/silicides composites alloyed with Hf [J]. Materials Letters, 2008, 62 (17): 2657-2660.

[49] 张松. Hf, B 和 Cr 对 Nb-Si 基超高温合金组织和性能的影响 [D]. 西安: 西北工业大学, 2016.

[50] CHEN D, WANG Q, CHEN R, et al. An as-cast Nb-Si-based alloy with fine-grains and remarkable fracture toughness by minor Sc addition [J]. Journal of Alloys and Compounds, 2022, 895: 162707.

[51] HUANG Y, JIA L, JIN Z, et al. Effect of Sc on the microstructure and room-temperature mechanical properties of Nb-Si based alloys [J]. Materials and Design, 2018, 160: 671-682.

[52] GUO Y, JIA L, ZHANG H, et al. Enhancing the oxidation resistance of Nb-Si based alloys by yttrium addition [J]. Intermetallics, 2018, 101: 165-172.

[53] BOUILLET C, CIOSMAK D, Lallemant M, et al. Oxidation of niobium sheets at high temperature [J]. Solid State Ionics, 1997, 101 (Pt2): 819-824.

[54] CHENG J, YI S, PARK J S. Oxidation behaviors of Nb-Si-B ternary alloys at 1100 ℃ under ambient atmosphere [J]. Intermetallics, 2012, 23: 12-19.

[55] SU L, JIA L, WENG J, et al. Improvement in the oxidation resistance of Nb-Ti-Si-Cr-Al-Hf alloys containing alloyed Ge and B [J]. Corrosion Science, 2014, 88: 460-465.

[56] WANG J, GUO X, GUO J. Effects of B on the microstructure and oxidation resistance of Nb-Ti-Si-based ultrahigh-temperature alloy [J]. Chinese Journal of Aeronautics, 2009, 22: 544-550.

[57] THOMAS K S, VARMA S K. Oxidation response of three Nb-Cr-Mo-Si-B alloys in air [J]. Corrosion Science, 2015, 99: 145-153.

[58] FELTEN E J. The interaction of the alloy niobium-25 Titanium with air, oxygen and nitrogen Ⅱ. The reaction of Nb-25Ti in air and oxygen between 650 ℃ and 1000 ℃ [J]. Journal of the Less Common Metals, 1969, 17 (2): 199-206.

[59] SALA K, KASHYAP S K, MITRA R. Effect of Ti addition on the kinetics and mechanism of non-isothermal and isothermal oxidation of Nb-Si-Mo alloys at 900 ~ 1200 ℃ [J]. Intermetallics, 2021, 138: 107338.

[60] VAZQUEZ A, VARMA S K. High-temperature oxidation behavior of Nb-Si-Cr alloys with Hf additions [J]. Journal of Alloys and Compounds, 2011, 509 (25): 7027-7033.

[61] MA R, GUO X. Composite alloying effects of V and Zr on the microstructures and properties of multi-elemental Nb-Si based ultrahigh temperature alloys [J]. Materials Science and Engineering: A, 2021, 813: 141175.

[62] JIANG W, SHAO W, SHA J, et al. Experimental studies and modeling for the transition from internal to external oxidation of three-phase Nb-Si-Cr alloys [J]. Progress in Natural Science: Materials International, 2018, 28 (6): 740-748.

[63] SU L, JIA L, JIANG K, et al. The oxidation behavior of high Cr and Al containing Nb-Si-Ti-Hf-Al-Cr alloys at 1200 and 1250 ℃ [J]. International Journal of Refractory Metals and Hard Materials, 2017: 131-137.

[64] SUN G, JIA L, HONG Z, et al. Improvement of oxidation resistance of Nb-Ti-Si based alloys with additions of Al, Cr and B at different temperatures [J]. Progress in Natural Science: Materials International, 2021, 31 (3): 442-453.

[65] DAVIDSON D L, CHAN K S, ANTON D L. The effects on fracture toughness of ductile-phase composition and morphology in Nb-Cr-Ti and Nb-Si in situ composites [J]. Metallurgical and Materials Transactions: A, 1996, 27 (10): 3007-3018.

[66] CHAN K S. Alloying effects on fracture mechanisms in Nb-based intermetallic in-situ composites. [J]. Materials Science and Engineering: A, 2002, 329-331: 513-522.

[67] SHI S, ZHU L, ZHANG H, et al. Toughening of α-Nb_5Si_3 by Ti [J]. Journal of Alloys and Compounds, 2016, 689: 296-301.

[68] SANKAR M, PHANIKUMAR G, PRASAD V V S. Effect of Zr addition on the mechanical properties of Nb-Si based alloys [J]. Materials Science and Engineering: A, 2019, 754: 224-231.

[69] MA C L, LI J G, TAN Y, et al. Microstructure and mechanical properties of Nb/Nb_5Si_3 in situ composites in Nb-Mo-Si and Nb-W-Si systems [J]. Materials Science and Engineering: A, 2004, 386 (1/2): 375-383.

[70] KIM W, TANAKA H, KASAMA A, et al. Microstructure and room temperature fracture toughness of Nbss/Nb_5Si_3 in situ composites [J]. Intermetallics, 2001, 9 (9): 827-834.

[71] LI Z, PENG L M. Microstructural and mechanical characterization of Nb-based in situ composites from Nb-Si-Ti ternary system [J]. Acta Materialia, 2007, 55 (19): 6573-6585.

[72] SHA J, HIRAI H, TABARU T, et al. Effect of W addition on compressive strength of Nb-10Mo-10Ti-18Si-base in-situ composites [J]. Materials Transactions, 2000, 41 (9): 1125-1128.

[73] GUO Y, JIA L, KONG B, et al. Microstructure and fracture toughness of Nb-Si based alloys with Ta and W additions [J]. Intermetallics, 2017, 92: 1-6.

[74] LIU W, SHA J B. Failure mode transition of Nb phase from cleavage to dimple/tear in Nb-16Si-based alloys prepared via spark plasma sintering [J]. Materials and Design, 2016, 111: 301-311.

[75] 张立京. 粉末冶金法制备的 Nb-Ti-Si 基超高温合金的组织和性能 [D]. 西安: 西北工业大学, 2018: 82-83.

[76] KOMMINENI G, GOLLA B R, ALAM Z, et al. Structure-property correlation and deformation mechanisms in ductile phase (Nbss) toughened cast Nb-Si alloys [J]. Journal of Alloys and Compounds, 2021 (9): 159832.

[77] TIAN Y X, GUO J T, CHENG G M, et al. Effect of growth rate on microstructure and mechanical properties in a directionally solidified Nb-silicide base alloy [J]. Materials and

Design, 2009, 30 (6): 2274-2277.

[78] 郭宝会. Nb-Ti-Cr-Si 基超高温合金组织及室温力学性能 [D]. 西安: 西北工业大学, 2016: 88-89.

[79] 燕云程. Nb-Si 基合金电磁冷坩埚定向凝固组织和性能研究 [D]. 哈尔滨: 哈尔滨工业大学, 2014: 112-113.

[80] YE C, JIA L, JIN Z, et al. Directional solidification of hypereutectic Nb-Si-Ti alloy: Influence of drawing velocity change on microstructures [J]. Journal of Alloys and Compounds, 2020, 844: 156123.

[81] LIU W, FU Y M, SHA J B. Microstructural evolution and mechanical properties of a multicomponent Nb-16Si-22Ti-2Al-2Hf-2Cr alloy prepared by reactive hot press sintering [J]. Metallurgical and Materials Transactions: A, 2012, 44 (5): 2319-2330.

[82] YANG C, JIA L, ZHOU C, et al. Microstructural evolution and mechanical behaviors of an Nb-16Si-22Ti-2Al-2Hf Alloy with 2 and 17pct Cr additions at room and/or high temperatures [J]. Metallurgical and Materials Transactions: A, 2014, 45 (11): 4842-4850.

[83] REN Y M, LIN X, FU X, et al. Microstructure and deformation behavior of Ti-6Al-4V alloy by high-power laser solid forming [J]. Acta Materialia, 2017, 132: 82-95.

[84] FAN W, TAN H, LIN X, et al. Microstructure formation of Ti-6Al-4V in synchronous induction assisted laser deposition [J]. Materials and Design, 2018, 160: 1096-1105.

[85] LI J, LIN X, ZHENG M, et al. Distinction in anodic dissolution behavior on different planes of laser solid formed Ti-6Al-4V alloy [J]. Electrochimica Acta, 2018, 283: 1482-1489.

[86] ZHAO Z, CHEN J, TAN H, et al. In situ tailoring microstructure in laser solid formed titanium alloy for superior fatigue crack growth resistance [J]. Scripta Materialia, 2020, 174: 53-57.

[87] HU Y L, LIN X, LI Y L, et al. Plastic deformation behavior and dynamic recrystallization of Inconel 625 superalloy fabricated by directed energy deposition [J]. Materials and Design, 2020, 186: 108359.

[88] HU Y L, LI Y L, ZHANG S Y, et al. Effect of solution temperature on static recrystallization and ductility of Inconel 625 superalloy fabricated by directed energy deposition [J]. Materials Science and Engineering: A, 2020, 772: 138711.

[89] HU Y L, LIN X, LI Y L, et al. Influence of heat treatments on the microstructure and mechanical properties of Inconel 625 fabricated by directed energy deposition [J]. Materials Science and Engineering: A, 2021, 817: 141309.

[90] LIN X, YUE T M, YANG H O, et al. Microstructure and phase evolution in laser rapid forming of a functionally graded Ti-Rene88DT alloy [J]. Acta Materialia, 2006, 54 (7): 1901-1915.

[91] HU Y L, LIN X, LI Y L, et al. Microstructural evolution and anisotropic mechanical properties of Inconel 625 superalloy fabricated by directed energy deposition [J]. Journal of Alloys and Compounds, 2021, 870: 159426.

[92] HU Y L, LI Y L, FAN W, et al, Hot workability and microstructural evolution of a nickel-based superalloy fabricated by laser-based directed energy deposition [J]. Journal of Alloys and Compounds, 2022, 920: 165373.

[93] 宋梦华. 激光立体成形 2Cr13 不锈钢的成形特性与组织性能 [D]. 西安：西北工业大学，2016：126-127.

[94] DICKS R, WANG F, WU X. The manufacture of a niobium/niobium-silicide-based alloy using direct laser fabrication [J]. Journal of Materials Processing Technology, 2009, 209 (4): 1752-1757.

[95] LIU W, XIONG H, LI N, et al. Microstructure characteristics and mechanical properties of Nb-17Si-23Ti ternary alloys fabricated by in situ reaction laser melting deposition [J]. Acta Metallurgica Sinica (English Letters), 2018, 31: 362-370.

[96] ZHANG S, WANG L, LIN X, et al. Precipitation behavior of δ phase and its effect on stress rupture properties of selective laser-melted Inconel 718 superalloy [J]. Composites Part B: Engineering, 2021, 224 (1): 109202.

[97] KANG N, LI Y L, LIN X, et al. Microstructure and tensile properties of Ti-Mo alloys manufactured via using laser powder bed fusion [J]. Journal of Alloys and Compounds 2019, 771: 877-884.

[98] WANG Z, LIN X, KANG N, et al. Making selective-laser-melted high-strength Al-Mg-Sc-Zr alloy tough via ultrafine and heterogeneous microstructure [J]. Scripta Materialia, 2021, 203 (1/2): 114052.

[99] WANG Z, LIN X, KANG N, et al. Laser powder bed fusion of high-strength Sc/Zr-modified Al-Mg alloy: Phase selection, microstructural/mechanical heterogeneity, and tensile deformation behavior [J]. Journal of Materials Science and Technology, 2021, 95: 40-56.

[100] GAO X, LIN X, YU J, et al. Selective Laser Melting (SLM) of in-situ beta phase reinforced Ti/Zr-based bulk metallic glass matrix composite [J]. Scripta Materialia, 2019, 171: 21-25.

[101] GAO X, LIN X, YANG H O, et al. The effect of Al content on Ti/Zr-based bulk metallic glass composite by additive manufacturing [J]. Materials Science and Engineering: A, 2022, 844: 143162.

[102] GUO Y L, JIA L N, SUN S B, et al. Rapid fabrication of Nb-Si based alloy by selective laser melting Microstructure, hardness and initial oxidation behavior [J]. Materials and Design, 2016, 109: 37-46.

[103] GUO Y, JIA L, KONG B, et al. Improvement in the oxidation resistance of Nb-Si based alloy by selective laser melting [J]. Corrosion Science, 2017, 127: 260-269.

[104] TAKEUCHI A, INOUE A. Classification of bulk metallic glasses by atomic size difference, heat of mixing and period of constituent elements and its application to characterization of the main alloying element [J]. Materials Transactions, 2005, 46 (12): 2817-2829.

[105] LIN X, CAO Y Q, WANG Z T, et al. Regular eutectic and anomalous eutectic growth

behavior in laser remelting of Ni-30wt% Sn alloys [J]. Acta Materialia, 2017 (126): 210-220.

[106] MA X, GUO X, FU M, et al. Precipitation and martensitic transformation of fcc-Ti in Nb-Ti-Si based ultrahigh temperature alloys [J]. Intermetallics, 2016, 70: 17-23.

[107] LIU Y G, LI M Q, LIU H J. Deformation induced face-centered cubic titanium and its twinning behavior in Ti-6Al-4V [J]. Scripta Materialia, 2016, 119: 5-8.

[108] MANNA I, CHATTOPADHYAY P P, NANDI P, et al. Formation of face-centered-cubic titanium by mechanical attrition [J]. Journal of Applied Physics, 2003, 93 (3): 1520-1524.

[109] JIANG S, HUANG L, GAO X, et al. Interstitial carbon induced FCC-Ti exhibiting ultrahigh strength in a Ti37Nb28Mo28-C7 complex concentrated alloy [J]. Acta Materialia, 2021, 203 (1): 116456.

[110] LI Y L, LIN X, HU Y L, et al. Precipitation behavior of Nb-Si-based in-situ composite manufactured by laser directed energy deposition [J]. Scripta Materialia, 2022, 207: 114288.

[111] LI Y L, LIN X, HU Y L, et al. Zirconium modified Nb-22Ti-16Si alloys fabricated by laser additive manufacturing: Microstructure and fracture toughness [J]. Journal of Alloys and Compounds, 2019 (783): 66-76.

[112] LI Y L, LIN X, HU Y L, et al. Alloying on the high-temperature oxidation behavior of Nb-Ti-Si-based alloy additively manufactured by laser directed energy deposition [J]. International Journal of Refractory Metals and Hard Materials, 2024, 121: 106682.

[113] LI Y L, LIN X, HU Y L, et al. The effect of Mo on microstructure and mechanical properties of Nb-22Ti-16Si alloy additively manufactured via laser directed energy deposition [J]. Journal of Alloys and Compounds, 2021, 858: 158143.

[114] GRAMMENOS I, TSAKIROPOULOS P. Study of the role of Al, Cr and Ti additions in the microstructure of Nb-18Si-5Hf base alloys [J]. Intermetallics, 2010, 18 (2): 242-253.

[115] BEWLAY B P, SITZMAN S D, Brewer L N, et al. Analyses of Eutectoid Phase Transformations in Nb-Silicide In Situ Composites [J]. Microscopy and Microanalysis, 2004, 10 (4): 470-480.

[116] MA X, GUO X P, FU M S, et al. In-situ TEM observation of hcp-Ti to fcc-Ti phase transformation in Nb-Ti-Si based alloys [J]. Materials Characterization, 2018, 142: 332-339.

[117] MA X, GUO X P, FU M S, et al. Direct atomic-scale visualization of growth and dissolution of γ-Nb_5Si_3 in an Nb-Ti-Si based alloy via in-situ transmission electron microscopy [J]. Scripta Materialia, 2019, 164: 86-90.

[118] BATHULA V, LIU C, KAI Z, et al. Interface velocity dependent solute trapping and phase selection during rapid solidification of laser melted hypo-eutectic Al-11% Cu alloy [J]. Acta Materialia, 2020, 195.

[119] LI Y L, LIN X, ZHAO Z Y, et al. Investigation on the composite effect of Zr and Cr on oxidation behavior and fracture toughness of Nb-Ti-Si-based alloys manufactured by directed energy deposition [J]. Materials Characterization, 2024, 214: 114078.

[120] LI Y L, LIN X, HU Y L, et al. Synergistic effect of Mo and Zr additions on microstructure and mechanical properties of Nb-Ti-Si-based alloys additively manufactured by laser directed energy deposition [J]. Journal of Materials Science & Technology, 2022, 103: 84-97.

[121] MA X, GUO X P, FU M S, et al. Crystallographic characteristics of an integrally directionally solidified Nb-Ti-Si based in-situ composite [J]. Scripta Materialia, 2017, 139: 108-113.

[122] JIA L N, WENG J F, LI Z, et al. Room temperature mechanical properties and high temperature oxidation resistance of a high Cr containing Nb-Si based alloy [J]. Materials Science and Engineering: A, 2015, 623: 32-37.

[123] ZHANG S, GUO X. Microstructural characteristics of Nb-Si based ultrahigh temperature alloys with B and Hf additions [J]. Intermetallics, 2015, 64: 51-58.

[124] 林鑫，李延民，王猛，等．合金凝固列状晶/等轴晶转变 [J]．中国科学，2003，33：577-588.

[125] KURZ W, GIOVANOLA B, TRIVEDI R. Theory of microstructural development during rapid solidification [J]. Acta Metallurgica, 1986, 34: 823-830.

[126] KURZ W，FISHER D J. 凝固原理 [M]．4 版．李建国，胡侨单，译．北京：高等教育出版社，2010：69-70.

[127] XUE Y L, LI S M, ZHONG H, et al. Phase selections and mechanical properties of ternary Cr-Nb-Ti alloys under rapid solidification [J]. Journal of Alloys and Compounds, 2016, 684: 403-411.

[128] CHATTOPADHYAY K, MITRA R, RAY K K. Nonisothermal and Isothermal Oxidation Behavior of Nb-Si-Mo Alloys [J]. Metallurgical and Materials Transactions: A, 2008, 39 (3): 577-592.

[129] SCHELL M, HOGAN M. HSC Chemistry [R]. 2006.

[130] ZHENG J, HOU X, WANG X, et al. Isothermal oxidation mechanism of Nb-Ti-V-Al-Zr alloy at 700 ~ 1200 ℃: Diffusion and interface reaction [J]. Corrosion Science, 2015, 96: 186-195.

[131] LEE D B, WOO S W. High temperature oxidation of Ti-47%Al-1.7%W-3.7%Zr alloys [J]. Intermetallics, 2005, 13 (2): 169-177.

[132] BURK S, GORR B, TRINDADE V B, et al. Effect of Zr addition on the high-temperature oxidation behaviour of Mo-Si-B Alloys [J]. Oxidation of Metals, 2010, 73 (S1/S2): 163-181.

[133] CHEN J, TANG Y, LIU F, et al. Alloying effects on the oxygen diffusion in Nb alloys: A first-principles study [J]. Metallurgical and Materials Transactions: A, 2020, 52 (1): 270-283.

[134] BIRKS NEIL, MEIER GERALD H, PETTIT FREDERICK S. Introduction to the High Temperature Oxidation of Metals: Mechanisms of Oxidation [M]. Cambridge University Press, 2006: 134-136.

[135] PILLING N, BEDWORTH R. The oxidation of metals at high temperatures [J]. Japan Institute of Metals, 1923, 29: S529-S591.

[136] SUN A, DONG Z, YANG S, et al. Effect of Zr and Ti on isothermal oxidation behavior of Nb-Si based alloys [J]. Progress in Natural Science: Materials International, 2022, 32 (2): 226-235.

[137] LI Y L, LIN X, HU Y L, et al. Microstructure and isothermal oxidation behavior of Nb-Ti-Si-based alloy additively manufactured by powder-feeding laser directed energy deposition [J]. Corrosion Science, 2020, 173: 108757.

[138] LAUNEY M E, RITCHIE R O. On the fracture toughness of advanced materials [J]. Advanced Materials, 2009, 21: 2103-2110.

[139] SEKIDO N, KIMURA Y, WEI F G, et al. Effect of lamellar spacing on the mechanical Properties of (Nb)/(Nb, Ti)$_5$Si$_3$ two-phase Alloys [J]. Journal of the Japan Institute of Metals, 2000, 64 (11): 1056-1061.

[140] CHAN K S. Intermetallic composites toughened with ductile reinforcements [J]. Intermetallic Matrix Composites, 2018: 359-407.

[141] CHAN K S, DAVIDSON D L. Delineating brittle-phase embrittlement and ductile-phase toughening in Nb-based in-situ composites [J]. Metallurgical and Materials Transactions: A, 2001, 32 (11): 2717-2727.

[142] ZHANG S, GUO X P. Alloying effects on the microstructure and properties of Nb-Si based ultrahigh temperature alloys [J]. Intermetallics, 2016, 70: 33-44.

[143] KANG Y, QU S, SONG J, et al. Microstructure and mechanical properties of Nb-Ti-Si-Al-Hf-xCr-yV multi-element in situ composite [J]. Materials Science and Engineering: A, 2012, 534: 323-328.

[144] KANG Y, GUO F, LI M. Effect of chemical composition and heat treatment on microstructure and mechanical properties of Nb-xTi-16Si-3Cr-3Al-2Hf-yZr alloy [J]. Materials Science and Engineering: A, 2019, 760: 118-124.

[145] ZHANG S, WEI L, SHA J. Microstructural evolution and mechanical properties of Nb-Si-Cr ternary alloys with a tri-phase Nb/Nb$_5$Si$_3$/Cr$_2$Nb microstructure fabricated by spark plasma sintering [J]. Progress in Natural Science: Materials International. 2018, 28 (5): 96-104.

[146] SUN G, JIA L, WANG Y, et al. Effects of minor B additions on tensile strength, fracture toughness and oxidation resistance of Nb-Si based alloys [J]. Progress in Natural Science: Materials International, 2022, 32 (2): 248-258.

[147] KANG Y, YAN Y, SONG J, et al. Microstructures and mechanical properties of Nbss/Nb$_5$Si$_3$ in-situ composite prepared by electromagnetic cold crucible directional solidification [J]. Materials Science and Engineering: A, 2014, 599: 87-91.

[148] GUAN K, JIA L, CHEN X, et al. Improvement of fracture toughness of directionally solidified Nb-silicide in situ composites using artificial neural network [J]. Materials Science and Engineering: A, 2014, 605: 65-72.

[149] CHENG G M, HE L L. Microstructure evolution and room temperature deformation of a unidirectionally solidified Nb-22Ti-16Si-3Ta-2Hf-7Cr-3Al-0.2Ho(%) alloy[J]. Intermetallics, 2011, 19 (2011): 196-201.

[150] TIAN Y, CHENG G, GUO J, et al. Microstructure and Mechanical Properties of Directionally Solidified Nb-22Ti-16Si-7Cr-3Al-3Ta-2Hf-0.1Ho Alloy [J]. Advanced Engineering Materials, 2007, 9 (11): 963-966.

[151] GUO H, GUO X. Microstructure evolution and room temperature fracture toughness of an integrally directionally solidified Nb-Ti-Si based ultrahigh temperature alloy [J]. Scripta Materialia, 2011, 64 (7): 637-640.

[152] LI Y L, LIN X, HU Y L, et al. Microstructure and fracture toughness of a Nb-Ti-Si-based in-situ composite fabricated by laser-based directed energy deposition [J]. Composites Part B: Engineering, 2024, 278: 111427.